DIESES BUCH
GEHÖRT ZU

_____

INHALTSVERZEICHNIS
YOGA-POSEN FÜR ANFÄNGER

INHALTSVERZEICHNIS
YOGA-POSEN FÜR FORTGESCHRITTENE

INHALTSVERZEICHNIS
YOGA-POSEN FÜR EXPERTEN

YOGA-POSEN FÜR ANFÄNGER

1. BERG-POSE

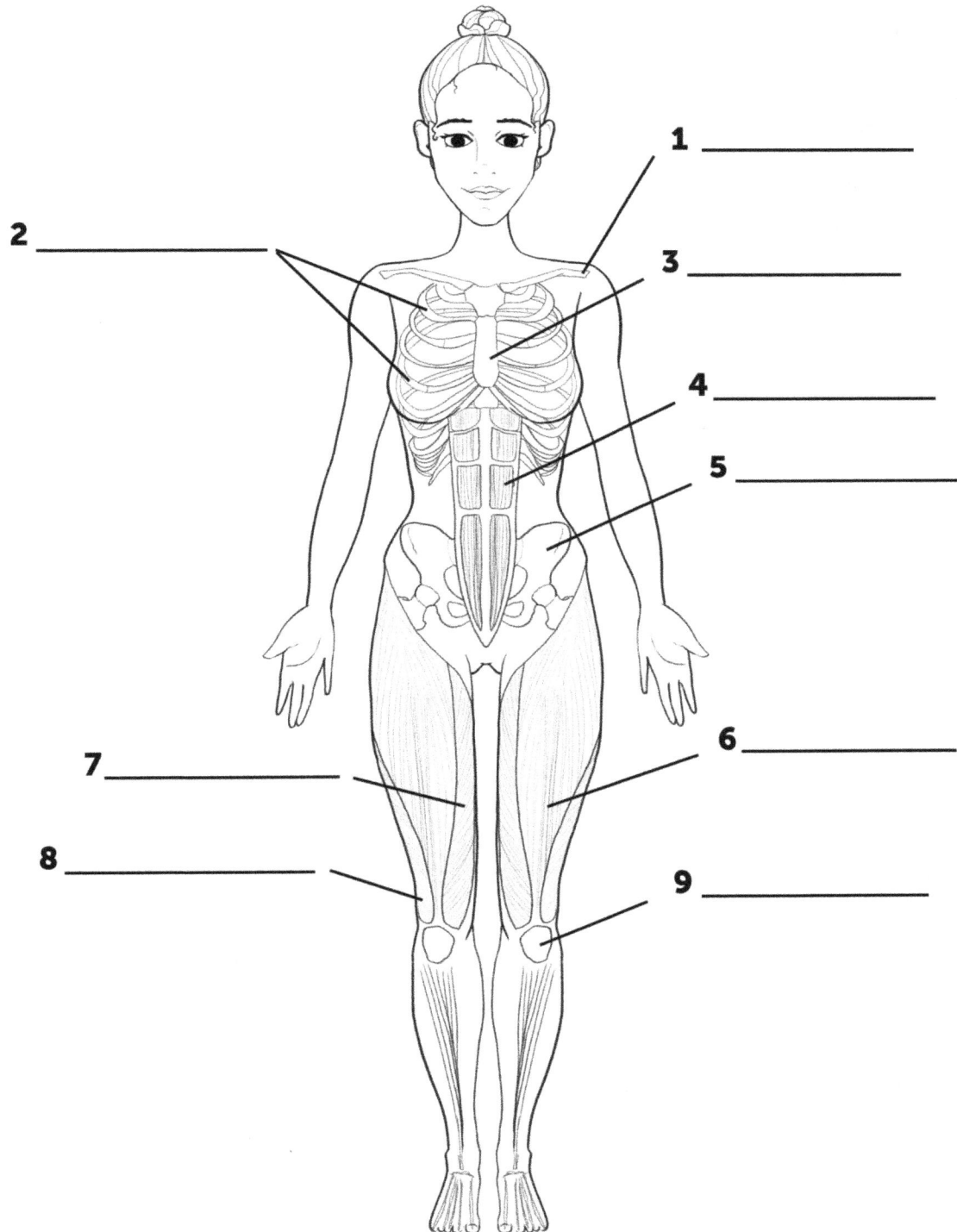

1 _____

2 _____

3 _____

4 _____

5 _____

6 _____

7 _____

8 _____

9 _____

1. BERG-POSE

1. SCHLÜSSELBEIN

2. RIPPEN

3. BRUSTBEIN

4. RECTUS ABDOMINIS

5. BECKEN

6. QUADRIZEPS

7. VASTUS MEDIALIS

8. VASTUS LATERALIS

9. PATELLA

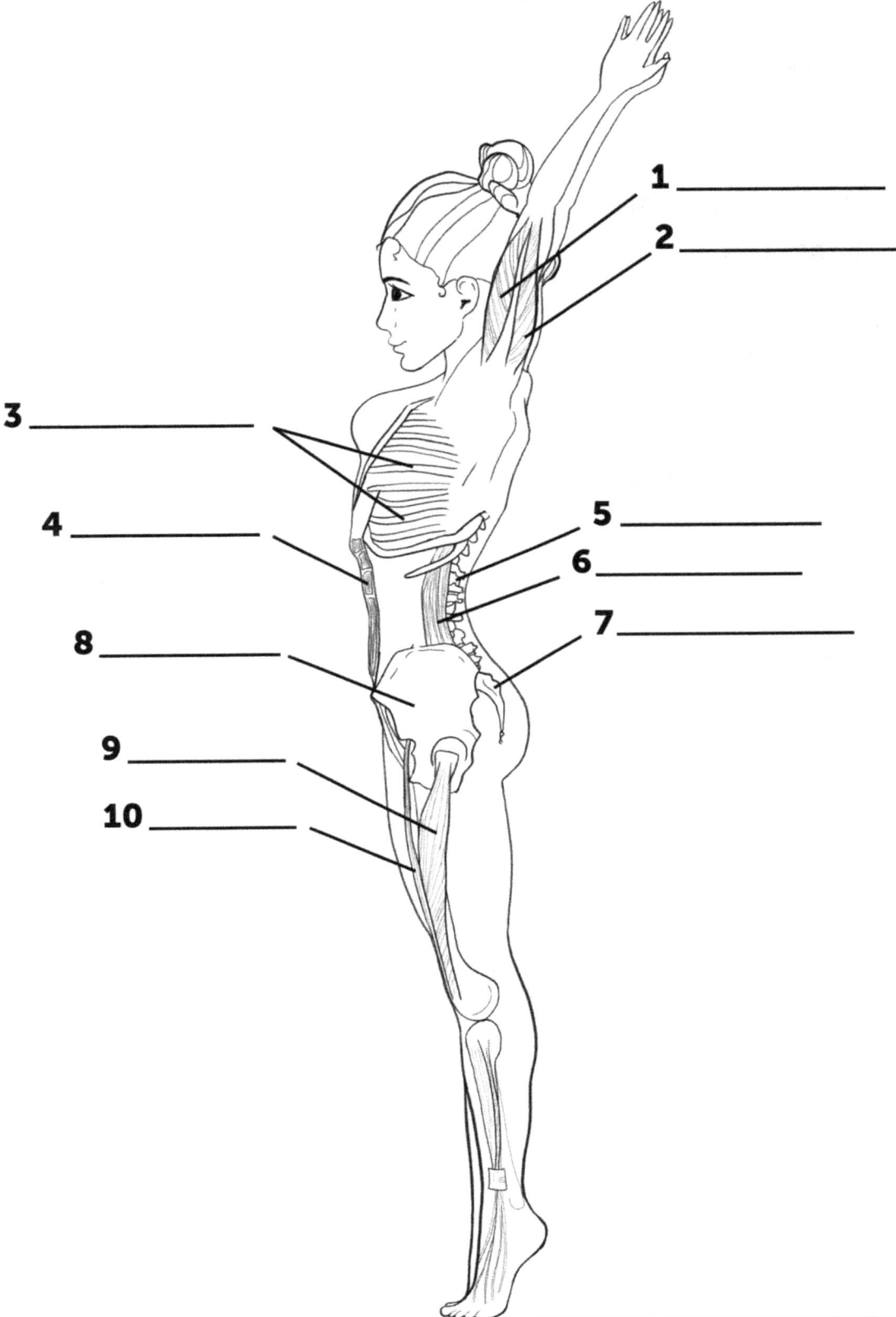

2. PALME POSE

1 _____

2 _____

3 _____

4 _____

5 _____

6 _____

7 _____

8 _____

9 _____

10 _____

2. PALME POSE

1. TRIZEPS BRACHII

2. DELTAMUSKEL

3. RIPPEN

4. RECTUS ABDOMINIS

5. WIRBELSÄULE

6. EREKTOR SPINAE

7. KREUZBEIN

8. BECKEN

9. RECTUS FEMORIS (OBERSCHENKELMUSKEL)

10. OBERSCHENKELKNOCHEN (SARTORIUS)

3. STEHENDE VORWÄRTSBEUGE

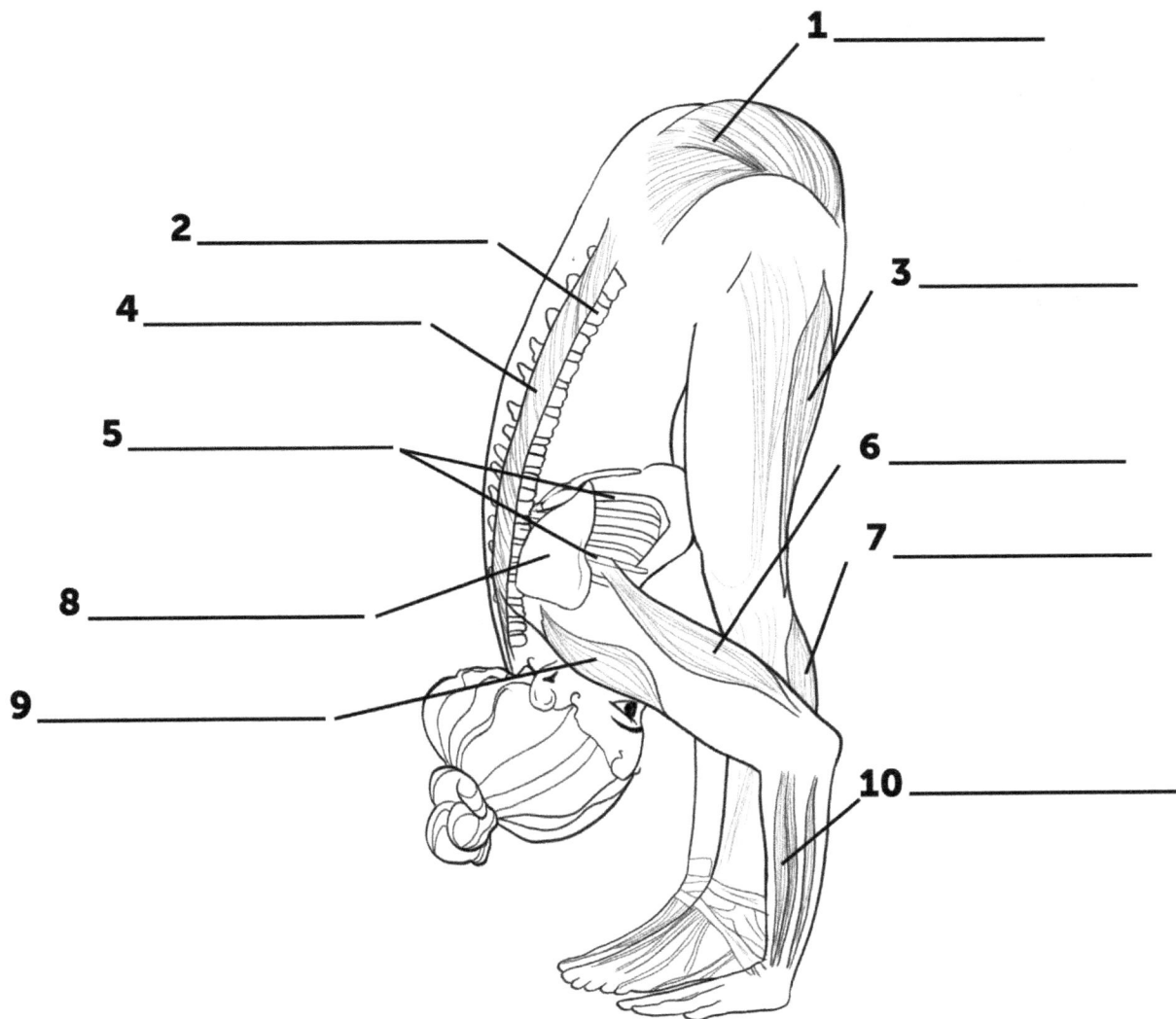

1 _____

2 _____

4 _____

5 _____

8 _____

9 _____

3 _____

6 _____

7 _____

10 _____

3. STEHENDE VORWÄRTSBEUGE

1.   PIRIFORMIS

2.   WIRBELSÄULE

3.   HAMSTRINGS

4.   WIRBELSÄULENMUSKELN

5.   RIPPEN

6.   TRIZEPS BRACHII

7.   GASTROCNEMIUS

8.   SCHULTERBLATT

9.   DELTAMUSKEL

10. STRECKMUSKEL (EXTENSOR DIGITORUM)

4 HALBE VORWÄRTSBEUGE IM STEHEN

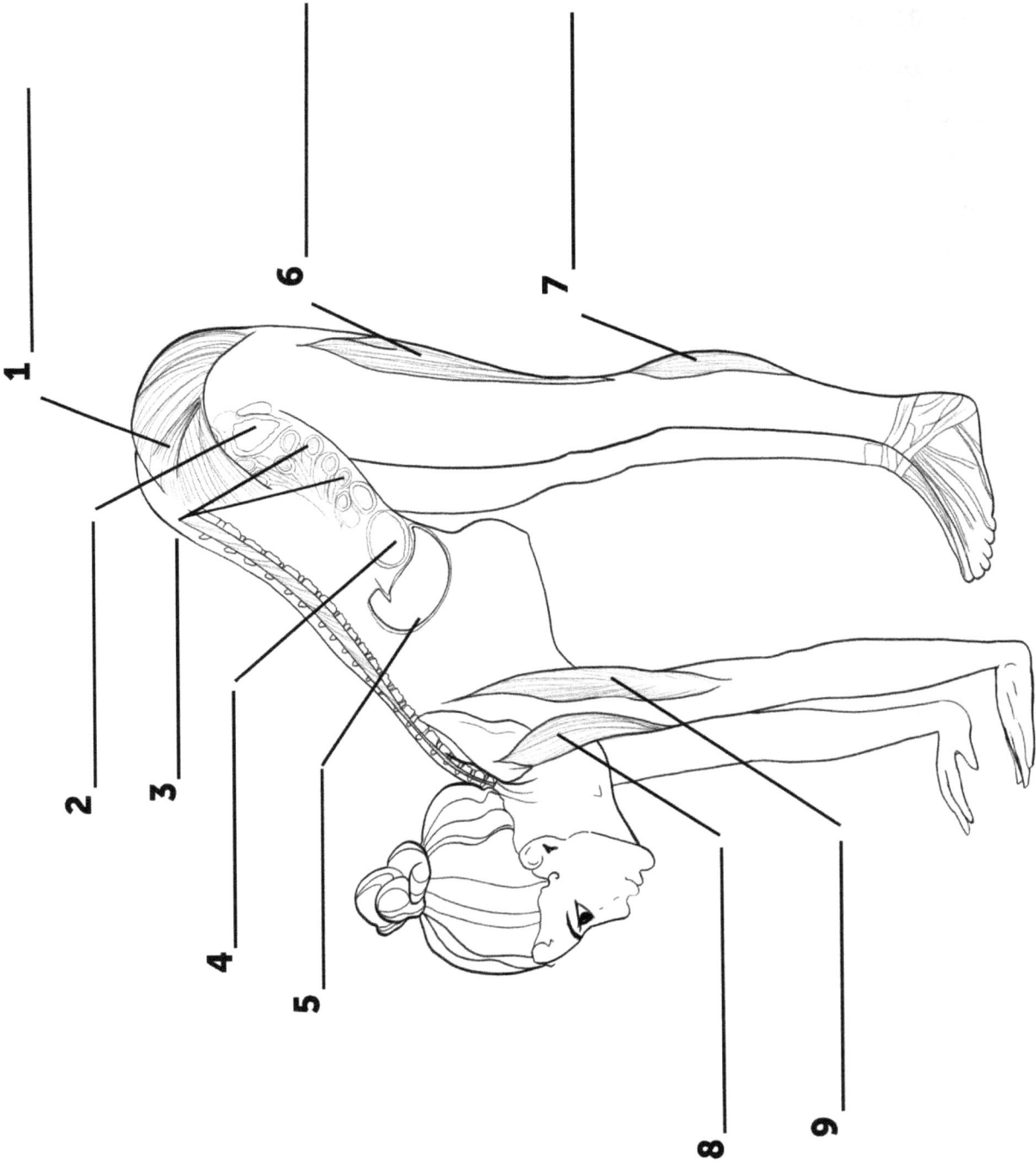

1

2

3

4

5

6

7

8

9

4. HALBE VORWÄRTSBEUGE IM STEHEN

1. PIRIFORMIS
2. HARNBLASE
3. DÜNNDARM
4. MAGEN
5. LEBER
6. HAMSTRINGS
7. GASTROCNEMIUS
8. DELTAMUSKEL
9. TRIZEPS BRACHII

5. HOHER AUSFALLSCHRITT

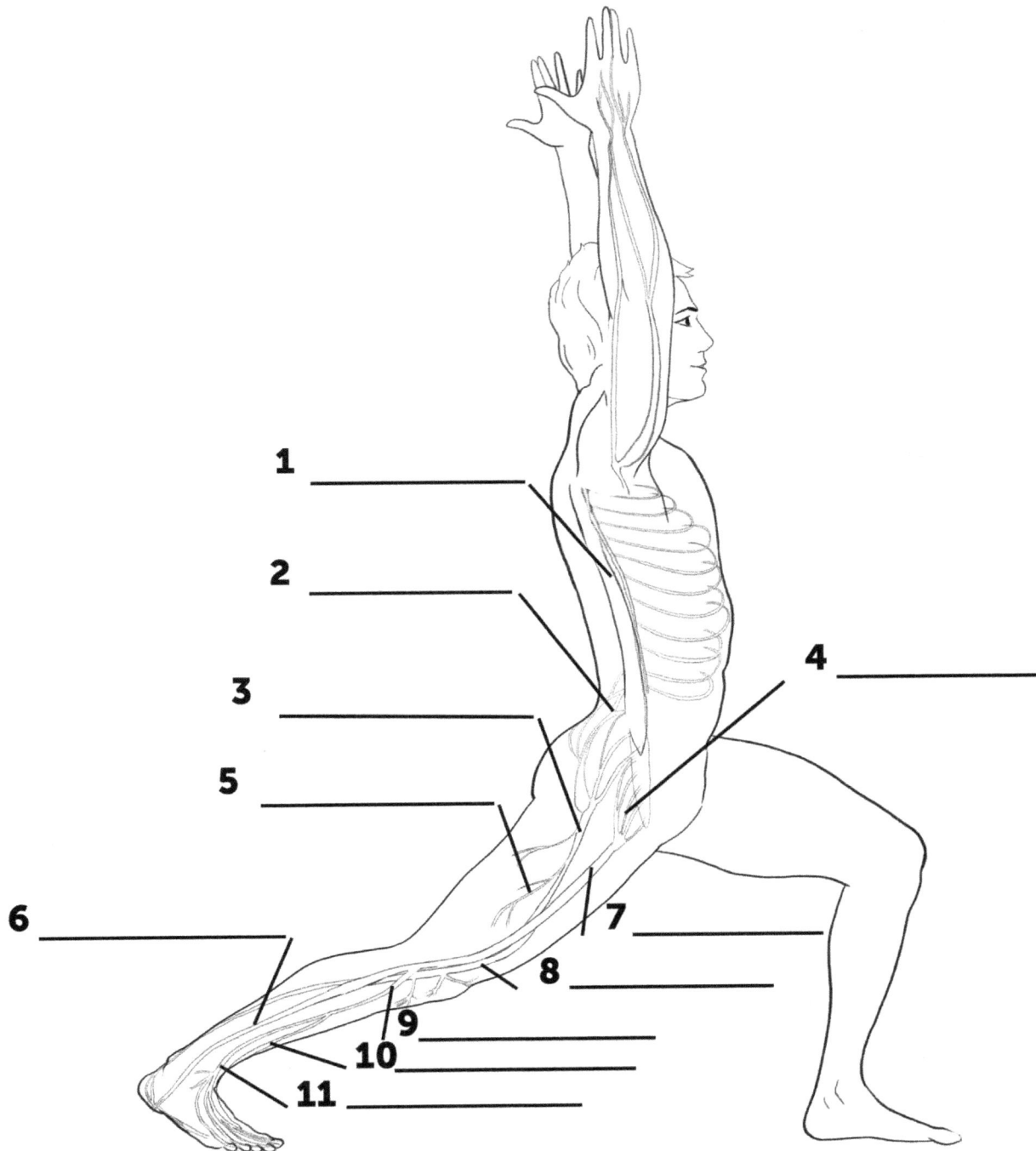

1 _____

2 _____

3 _____

5 _____

6 _____

4 _____

7 _____

8 _____

9 _____

10 _____

11 _____

5. HOHER AUSFALLSCHRITT

1. RÜCKENMARK

2. PLEXUS LUMBALIS

3. OBERSCHENKEL

4. SAKRALPLEXUS

5. MUSKULÄRE ÄSTE DES FEMORALEN

6. ISCHIAS

7. ISCHIAS

8. SAPHENA

9. PERONEUS GEMEINSAM

10. SURAL

11. OBERFLÄCHLICHER PERONEUS

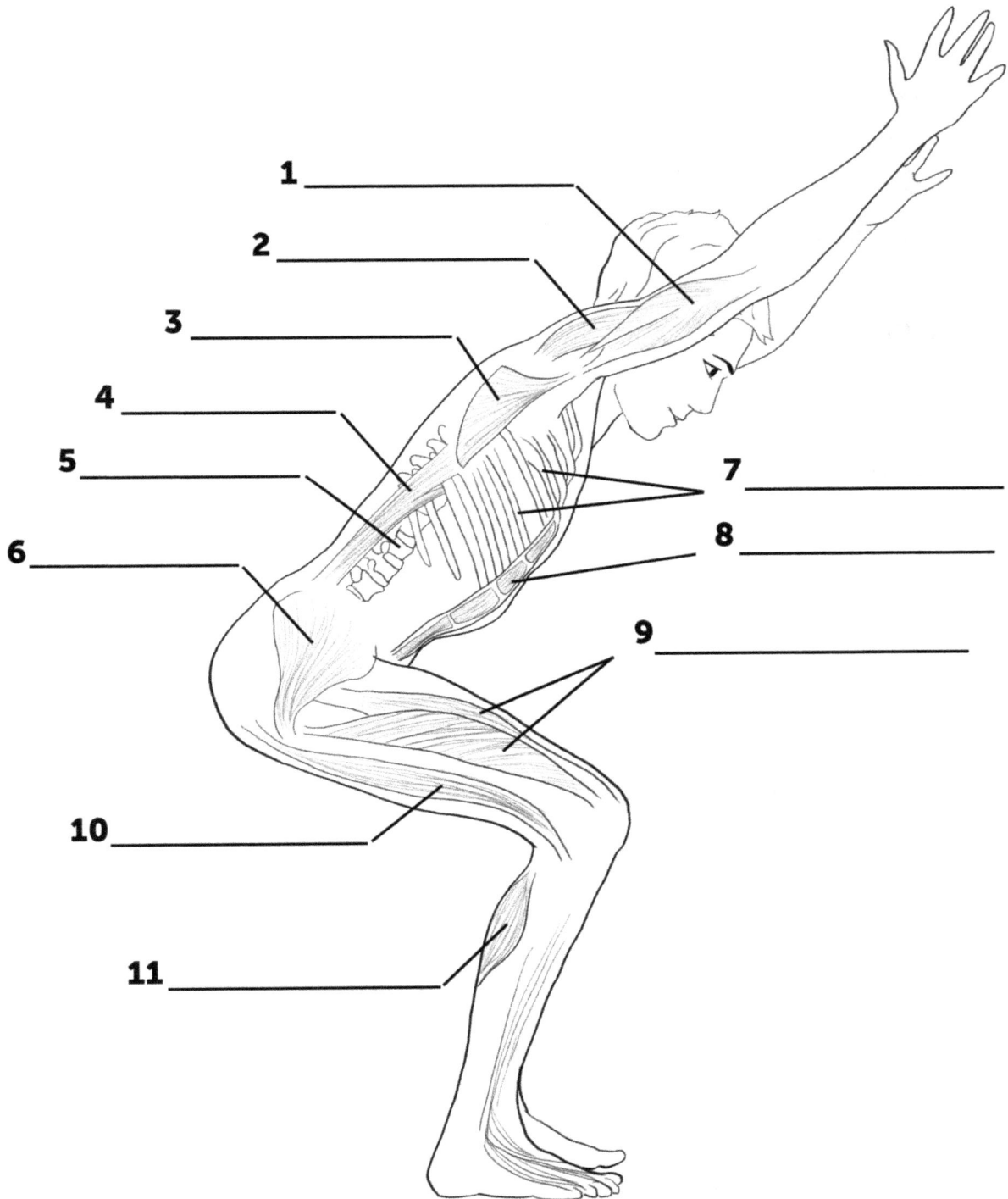

6. STUHL-POSE

1 _____

2 _____

3 _____

4 _____

5 _____

6 _____

7 _____

8 _____

9 _____

10 _____

11 _____

6. STUHL-POSE

1. TRIZEPS BRACHII
2. DELTAMUSKEL
3. INFRASPINATUS
4. EREKTOR SPINAE
5. WIRBELSÄULE
6. GLUTEUS MEDIUS
7. RIPPEN
8. RECTUS ABDOMINIS
9. QUADRIZEPS
10. HAMSTRINGS
11. GASTROCNEMIUS

7. DREIECKSHALTUNG

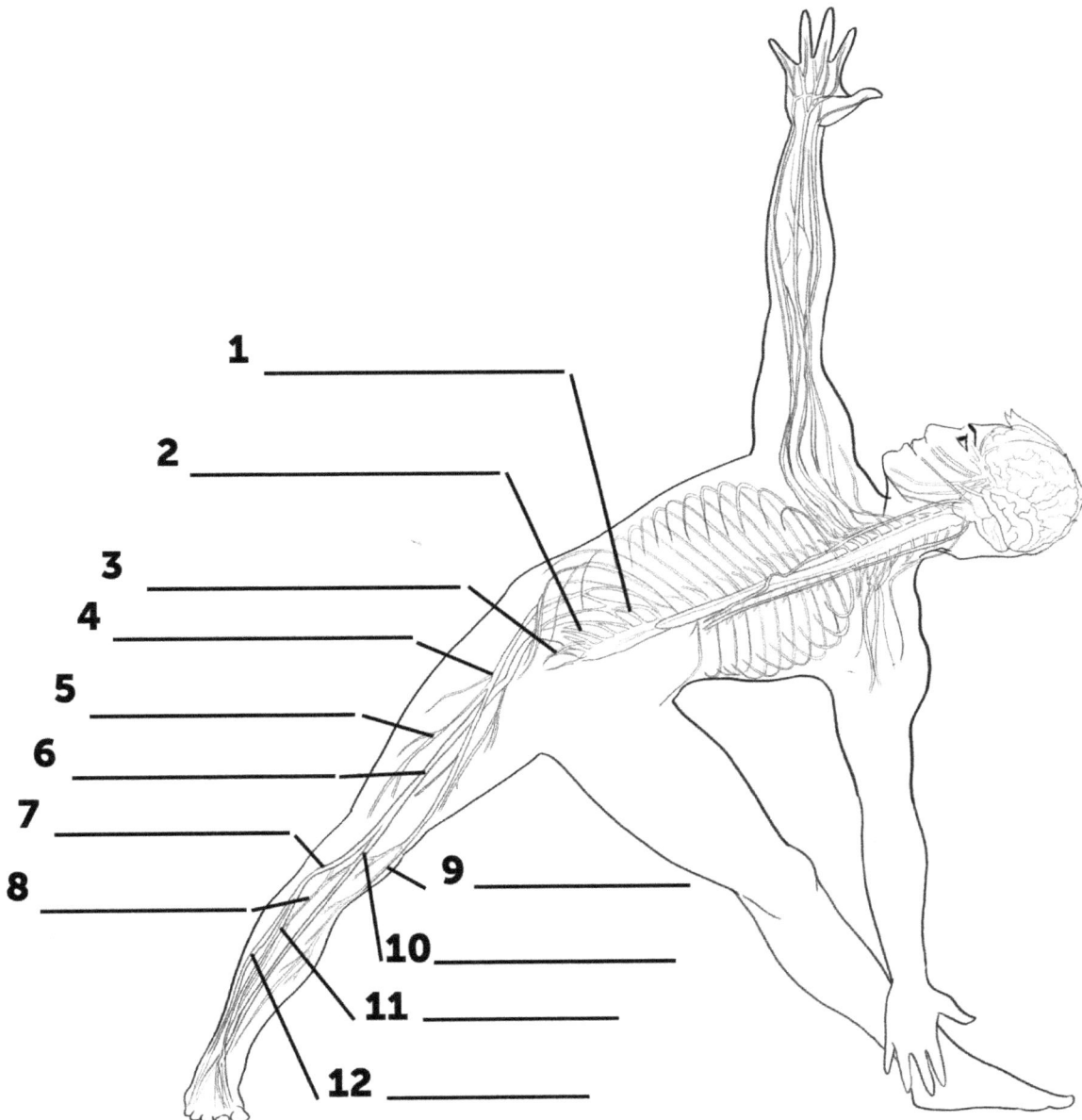

1 _____

2 _____

3 _____

4 _____

5 _____

6 _____

7 _____

8 _____

9 _____

10 _____

11 _____

12 _____

7. DREIECKSHALTUNG

1. LUMBALPLEXUS

2. SAKRALPLEXUS

3. PUDENTALNERV

4. OBERSCHENKELNERV

5. MUSKULÄRE ÄSTE DES FEMORALIS

6. ISCHIAS

7. GEMEINSAMER PERONEUS

8. SURAL

9. SAPHENA

10. TIBIA

11. TIEF PERONEAL

12. OBERFLÄCHLICHER PERONEUS

8. ERWEITERTE SEITENWINKELSTELLUNG

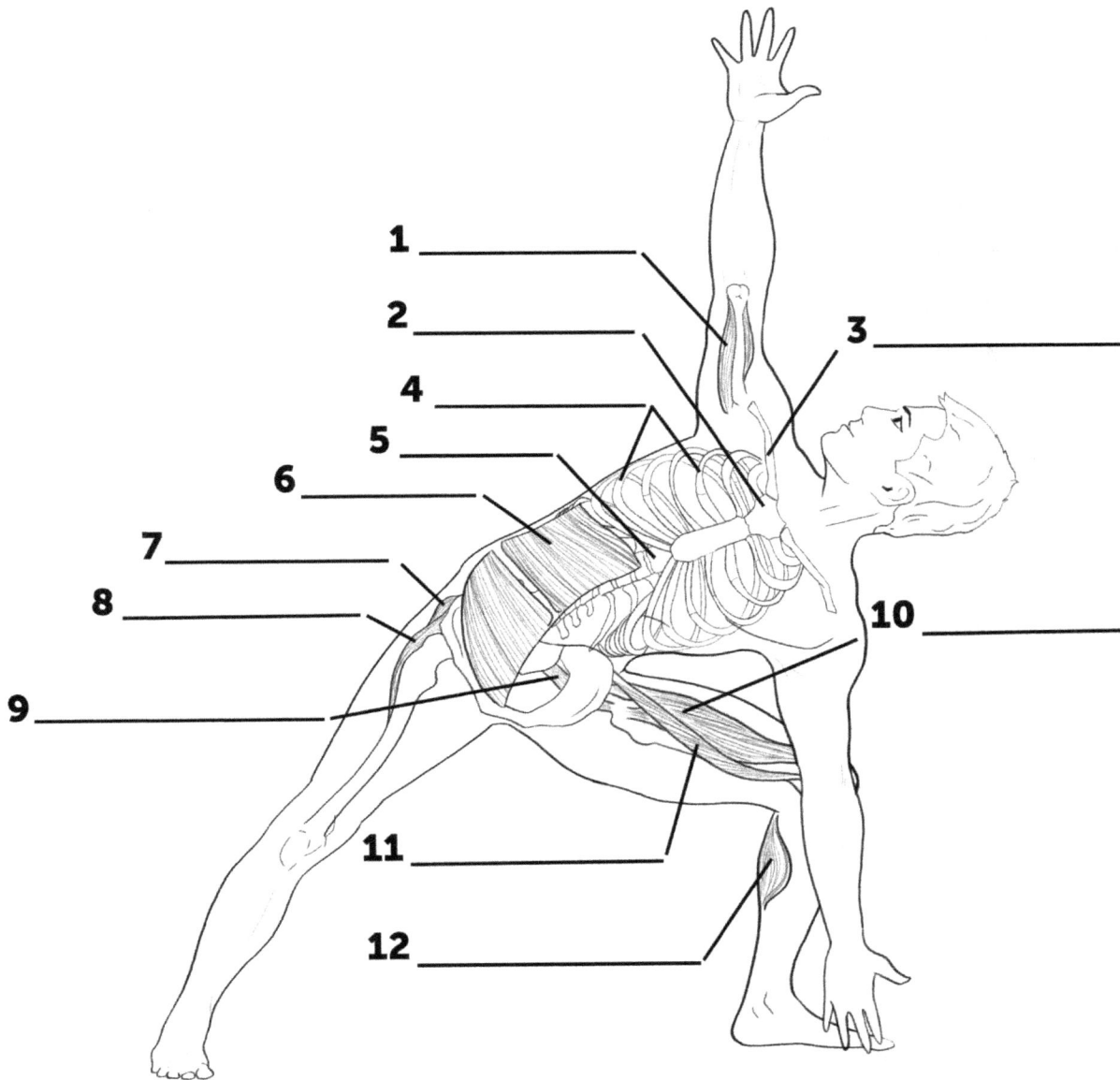

1 _____

2 _____

3 _____

4 _____

5 _____

6 _____

7 _____

8 _____

9 _____

10 _____

11 _____

12 _____

8. ERWEITERTE SEITENWINKELSTELLUNG

1.   BIZEPS BRACHII

2.   STERNUM

3.   SCHLÜSSELBEIN

4.   RIPPEN

5.   WIRBELSÄULE

6.   SCHRÄG NACH INNEN

7.   GLUTEUS MEDIUS

8.   TENSOR FASCIA LATAE

9.   PIRIFORMIS

10. QUADRIZEPS

11. SARTORIUS

12. GASTROCNEMIUS

9. STAB-POSE

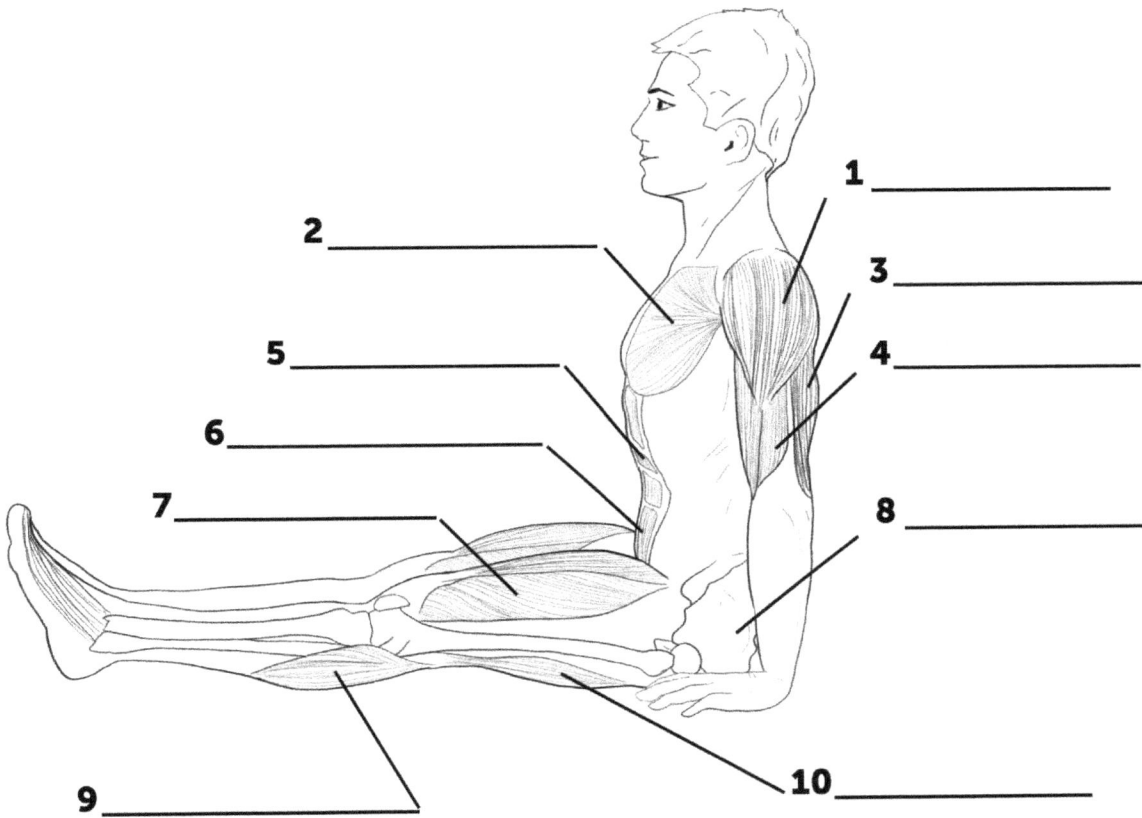

2 _____

5 _____

6 _____

7 _____

9 _____

1 _____

3 _____

4 _____

8 _____

10 _____

9. STAB-POSE

1. DELTAMUSKEL

2. PECTORALIS MAJOR

3. TRIZEPS BRACHII

4. BIZEPS BRACHII

5. RECTUS ABDOMINIS

6. UNTERBAUCHMUSKELN

7. QUADRIZEPS

8. BECKEN

9. GASTROCNEMIUS

10. HAMSTRINGS

10. EINFACHE POSE

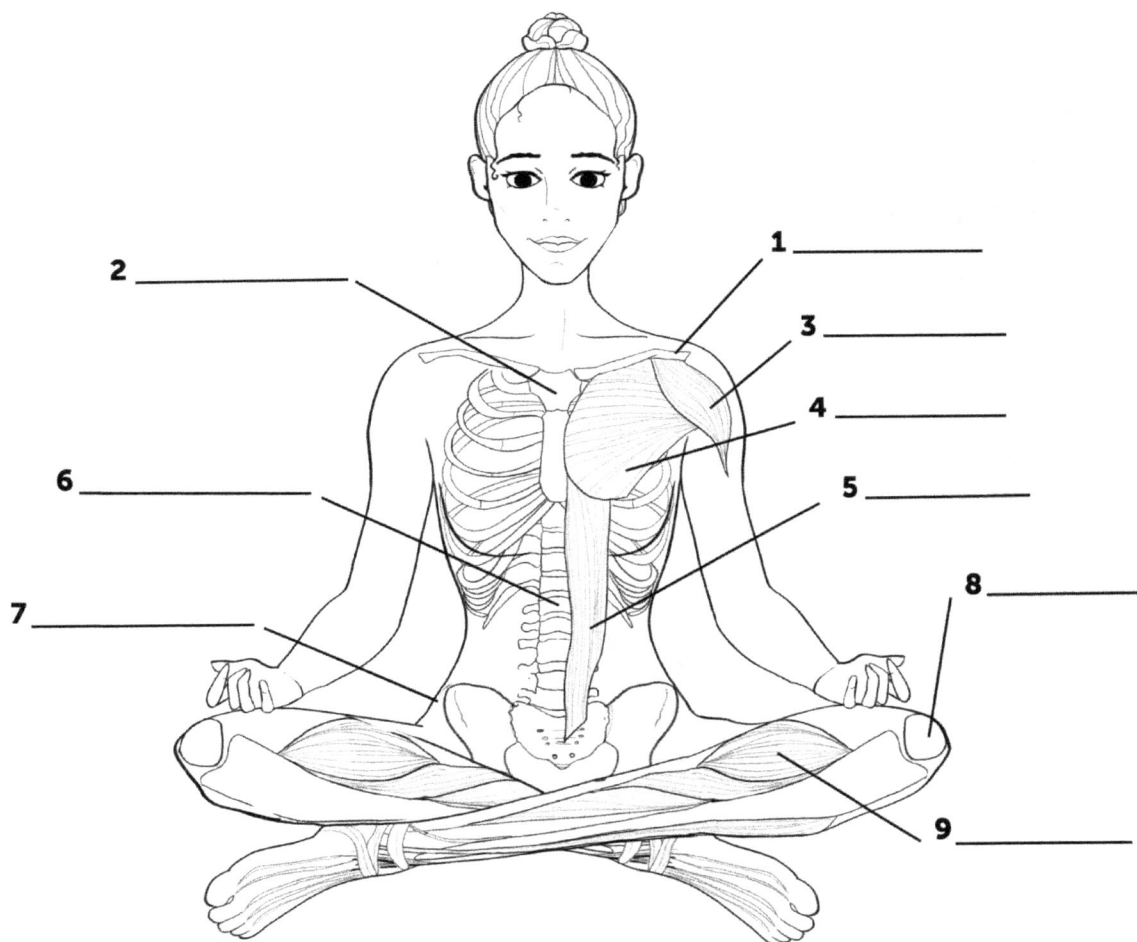

1 _____

2 _____

3 _____

4 _____

5 _____

6 _____

7 _____

8 _____

9 _____

10. EINFACHE POSE

1. SCHLÜSSELBEIN

2. STERNUM

3. DELTAMUSKEL

4. PECTORALIS MAJOR

5. RECTUS ABDOMINIS

6. WIRBELSÄULE

7. BECKEN

8. KNIESCHEIBE

9. GASTROCNEMIUS

11. GEBUNDENER KNÖCHEL

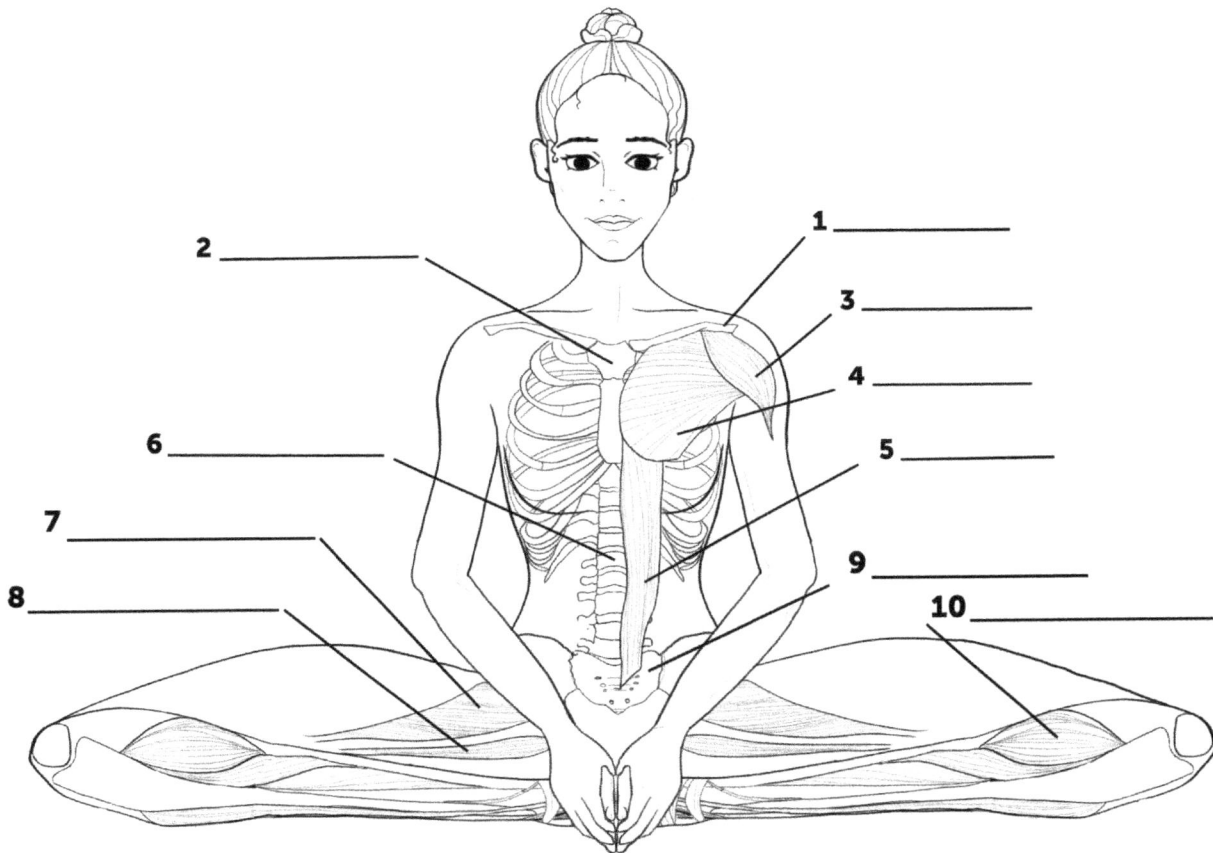

2 _____

1 _____

3 _____

4 _____

6 _____

5 _____

7 _____

9 _____

8 _____

10 _____

11 GEBUNDENER KNÖCHEL

1. SCHLÜSSELBEIN
2. STERNUM
3. DELTAMUSKEL
4. PECTORALIS MAJOR
5. RECTUS ABDOMINIS
6. WIRBELSÄULE
7. ADDUKTOR LONGUS
8. GRACILIS
9. KREUZBEIN
10. GASTROCNEMIUS

12. HALB HERR DER FISCHE POSE

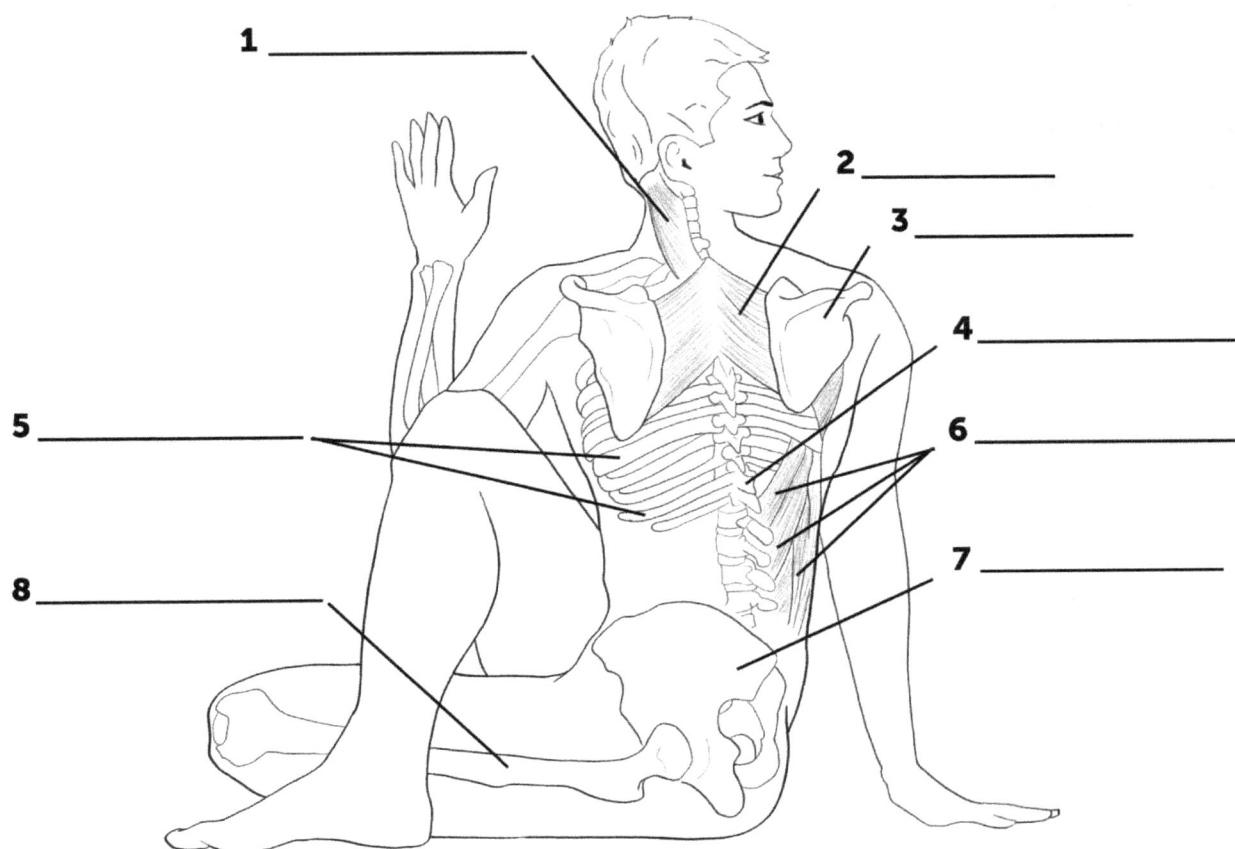

1 _____

2 _____

3 _____

4 _____

5 _____

6 _____

7 _____

8 _____

12. HALB HERR DER FISCHE POSE

1.   KEILBEINHÖCKER

2.   RHOMBOIDEN

3.   SCHULTERBLATT

4.   WIRBELSÄULE

5.   RIPPEN

6.   ERECTOR SPINAE

7.   BECKEN

8.   OBERSCHENKEL

13. TISCH-POSE

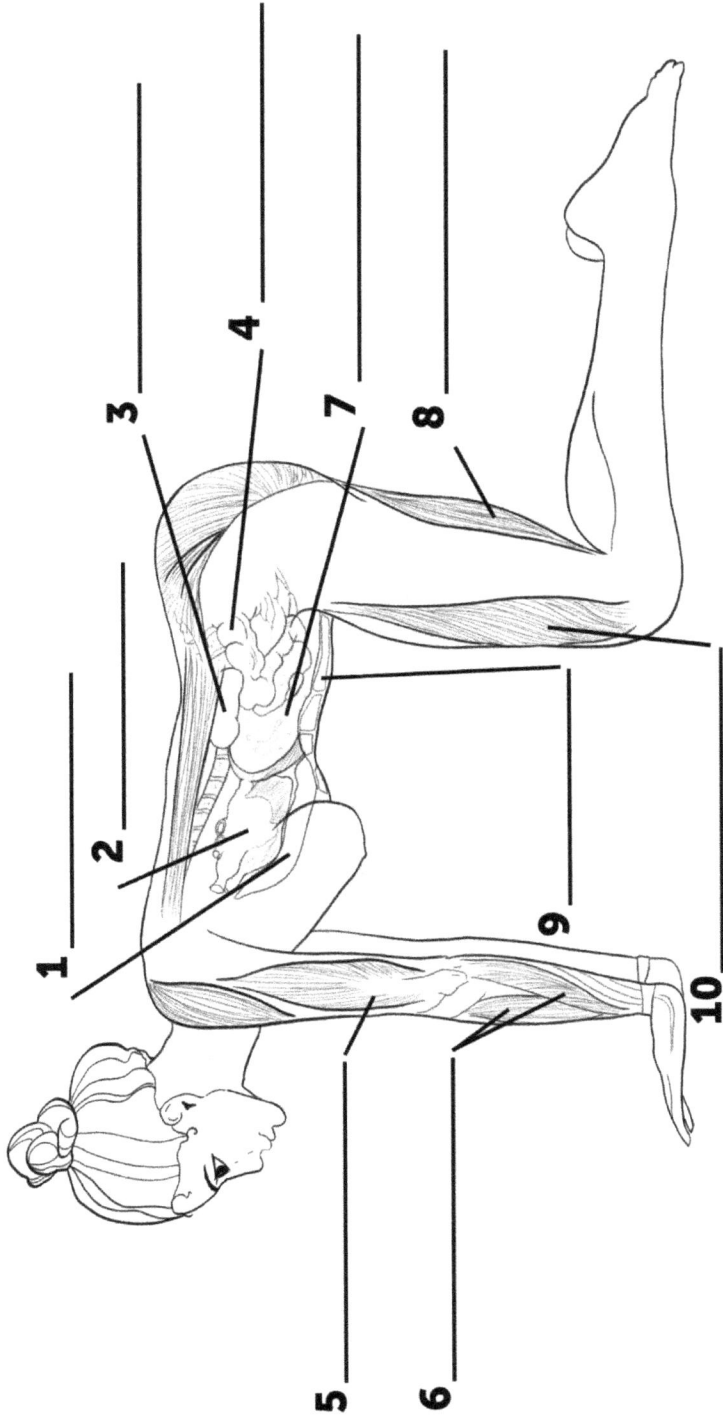

13. TISCH-POSE

1. LUNGE
2. HERZ
3. NIERE
4. AUFSTEIGENDER DICKDARM
5. TRICEPS BRACHII
6. PRONATOREN
7. LEBER
8. HAMSTRINGS
9. RECTUS ABDOMINIS
10. QUADRIZEPS

14. KATZE POSE

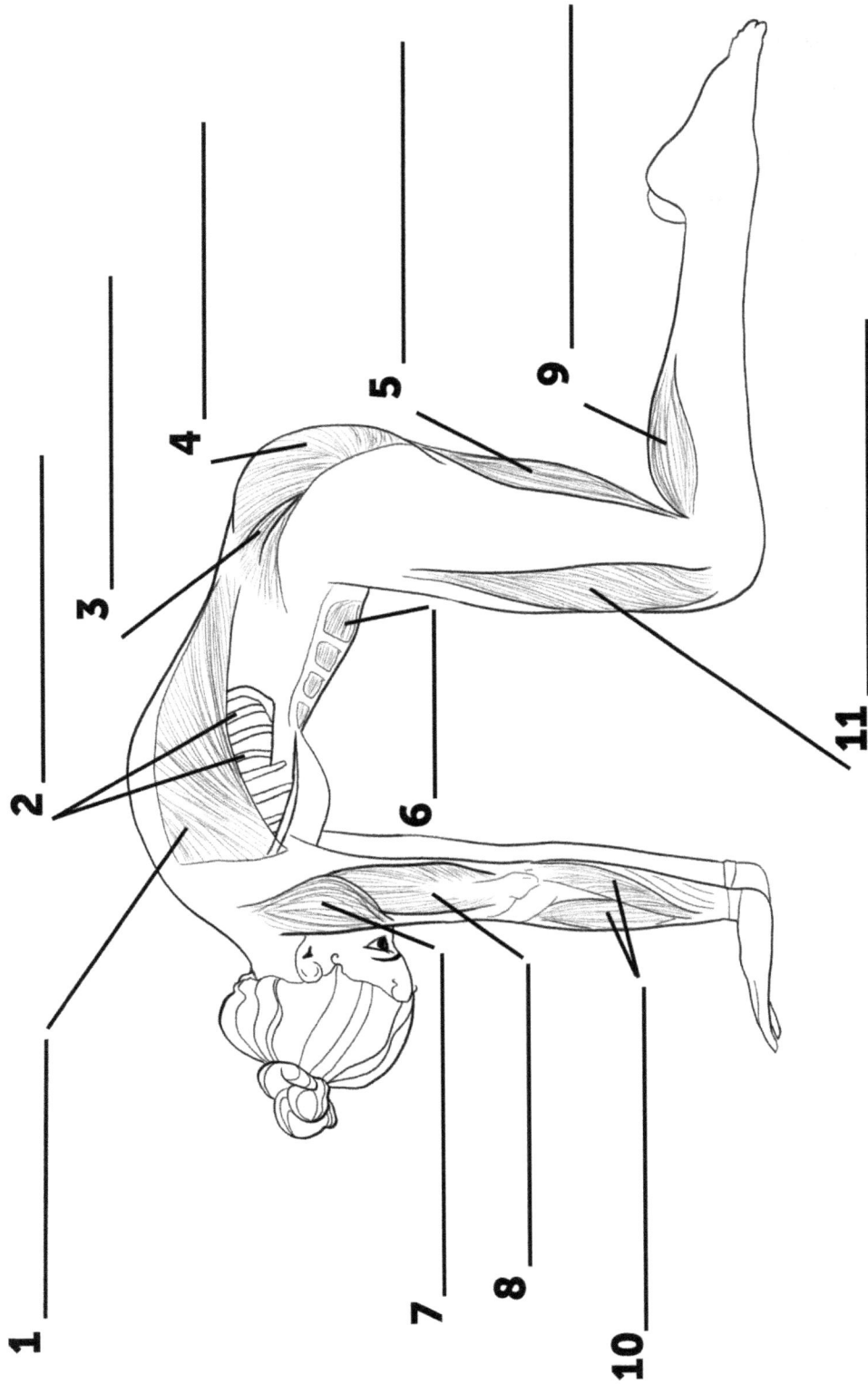

1

2

3

4

5

6

7

8

9

10

11

14. KATZE POSE

1. LATISSIMUS DORSI
2. RIPPEN
3. PIRIFORMIS
4. GLUTEUS MAXIMUS
5. HAMSTRINGS
6. RECTUS ABDOMINIS
7. DELTAMUSKEL
8. TRIZEPS BRACHII
9. GASTROCNEMIUS
10. PRONATOREN
11. QUADRIZEPS

15. KUH-POSE

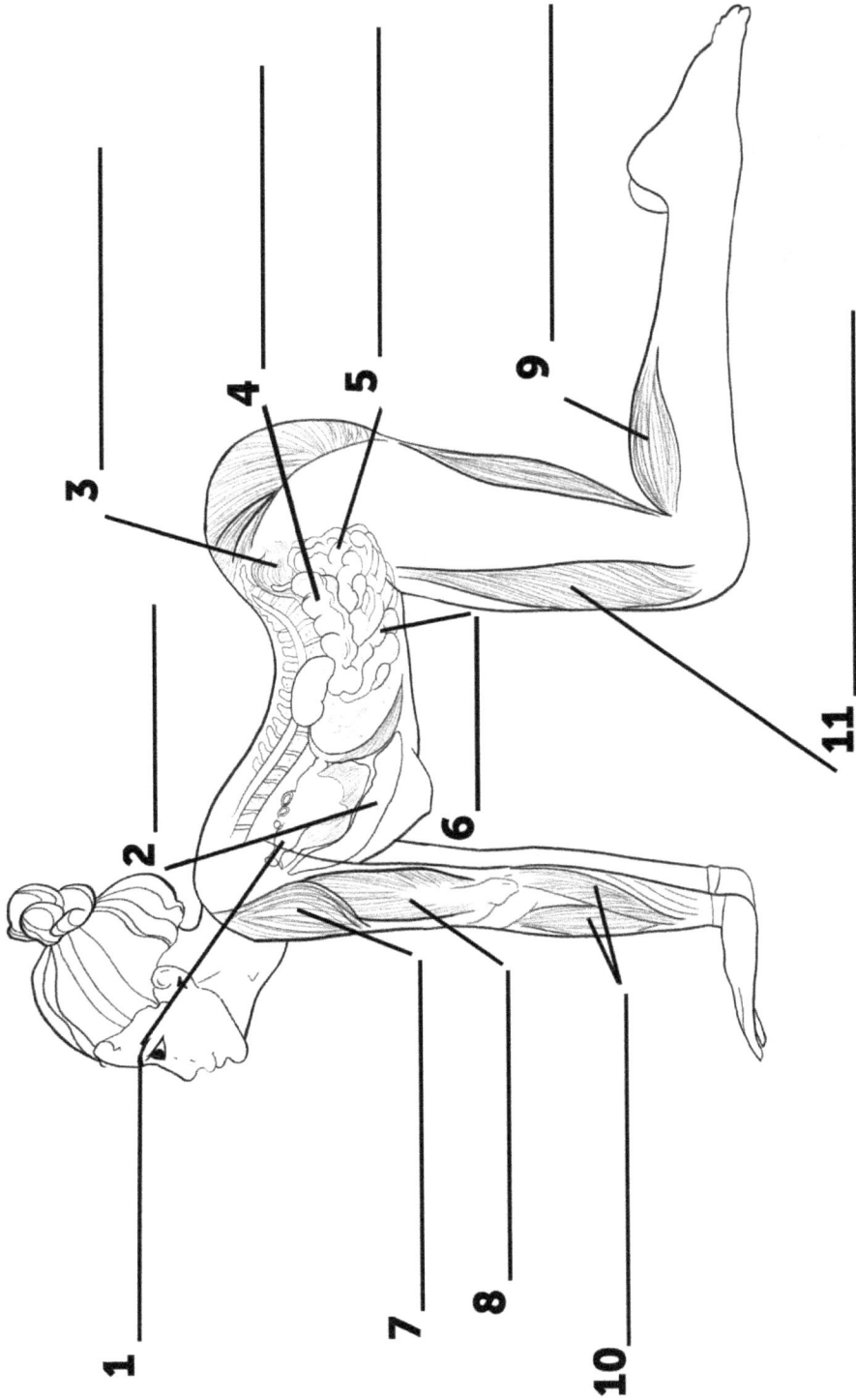

15. KUH-POSE

1. HERZ

2. LUNGE

3. ENDDARM

4. AUFSTEIGENDER DICKDARM

5. WINDUNGEN DES DÜNNDARMS

6. QUERKOLON

7. DELTAMUSKEL

8. TRICEPS BRACHII

9. GASTROCNEMIUS

10. PRONATOREN

11. QUADRIZEPS

16. BALANCIERENDE TISCHHALTUNG

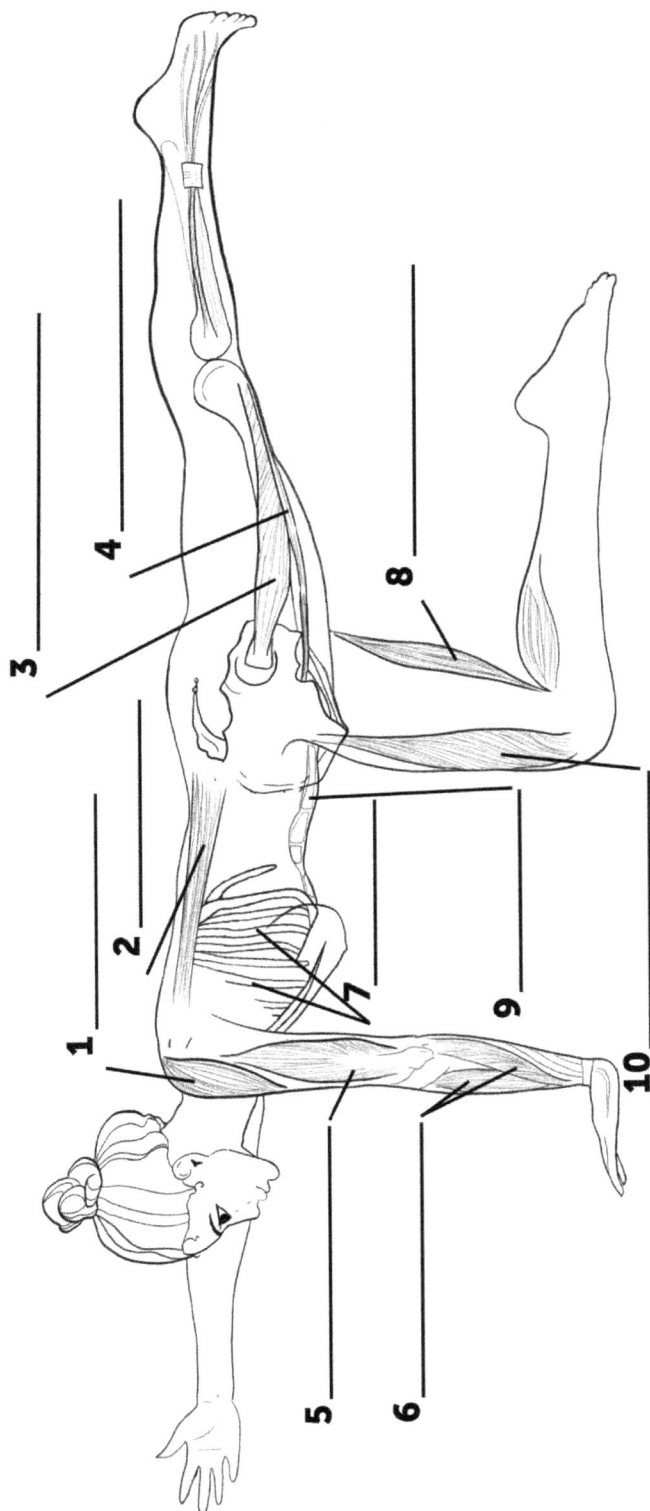

16. BALANCIERENDE TISCHHALTUNG

1.   DELTAMUSKEL

2.   ERECTOR SPINAE

3.   RECTUS FEMORIS (OBERSCHENKELMUSKEL)

4.   SARTORIUS

5.   TRIZEPS BRACHII

6.   PRONATOREN

7.   RIPPEN

8.   HAMSTRINGS

9.   RECTUS ABDOMINIS

10.   QUADRIZEPS

17. UMGEKEHRTE TISCHPLATTE-POSE

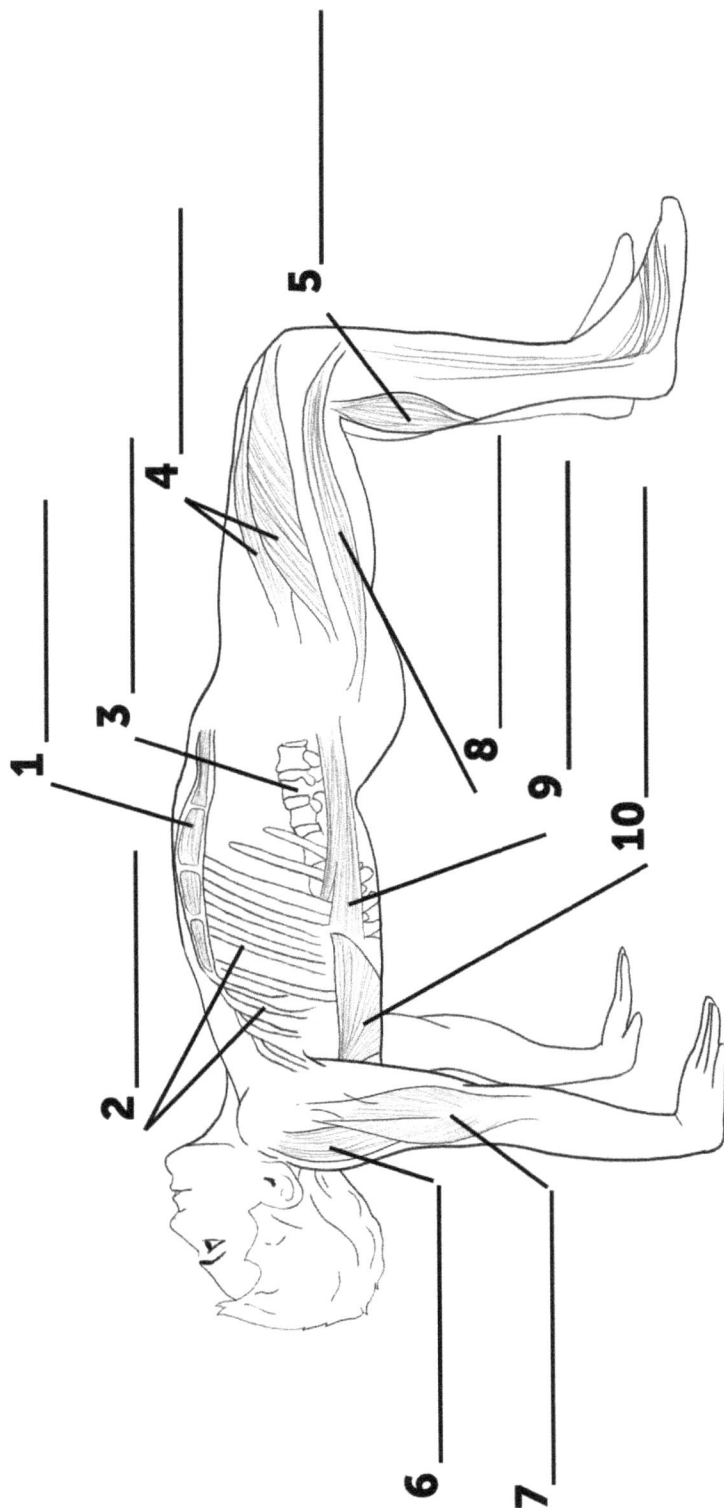

1

2

3

4

5

6

7

8

9

10

17. UMGEKEHRTE TISCHPLATTE-POSE

1. REKTUS ABDOMINIS
2. RIPPEN
3. WIRBELSÄULE
4. QUADRIZEPS
5. GASTROCNEMIUS
6. DELTAMUSKEL
7. TRIZEPS BRACHII
8. HAMSTRINGS
9. ERECTOR SPINAE
10. INFRASPINATUS

18. SPHINX-POSE

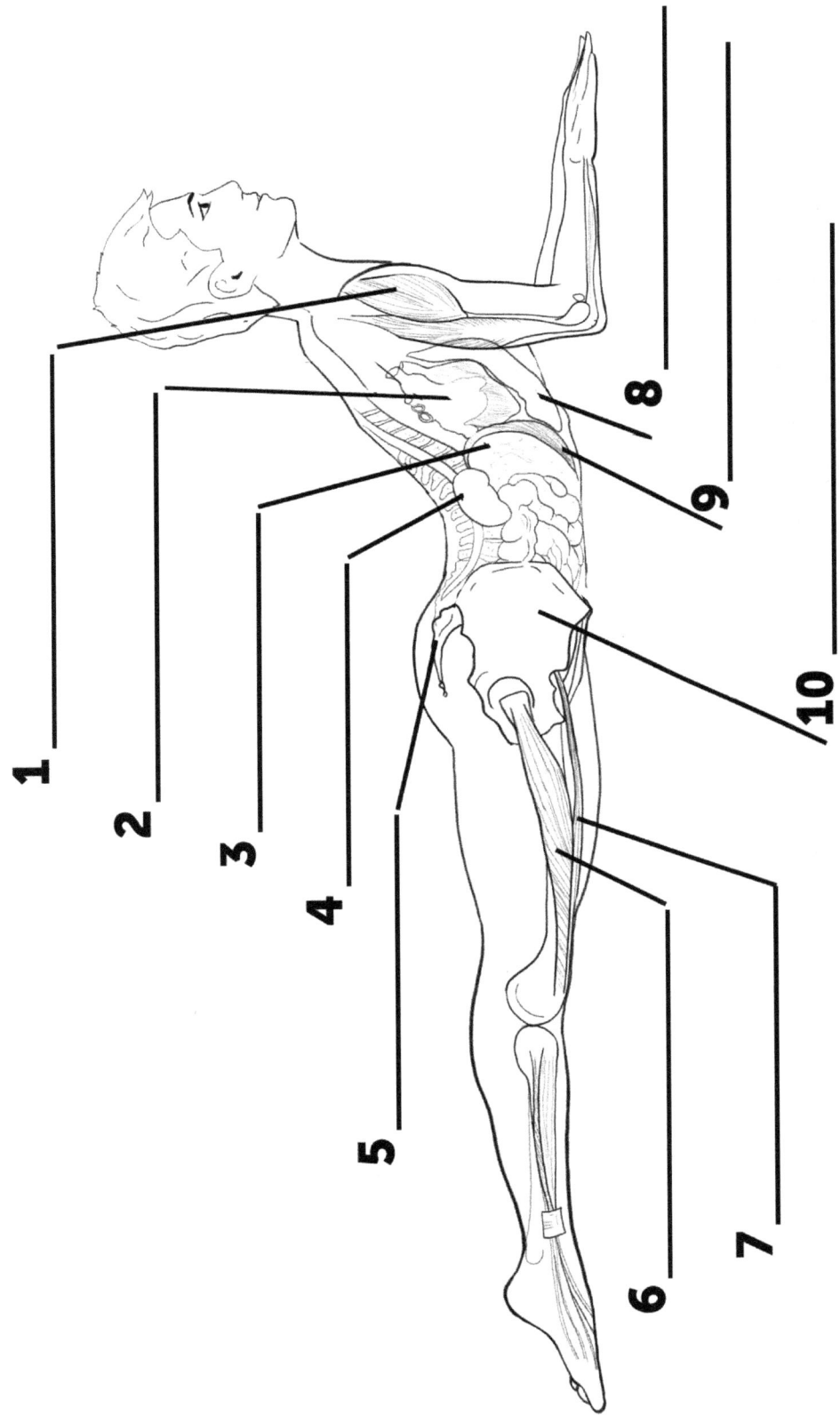

1

2

3

4

5

6

7

8

9

10

18. SPHINX-POSE

1. DELTOID

2. HERZ

3. LEBER

4. NIERE

5. KREUZBEIN

6. RECTUS FEMORIS (OBERSCHENKELMUSKEL)

7. SARTORIUS

8. LUNGE

9. ZWERCHFELL

10. BECKEN

19. KOBRA-POSE

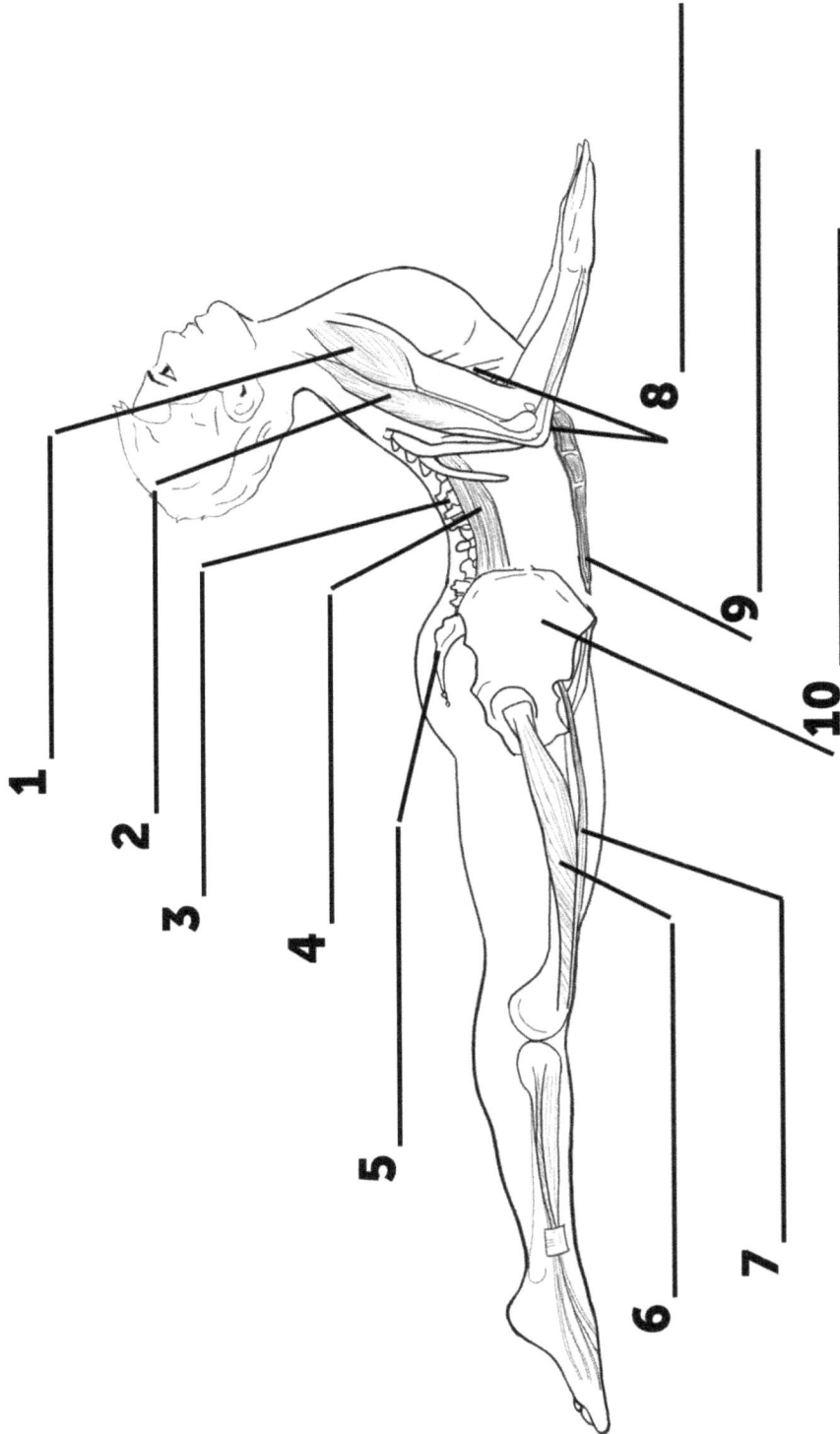

19. KOBRA-POSE

1. DELTAMUSKEL

2. TRIZEPS BRACHII

3. WIRBELSÄULE

4. ERECTOR SPINAE

5. KREUZBEIN

6. RECTUS FEMORIS (OBERSCHENKELMUSKEL)

7. SARTORIUS

8. RIPPEN

9. RECTUS ABDOMINIS

10. BECKEN

20. GROßE-ZEHE-POSE

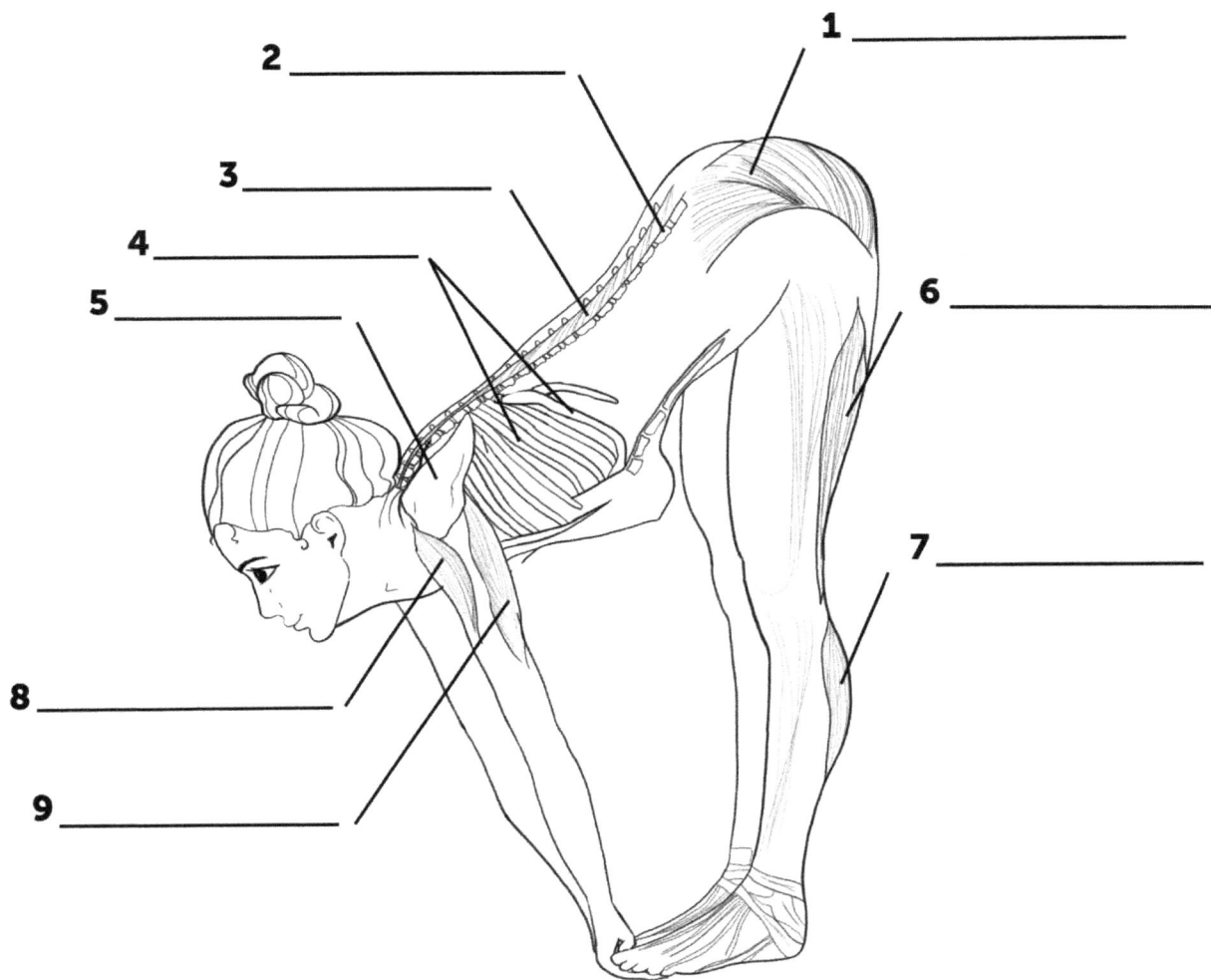

1 _____

2 _____

3 _____

4 _____

5 _____

6 _____

7 _____

8 _____

9 _____

20. GROßE-ZEHE-POSE

1. PIRIFORMIS

2. WIRBELSÄULE

3. MUSKELN DER WIRBELSÄULE

4. RIPPEN

5. SCHULTERBLATT

6. HAMSTRINGS

7. GASTROCNEMIUS

8. DELTAMUSKEL

9. TRIZEPS BRACHII

21. POSE DES KINDES

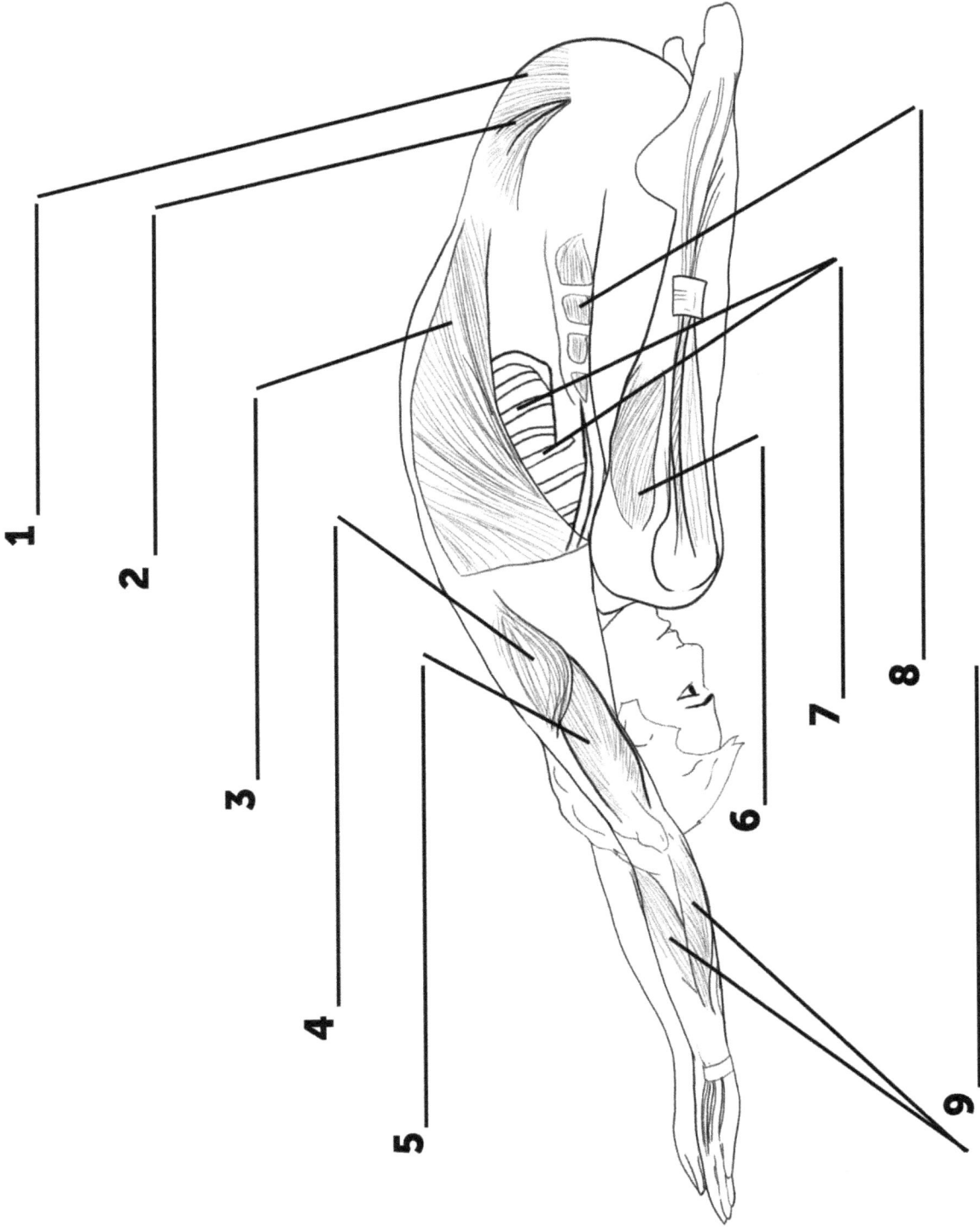

1

2

3

4

5

6

7

8

9

21. POSE DES KINDES

1. GROßER GESÄßMUSKEL

2. PIRIFORMIS

3. LATISSIMUS DORSI

4. DELTAMUSKEL

5. TRIZEPS BRACHII

6. GASTROCNEMIUS

7. RIPPEN

8. RECTUS ABDOMINIS

9. PRONATOREN

22. EINBEINIGE BOOTSHALTUNG

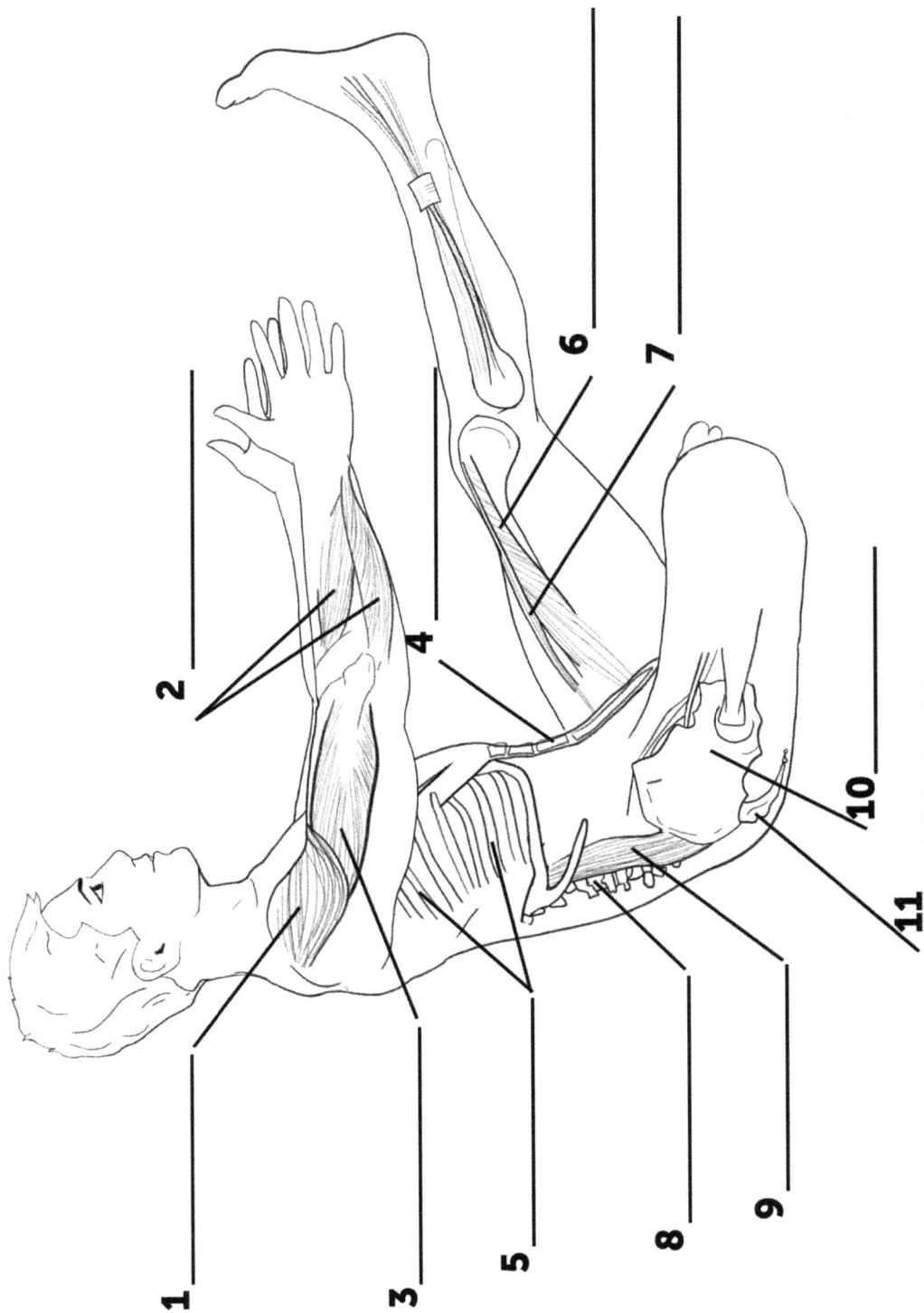

22. EINBEINIGE BOOTSHALTUNG

1.   DELTAMUSKEL

2.   PRONATOREN

3.   TRIZEPS BRACHII

4.   RECTUS ABDOMINIS

5.   RIPPEN

6.   RECTUS FEMORIS (OBERSCHENKELMUSKEL)

7.   SARTORIUS

8.   WIRBELSÄULE

9.   EREKTOR SPINAE

10. BECKEN

11. KREUZBEIN

23. DELFIN-POSE

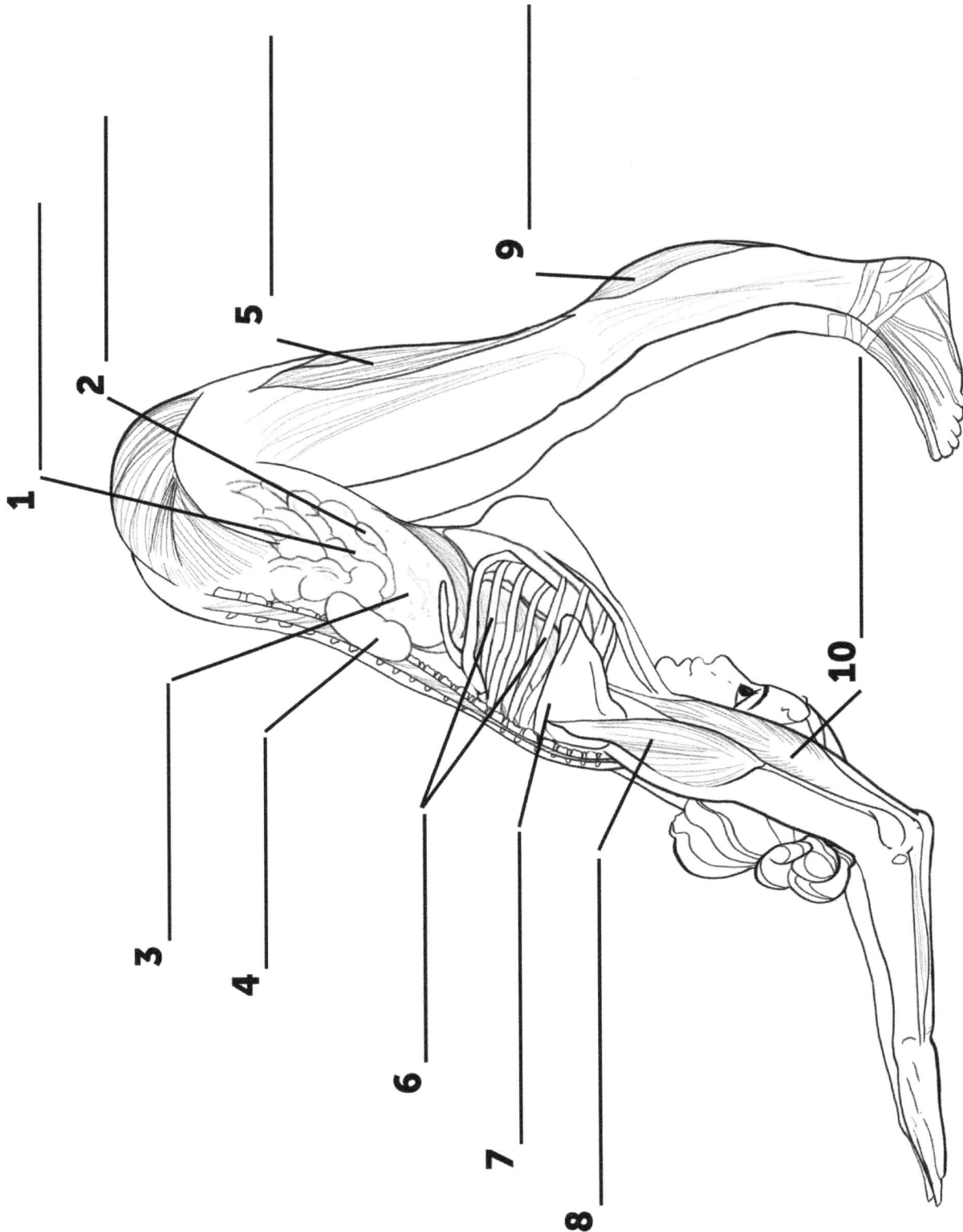

1

2

3

4

5

6

7

8

9

10

23. DELFIN-POSE

1. MAGEN
2. GALLENBLASE
3. LEBER
4. NIERE
5. HAMSTRINGS
6. RIPPEN
7. SCHULTERBLATT
8. DELTAMUSKEL
9. GASTROCNEMIUS
10. TRIZEPS BRACHII

24. BRÜCKEN-POSE

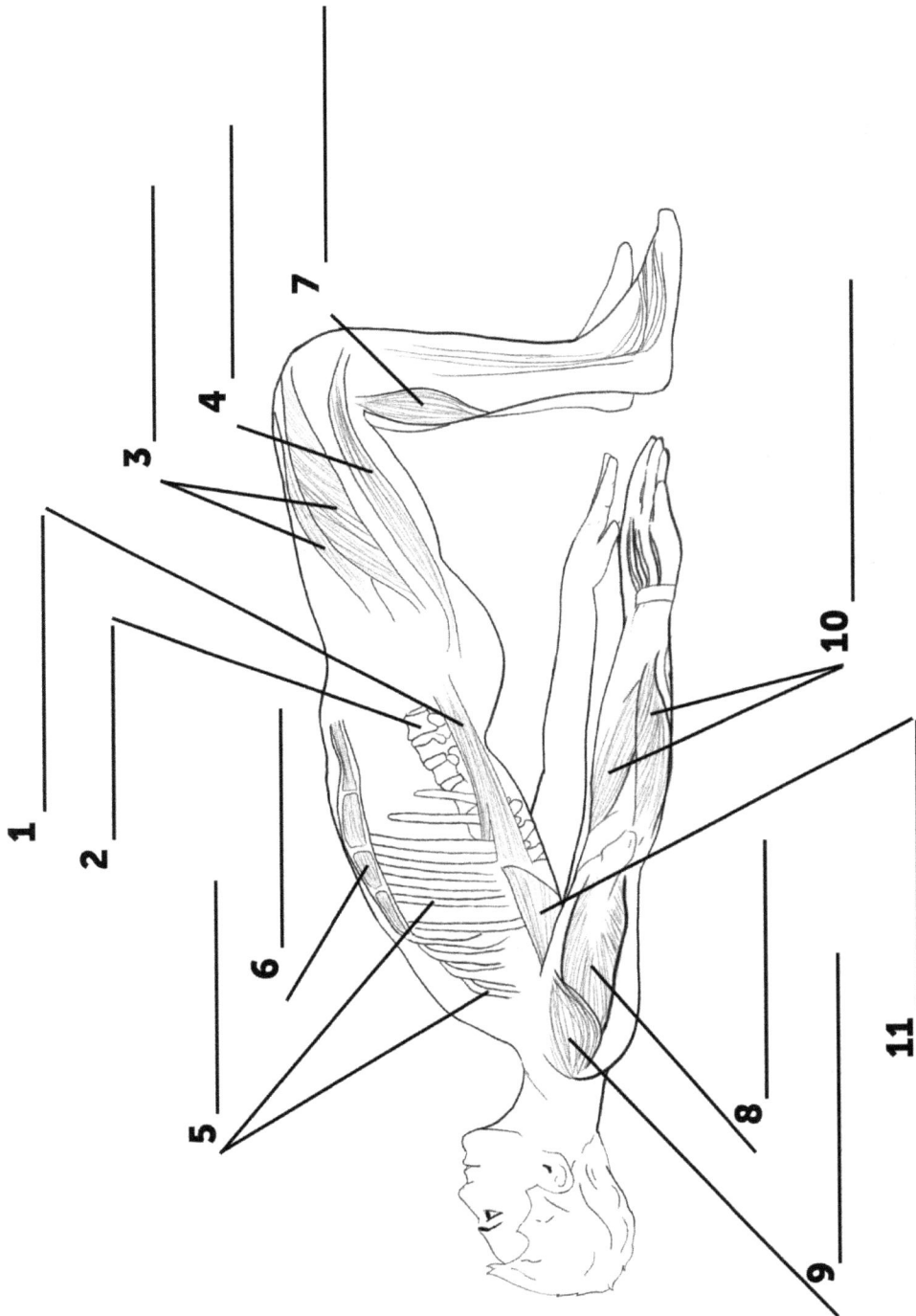

1

2

3

4

5

6

7

8

9

10

11

24. BRÜCKEN-POSE

1. ERECTOR SPINAE
2. WIRBELSÄULE
3. QUADRIZEPS
4. HAMSTRINGS
5. RIPPEN
6. RECTUS ABDOMINIS
7. GASTROCNEMIUS
8. TRIZEPS BRACHII
9. DELTAMUSKEL
10. PRONATOREN
11. INFRASPINATUS

25. GIRLANDEN-POSE

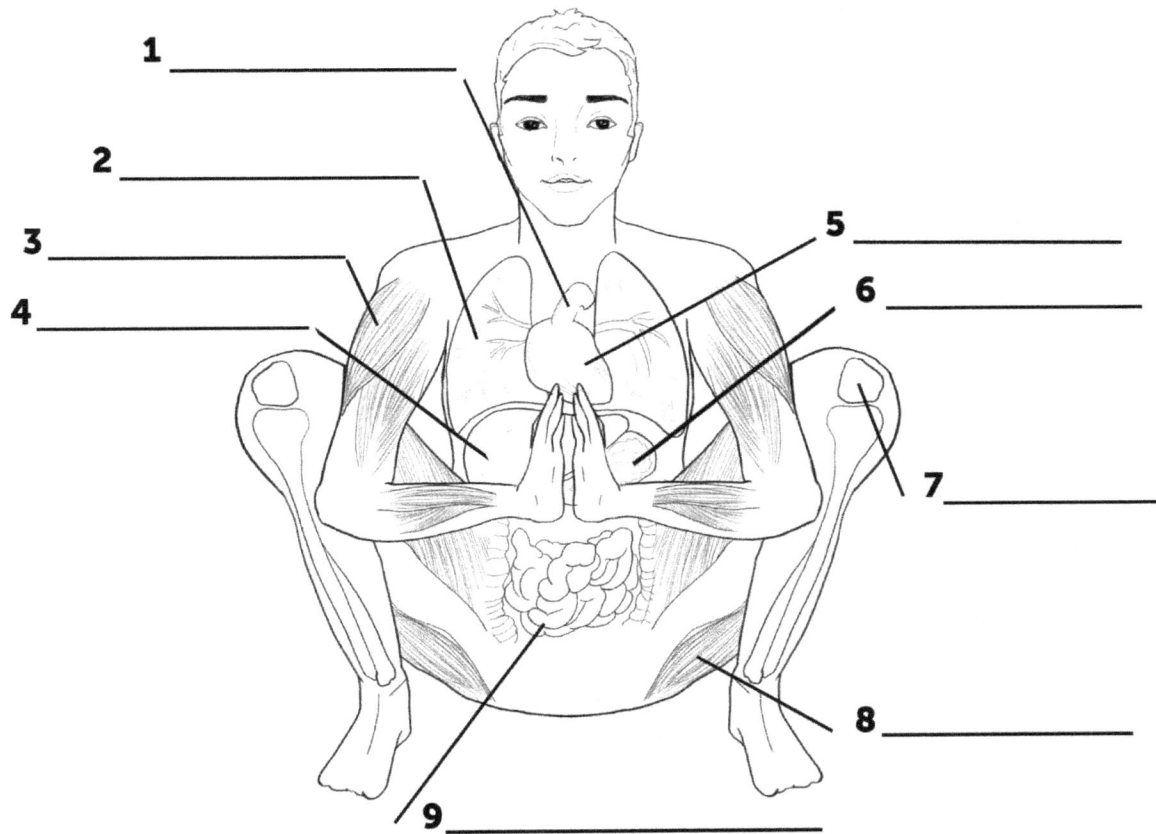

1 _____

2 _____

3 _____

4 _____

5 _____

6 _____

7 _____

8 _____

9 _____

25. GIRLANDEN-POSE

1.   AORTA

2.   LUNGE

3.   TRICEPS BRACHII

4.   LEBER

5.   HERZ

6.   MAGEN

7.   KNIESCHEIBE

8.   HAMSTRINGS

9.   DÜNNDARMWINDUNGEN

26. ABWÄRTSGERICHTETER HUND

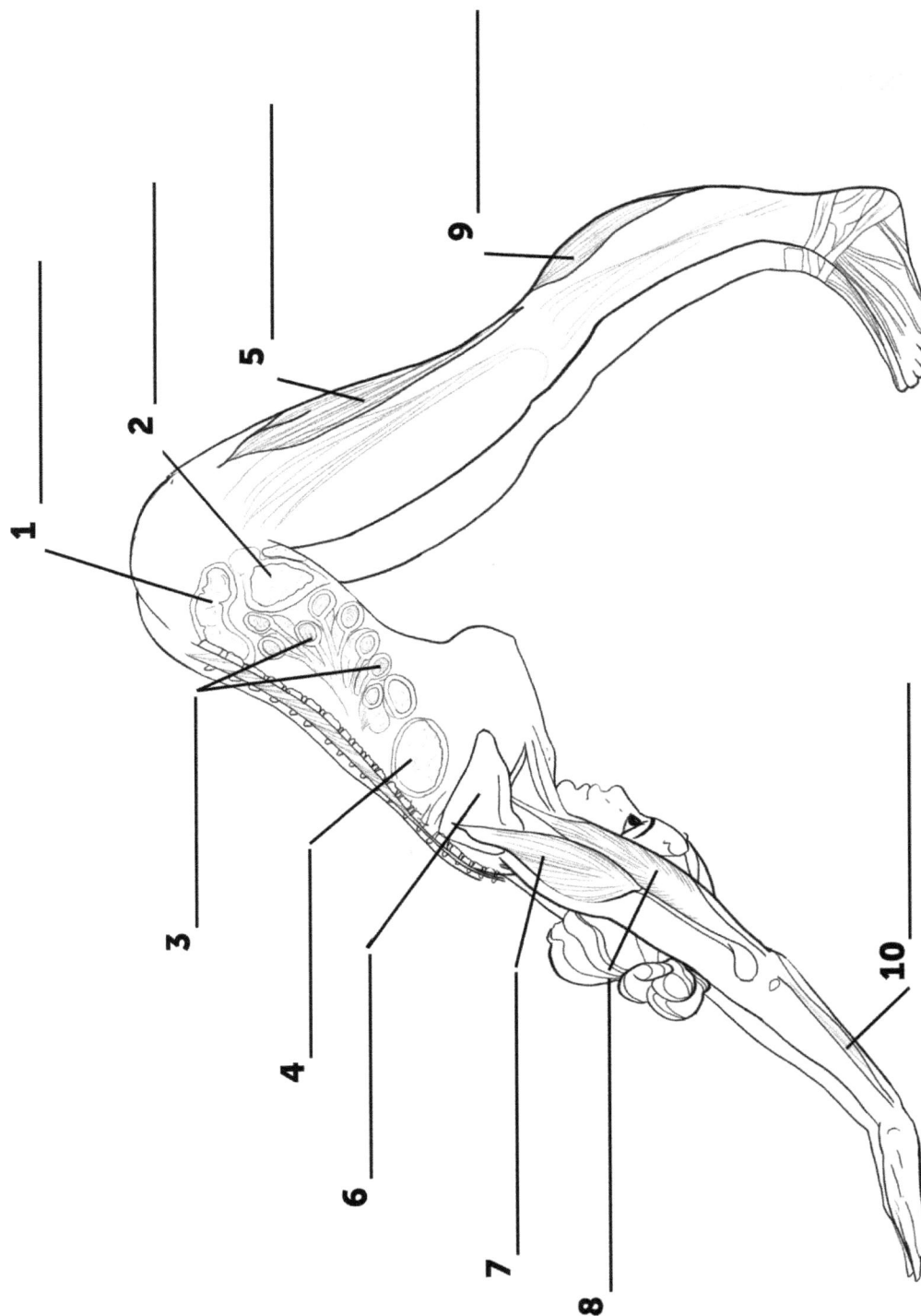

26. ABWÄRTSGERICHTETER HUND

1. REKTUM
2. HARNBLASE
3. DÜNNDARM
4. MAGEN
5. HAMSTRINGS
6. SCHULTERBLATT
7. DELTAMUSKEL
8. TRIZEPS BRACHII
9. GASTROCNEMIUS
10. PRONATOREN

27. PLANKE POSE

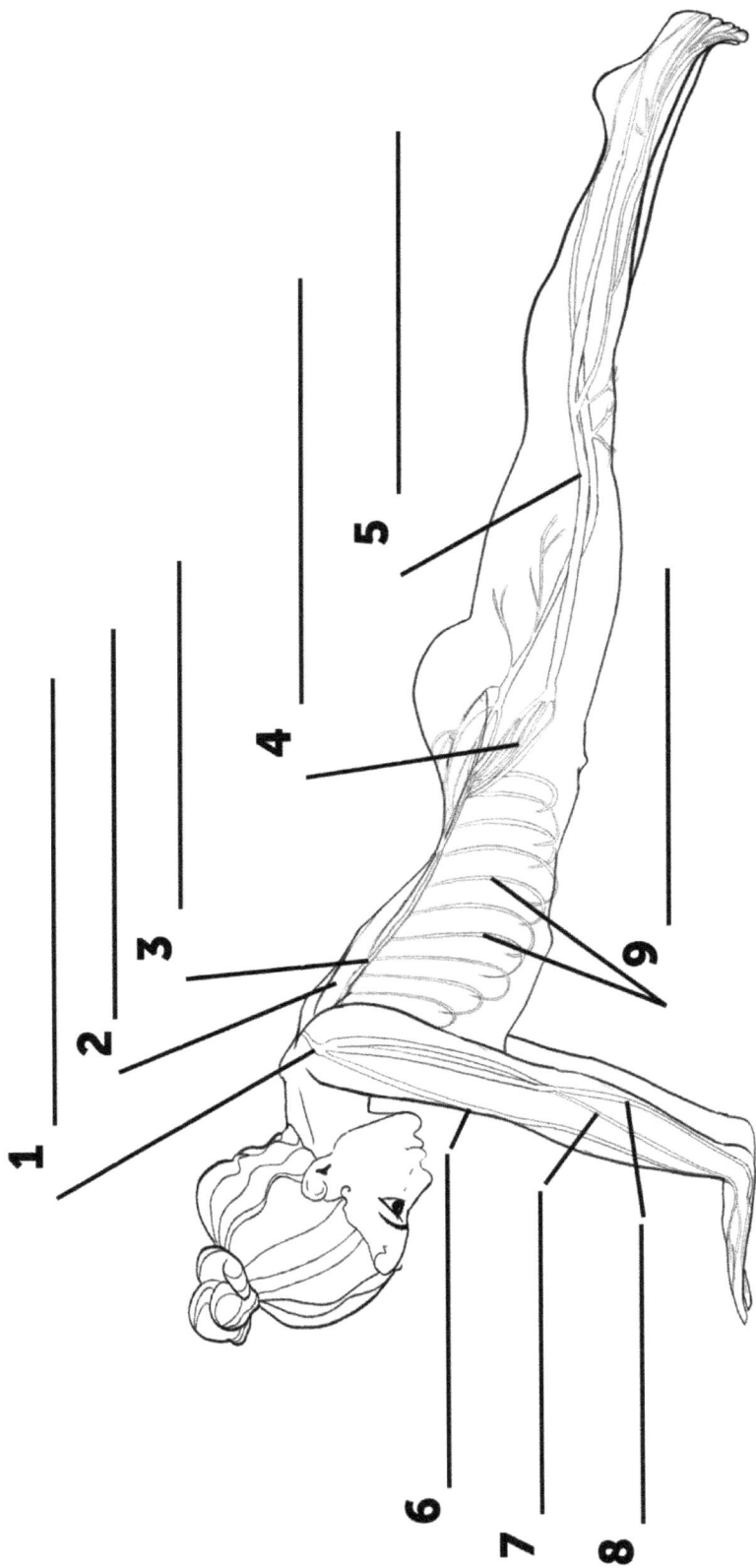

1

2

3

4

5

6

7

8

9

27. PLANKE POSE

1. PLEXUS BRACHIALIS
2. RÜCKENMARK
3. VAGUS
4. LUMBALER PLEXUS
5. ISCHIAS
6. ULNARIS
7. MEDIAN
8. RADIAL
9. INTERKOSTAL

28. CHATURANGA

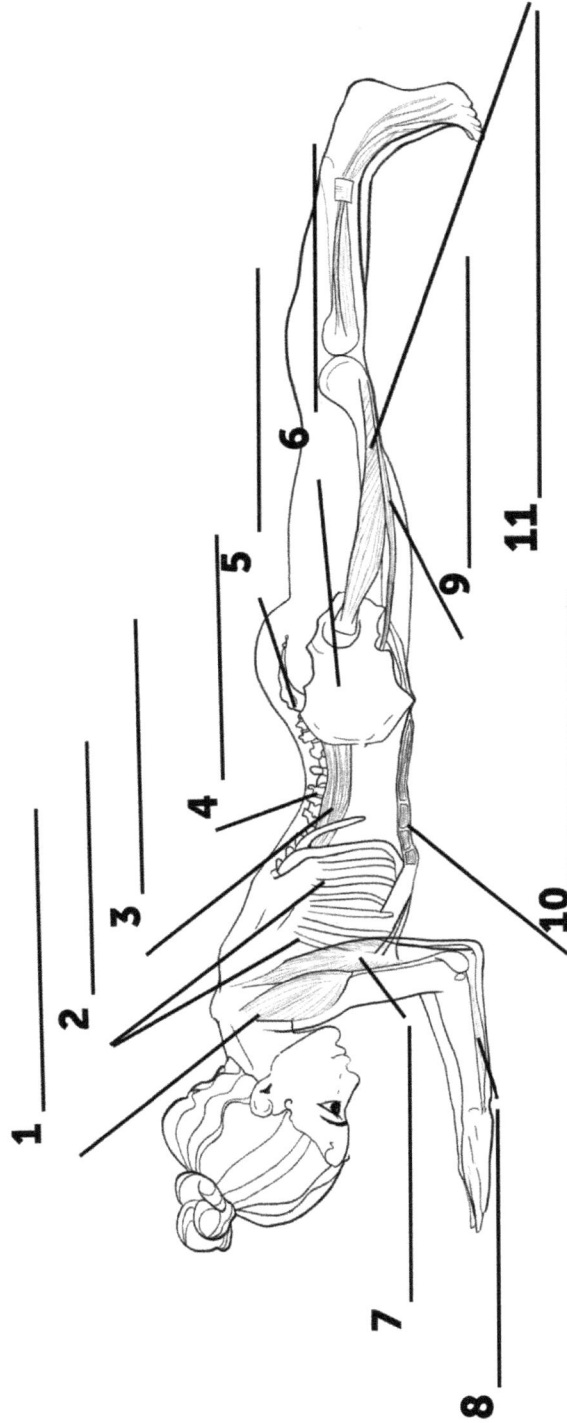

1

2

3

4

5

6

7

8

9

10

11

28. CHATURANGA

1. DELTAMUSKEL
2. RIPPEN
3. ERECTOR SPINAE
4. WIRBELSÄULE
5. KREUZBEIN
6. BECKEN
7. TRIZEPS BRACHII
8. PRONATOREN
9. SARTORIUS
10. RECTUS ABDOMINIS
11. RECTUS FEMORIS

29. AUFWÄRTSGERICHTETER HUND

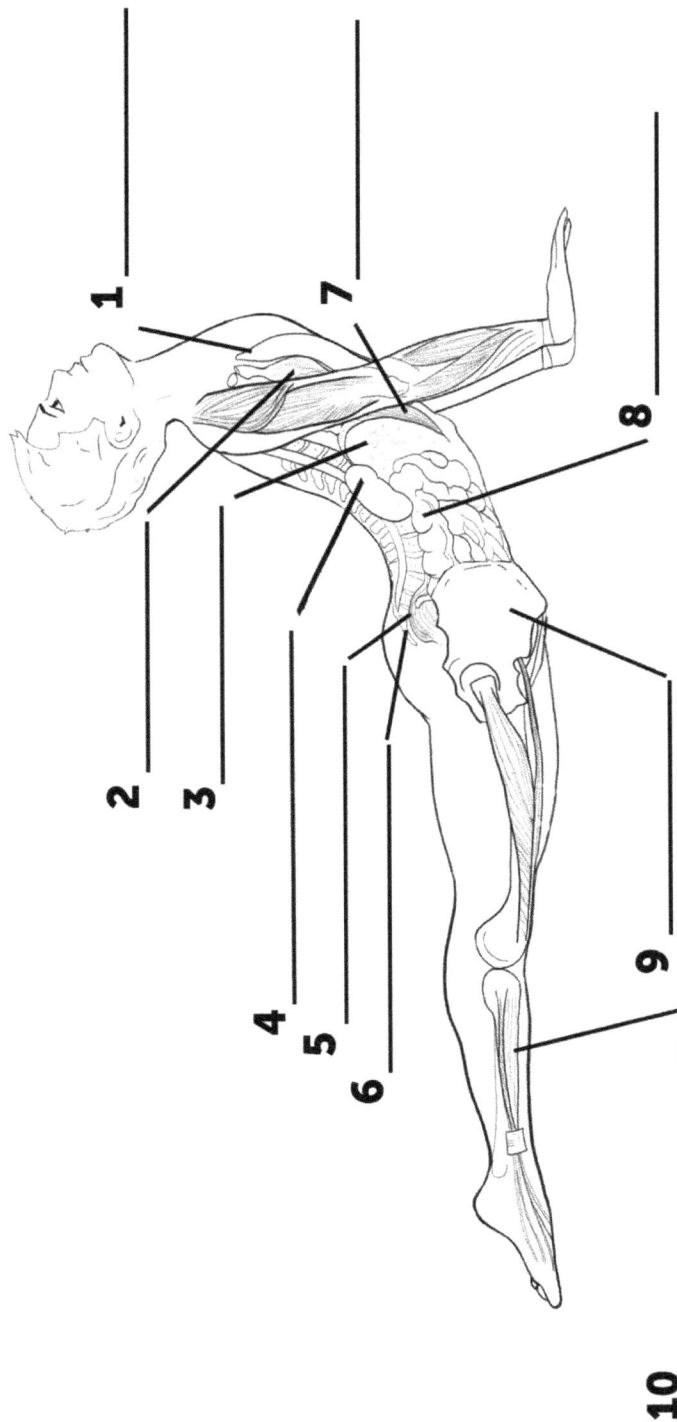

1

7

8

2

3

4

5

6

9

10

29. AUFWÄRTSGERICHTETER HUND

1. LUNGE
2. HERZ
3. LEBER
4. NIERE
5. ENDDARM
6. KREUZBEIN
7. ZWERCHFELL
8. AUFSTEIGENDER DICKDARM
9. BECKEN
10. TIBIALIS ANTERIOR

30. WIND ENTFERNENDE POSE

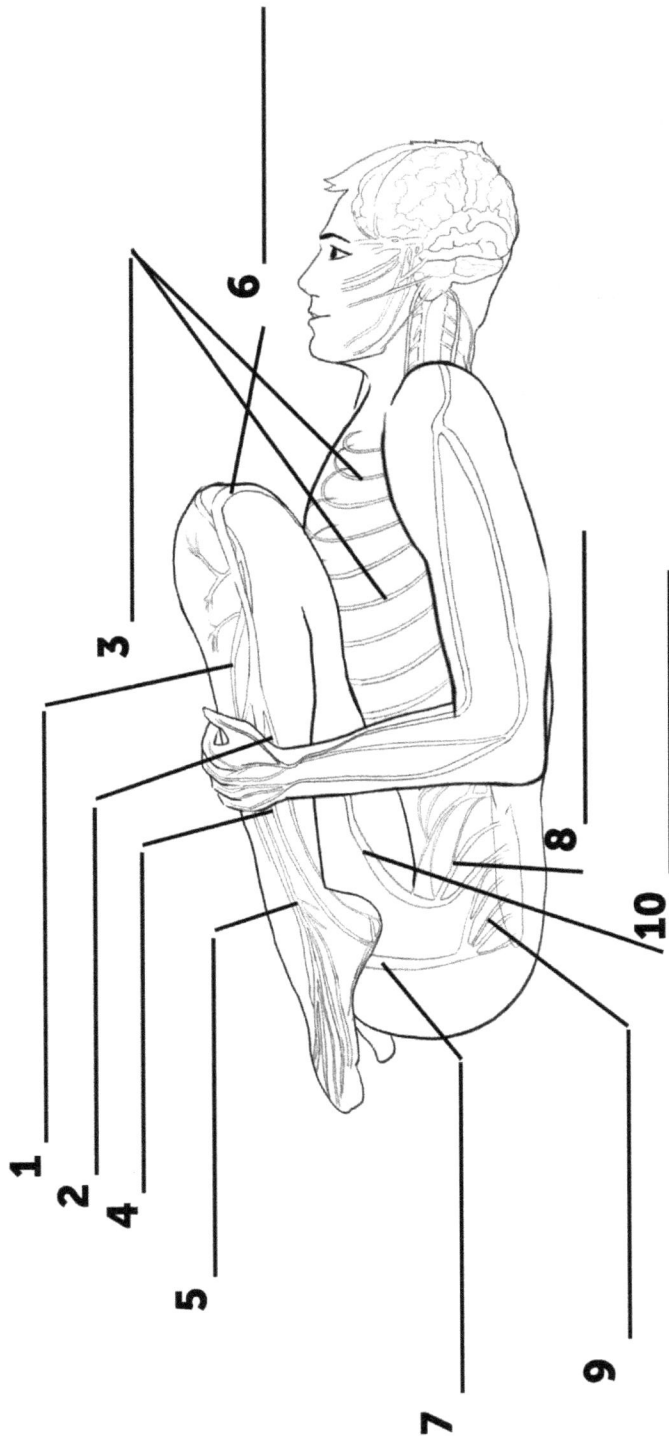

1

2

3

4

5

6

7

8

9

10

30. WIND ENTFERNENDE POSE

1.   SAPHENA

2.   GEMEINSAMER PERONEUS

3.   INTERKOSTAL

4.   TIBIA

5.   OBERFLÄCHLICHER PERONEUS

6.   SCIANTICUS

7.   SCHIENBEIN

8.   LUMBALER PLEXUS

9.   SAKRALPLEXUS

10. OBERSCHENKEL

31. HOCHGESTELLTE-BEINE-POSE

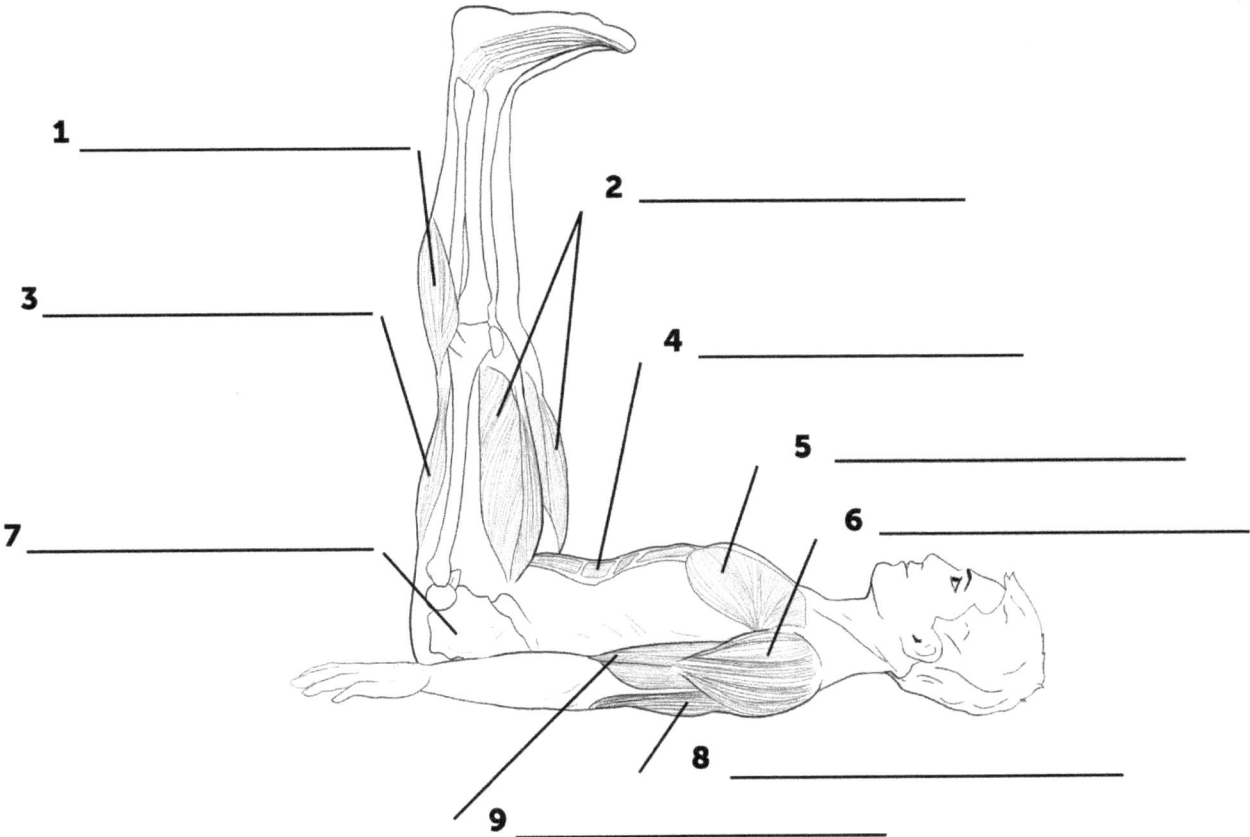

1 _____

2 _____

3 _____

4 _____

5 _____

6 _____

7 _____

8 _____

9 _____

31. HOCHGESTELLTE-BEINE-POSE

1.	GASTROCNEMIUS
2.	QUADRIZEPS
3.	HAMSTRINGS
4.	RECTUS ABDOMINIS
5.	PECTORALIS MAJOR
6.	DELTAMUSKEL
7.	BECKEN
8.	TRIZEPS BRACHII
9.	BIZEPS BRACHII

32. LEICHENSCHAUKEL

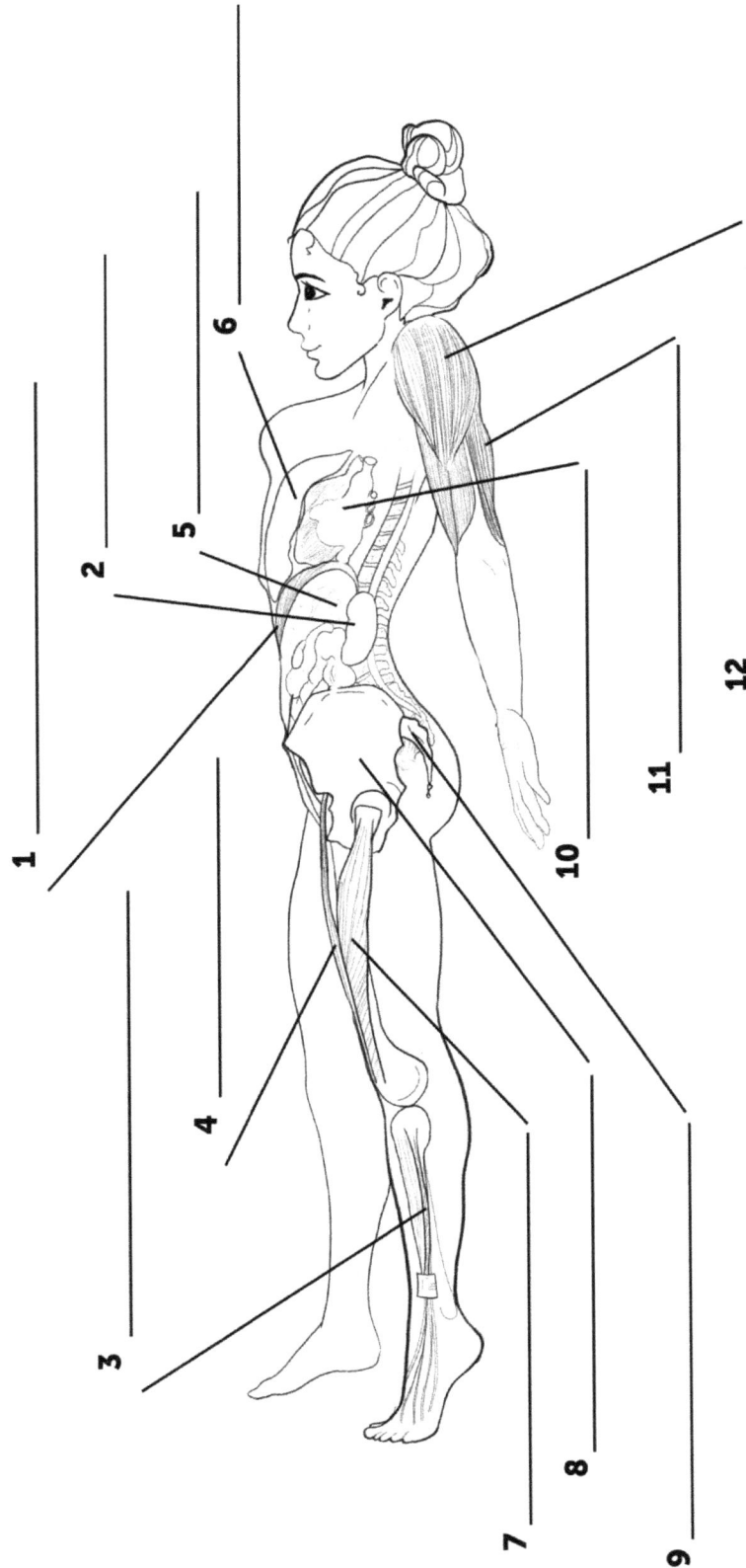

32. LEICHENSCHAUKEL

1. ZWERCHFELL

2. NIERE

3. TIBIALIS ANTERIOR

4. SARTORIUS

5. LEBER

6. LUNGE

7. RECTUS FEMORIS (OBERSCHENKELMUSKEL)

8. BECKEN

9. KREUZBEIN

10. HERZ

11. TRIZEPS BRACHII

12. DELTAMUSKEL

33. ERHÖHTE ARME POSE

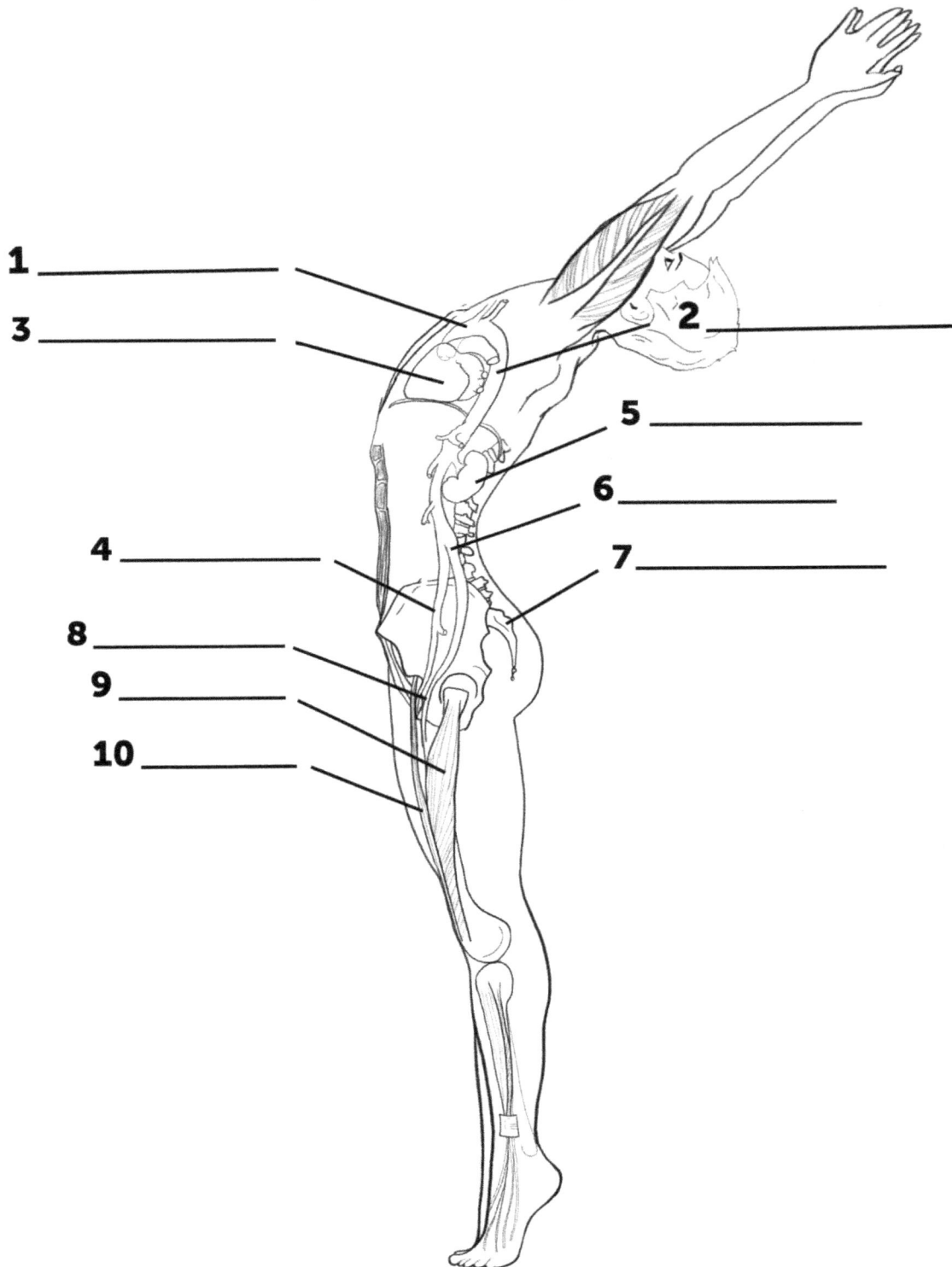

1 _____

3 _____

2 _____

5 _____

6 _____

4 _____

7 _____

8 _____

9 _____

10 _____

33. ERHÖHTE ARME POSE

1. AUFSTEIGENDE THORAKALE AORTA

2. ABSTEIGENDE THORAKALE AORTA

3. HERZ

4. ARTERIA ILIACA COMMUNIS

5. NIERE

6. ABDOMINAL-AORTA

7. KREUZBEIN

8. OBERSCHENKEL-ARTERIE

9. RECTUS FEMORIS (OBERSCHENKELMUSKEL)

10. OBERSCHENKELKNOCHEN (SARTORIUS)

34. FROSCH-POSE

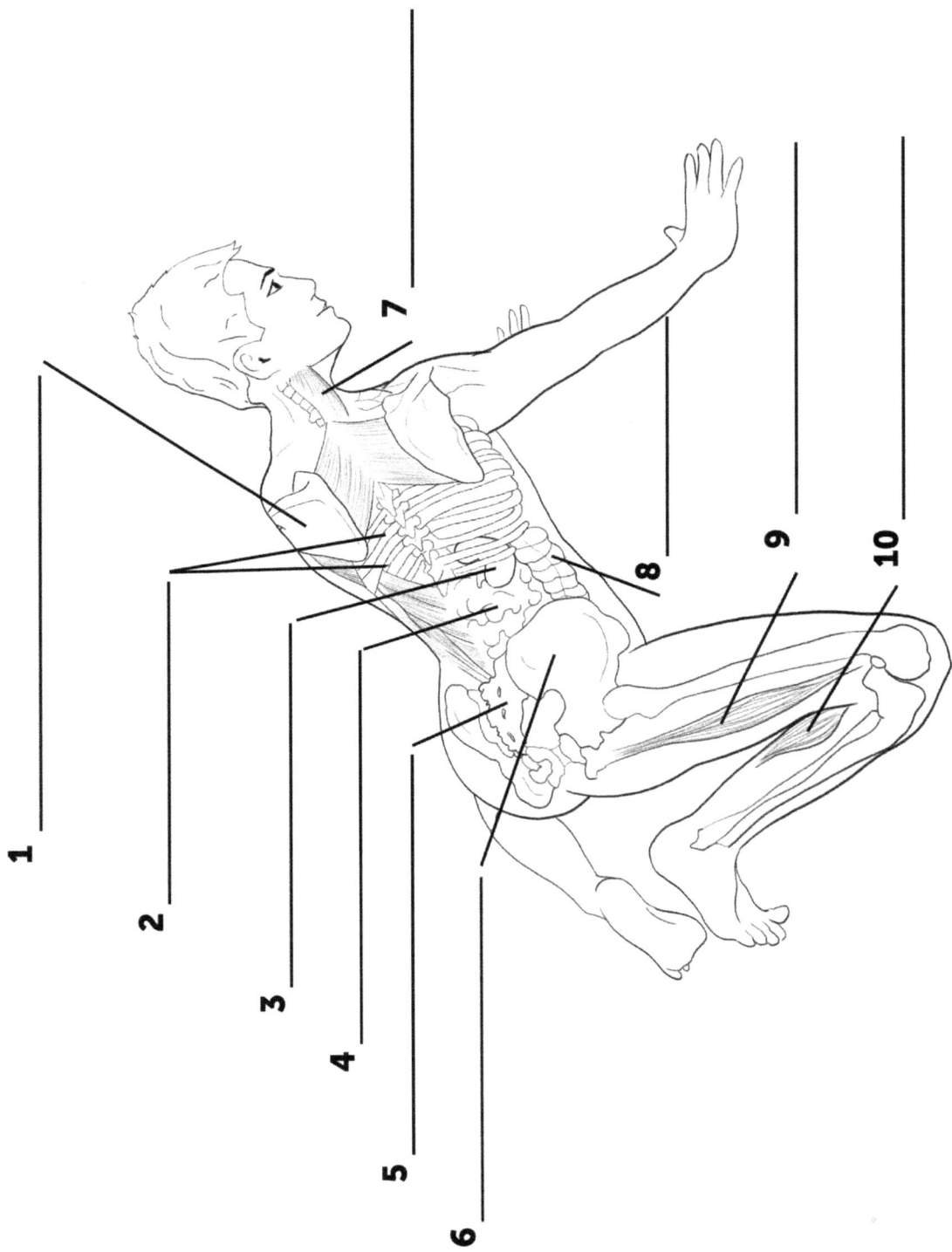

1

2

3

4

5

6

7

8

9

10

34. FROSCH-POSE

1. SCHULTERBLATT

2. RIPPEN

3. NIERE

4. WINDUNGEN DES DÜNNDARMS

5. KREUZBEIN

6. BECKEN

7. MILZ (SPLENIUS CAPITIS)

8. AUFSTEIGENDER DICKDARM

9. HAMSTRINGS

10. GASTROCNEMIUS

35. HALBE LOTUS-POSE

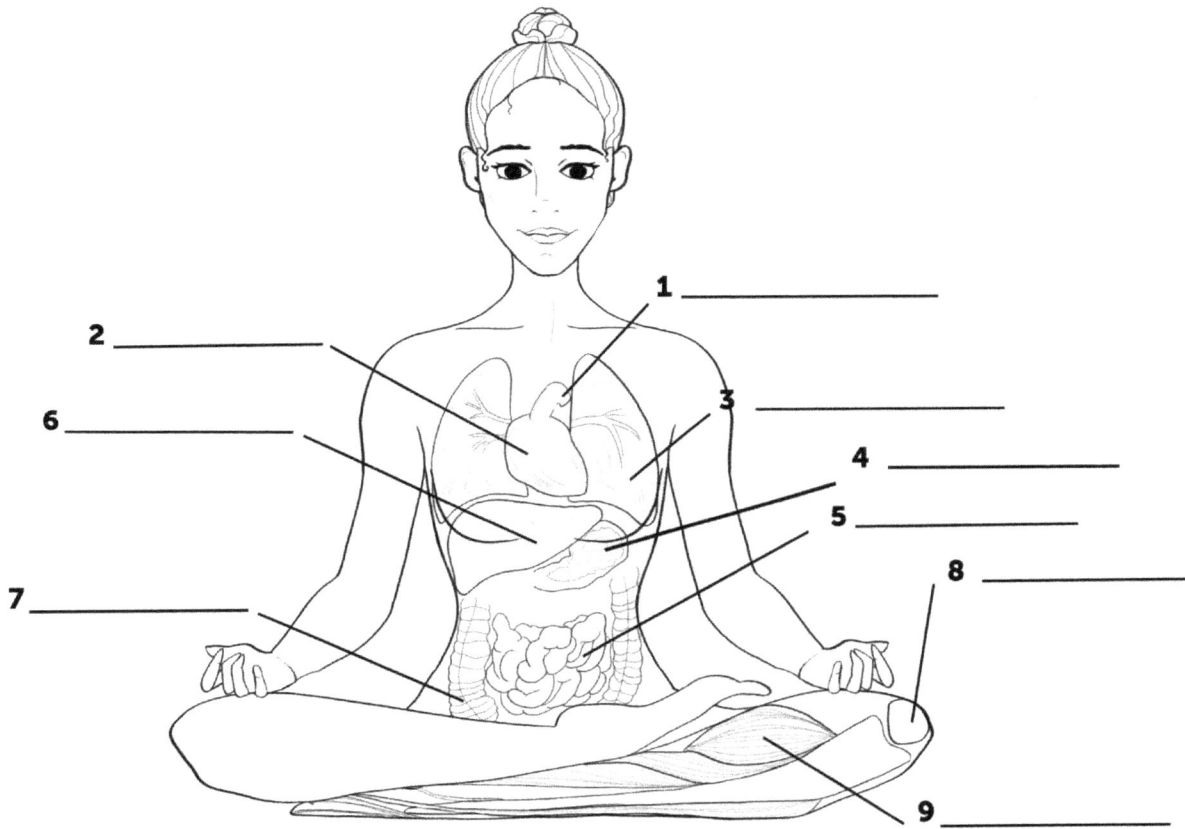

1 _____

2 _____

6 _____

3 _____

4 _____

5 _____

7 _____

8 _____

9 _____

35. HALBE LOTUS-POSE

1. AORTA

2. HERZ

3. LUNGE

4. MAGEN

5. DÜNNDARM

6. LEBER

7. DICKDARM

8. KNIESCHEIBE

9. GASTROCNEMIUS

36. GLÜCKLICHES BABY

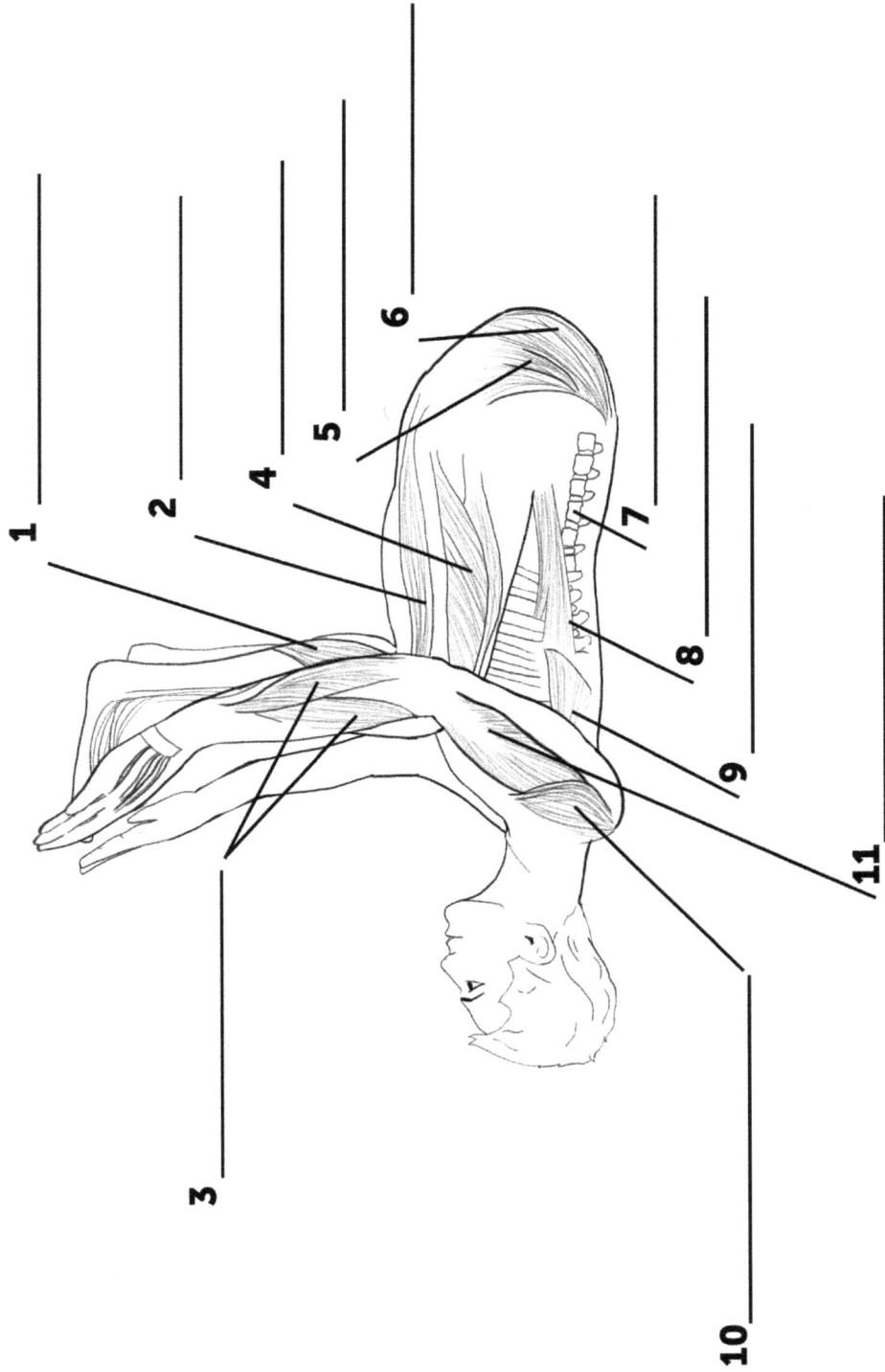

1

2

3

4

5

6

7

8

9

10

11

36. GLÜCKLICHES BABY

1. OBERSCHENKELMUSKEL

2. KNIESEHNEN

3. PRONATOREN

4. QUADRIZEPS

5. PIRIFORMIS

6. GLUTEUS MAXIMUS

7. WIRBELSÄULE

8. EREKTOR SPINAE

9. INFRASPINATUS

10. DELTAMUSKEL

11. TRIZEPS BRACHII

37. MIT DEN BEINEN AN DER WAND

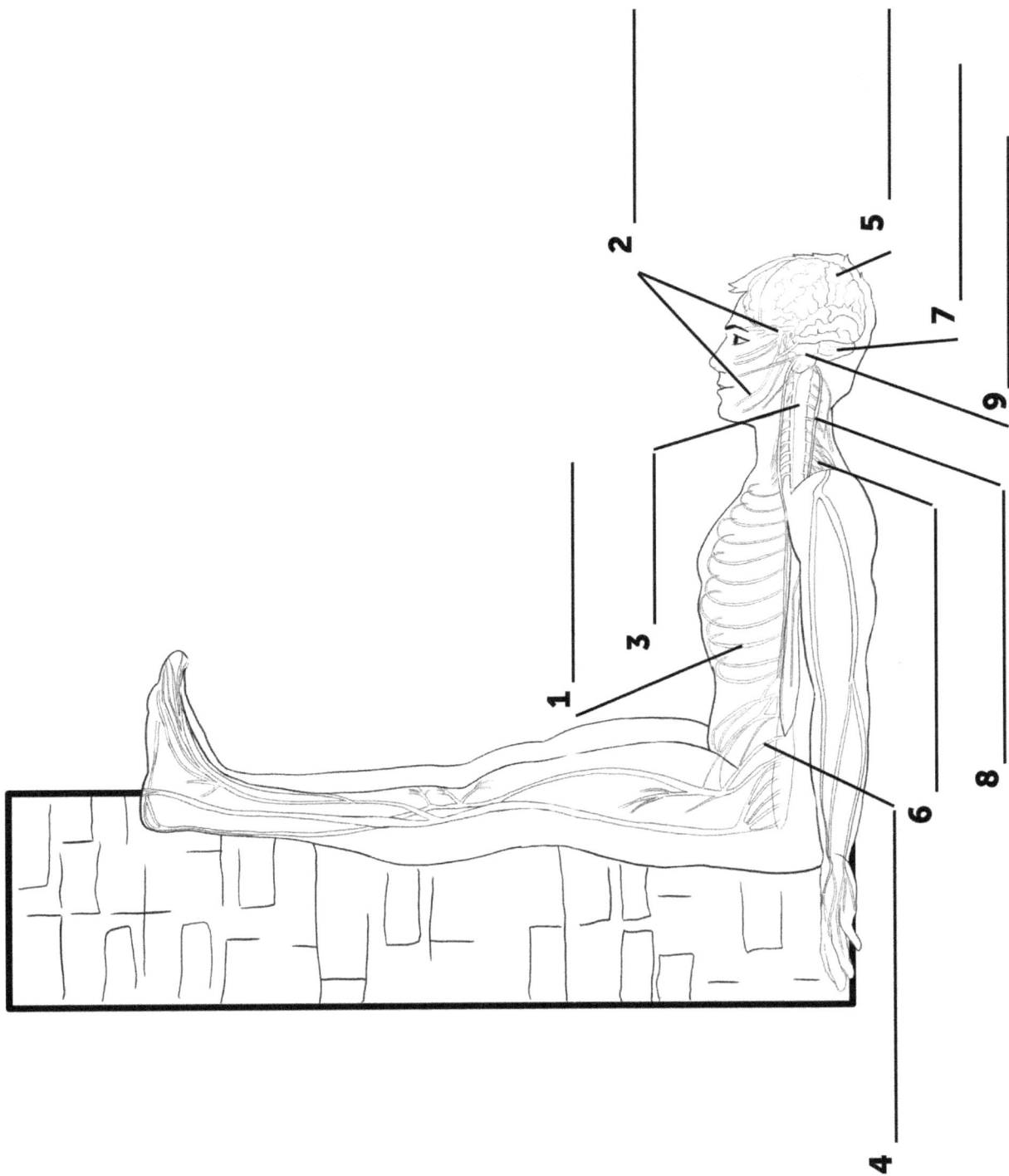

1

2

3

4

5

6

7

8

9

37. MIT DEN BEINEN AN DER WAND

1. INTERKOSTAL
2. HIRNNERVEN
3. RÜCKENMARK
4. PLEXUS LUMBALIS
5. GROßHIRN
6. PLEXUS BRACHIALIS
7. KLEINHIRN
8. VAGUS
9. HIRNSTAMM

38. KAPALBHATI-POSE

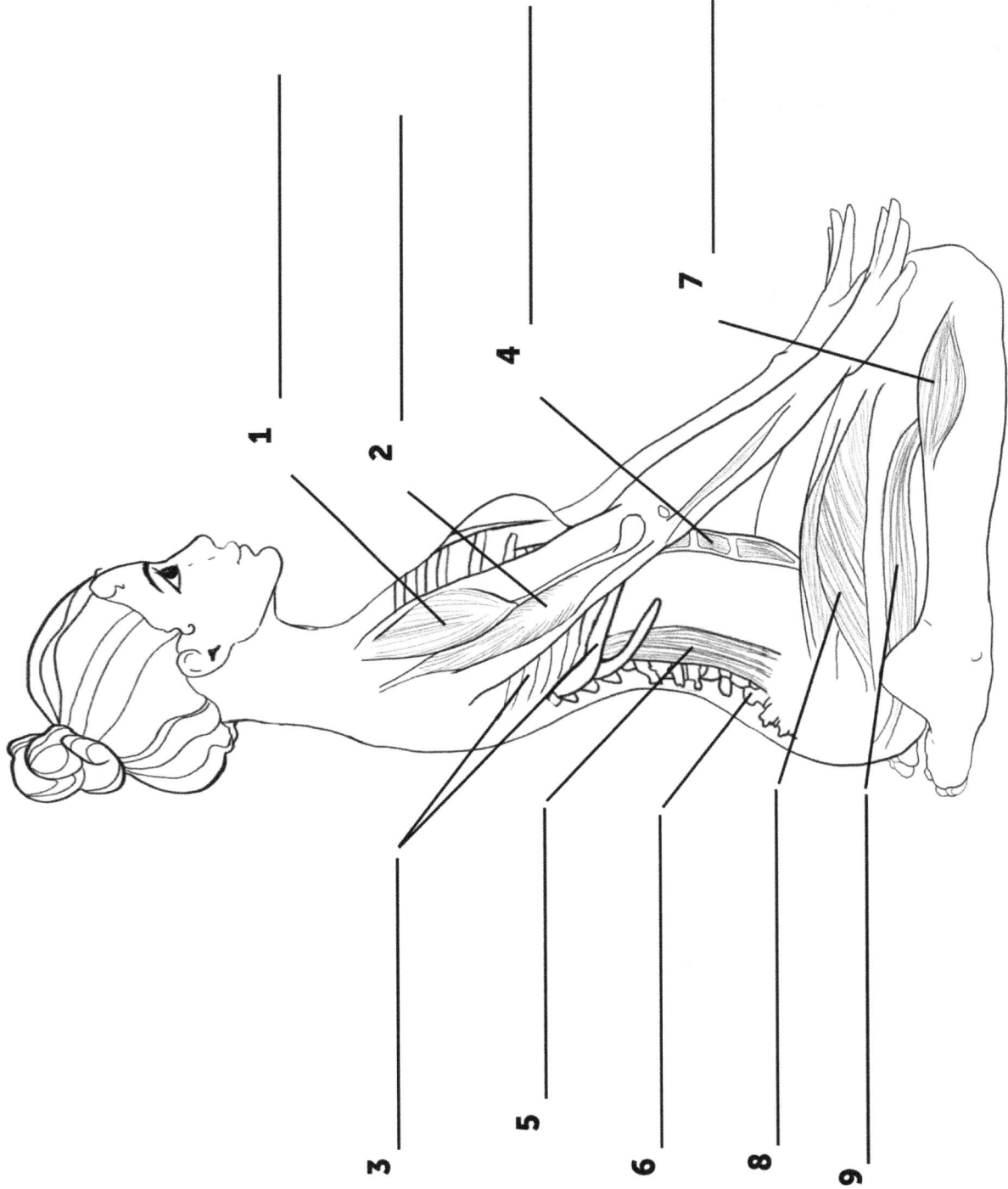

38. KAPALBHATI-POSE

1. DELTAMUSKEL
2. TRIZEPS BRACHII
3. RIPPEN
4. RECTUS ABDOMINIS
5. EREKTOR SPINAE
6. WIRBELSÄULE
7. GASTROCNEMIUS
8. QUADRIZEPS
9. KNIESEHNEN

39. HEUSCHRECKEN-POSE

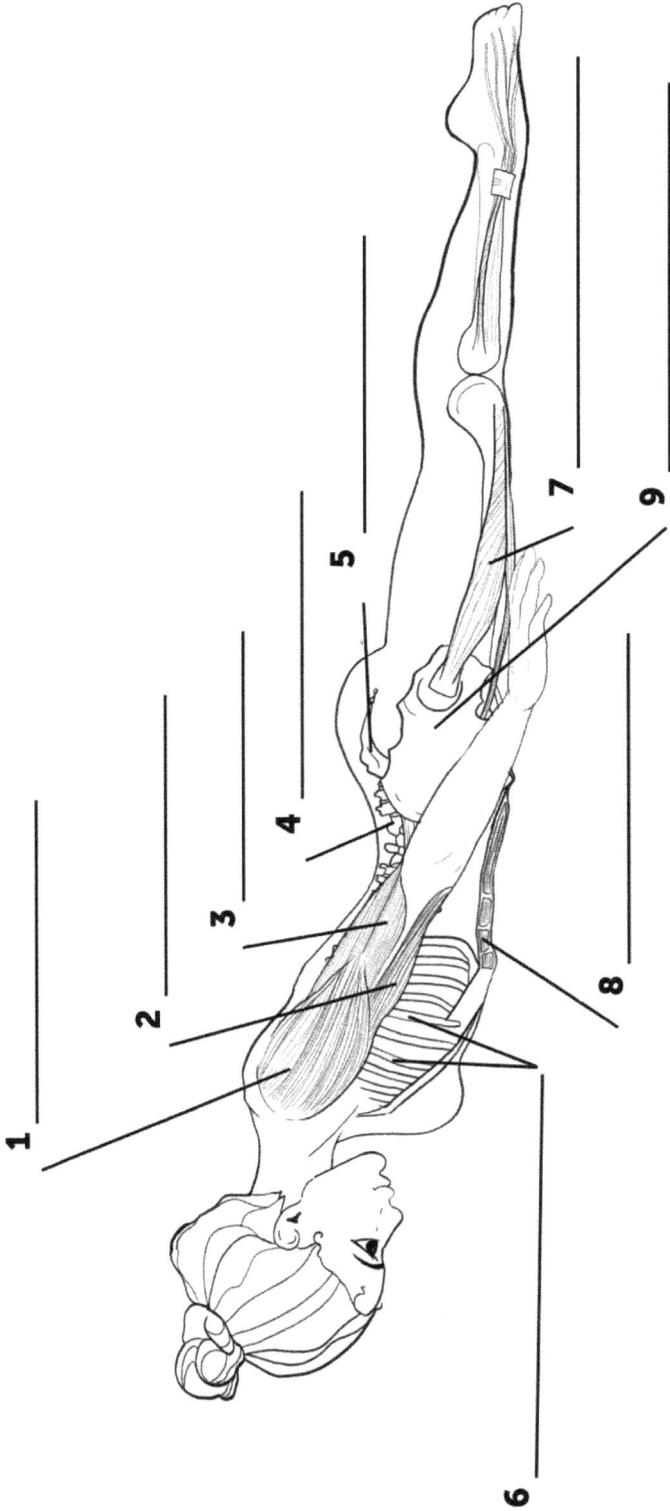

1

2

3

4

5

6

7

8

9

39. HEUSCHRECKEN-POSE

1. DELTAMUSKEL

2. BIZEPS BRACHII

3. TRIZEPS BRACHII

4. WIRBELSÄULE

5. KREUZBEIN

6. RIPPEN

7. RECTUS FEMORIS (OBERSCHENKELMUSKEL)

8. RECTUS ABDOMINIS

9. BECKEN

40. VERLÄNGERTE WELPEN-POSE

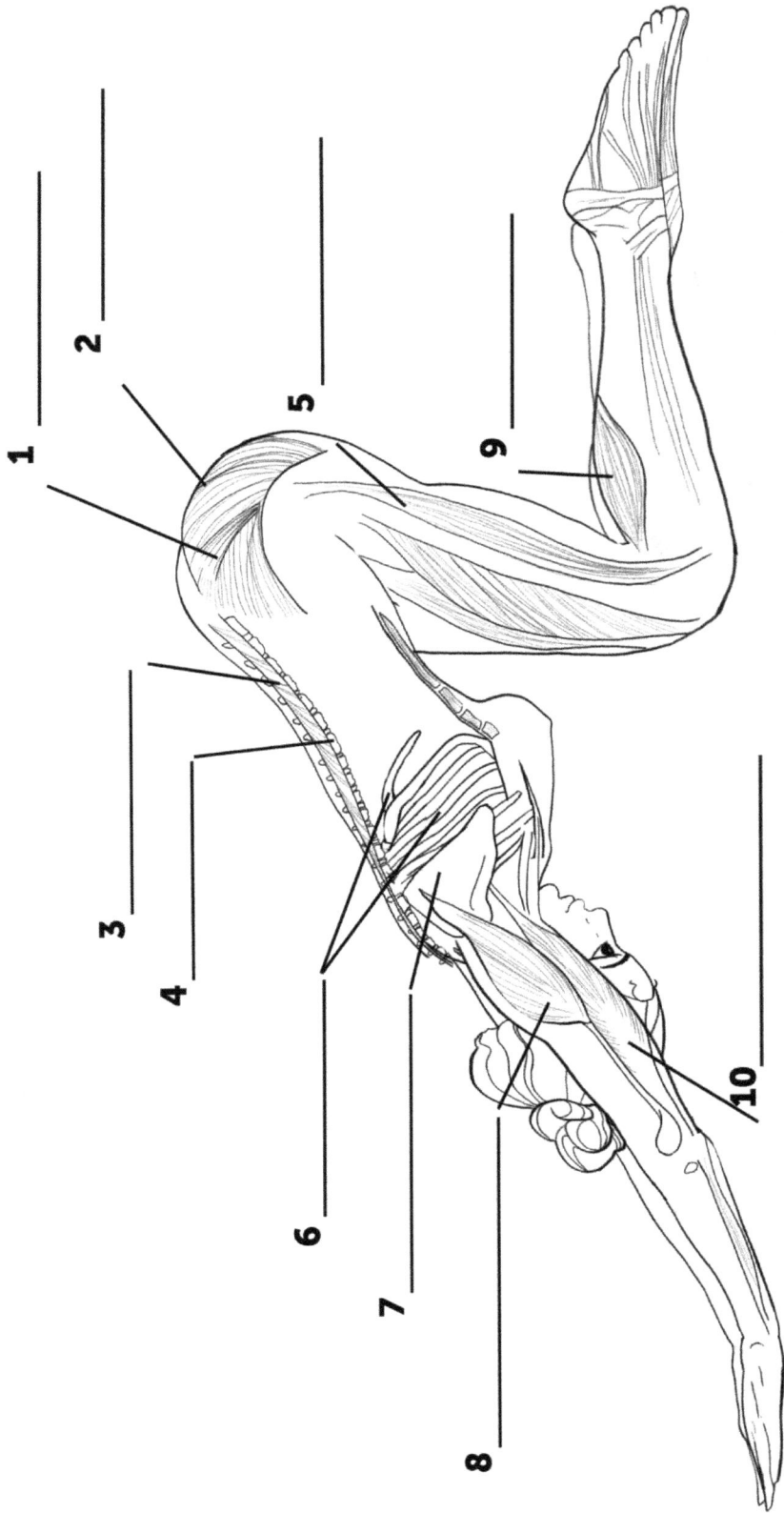

1

2

5

9

3

4

6

7

8

10

40. VERLÄNGERTE WELPEN-POSE

1. PIRIFORMIS

2. GLUTEUS MAXIMUS

3. WIRBELSÄULENMUSKELN

4. WIRBELSÄULE

5. ACHILLESSEHNEN

6. RIPPEN

7. SCHULTERBLATT

8. DELTAMUSKEL

9. GASTROCNEMIUS

10. TRIZEPS BRACHII

41. TIEFE LONGE

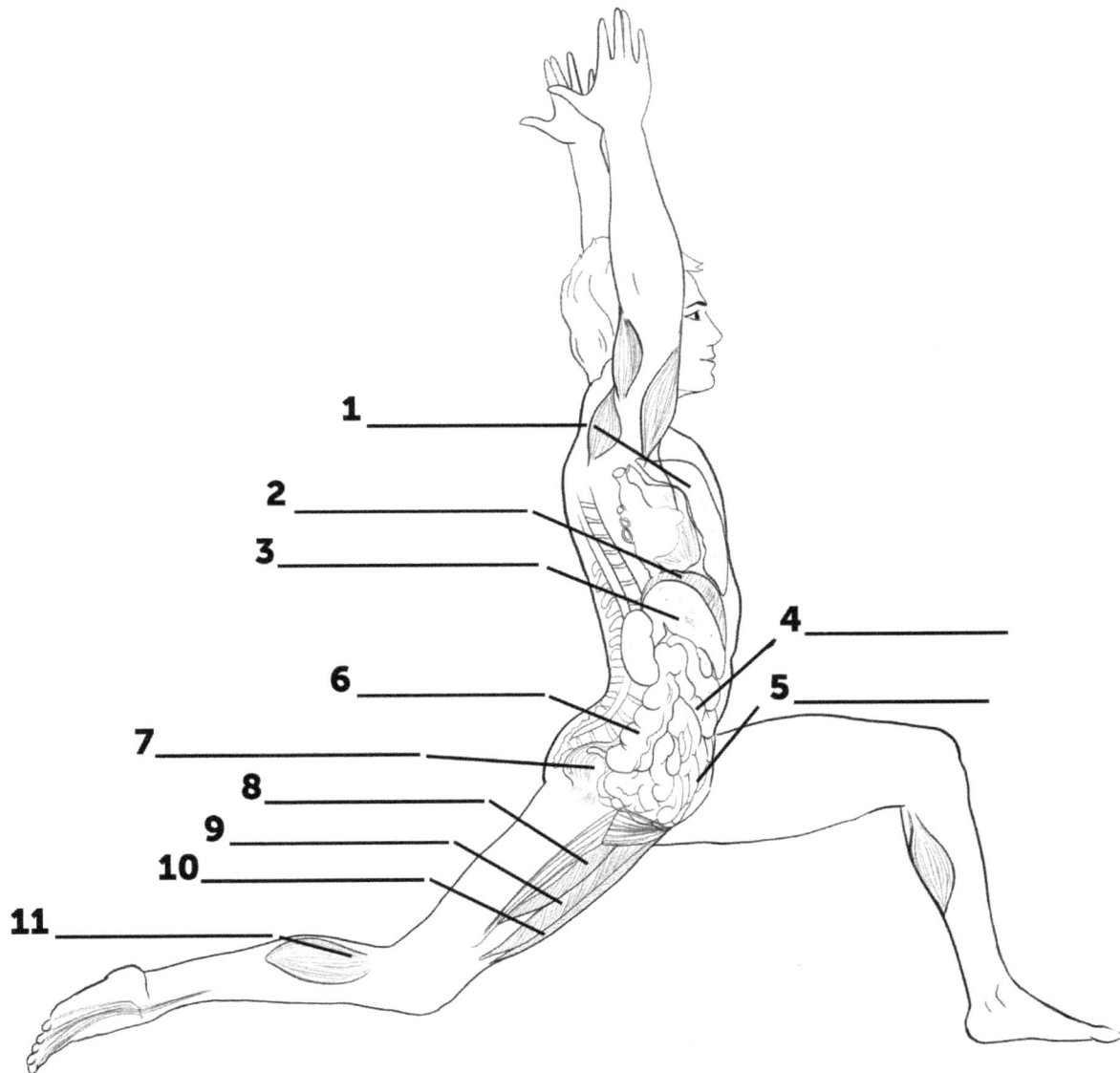

1 _____

2 _____

3 _____

4 _____

5 _____

6 _____

7 _____

8 _____

9 _____

10 _____

11 _____

41 TIEFE LONGE

1. LUNGE

2. ZWERCHFELL

3. LEBER

4. QUERKOLON

5. WINDUNGEN DES DÜNNDARMS

6. AUFSTEIGENDER DICKDARM

7. MASTDARM

8. VASTUS LATERALIS

9. RECTUS FEMORIS (OBERSCHENKELMUSKEL)

10. VASTUS MEDIALIS

11. GASTROCNEMIUS

42. GEDREHTER HOHER AUSFALLSCHRITT

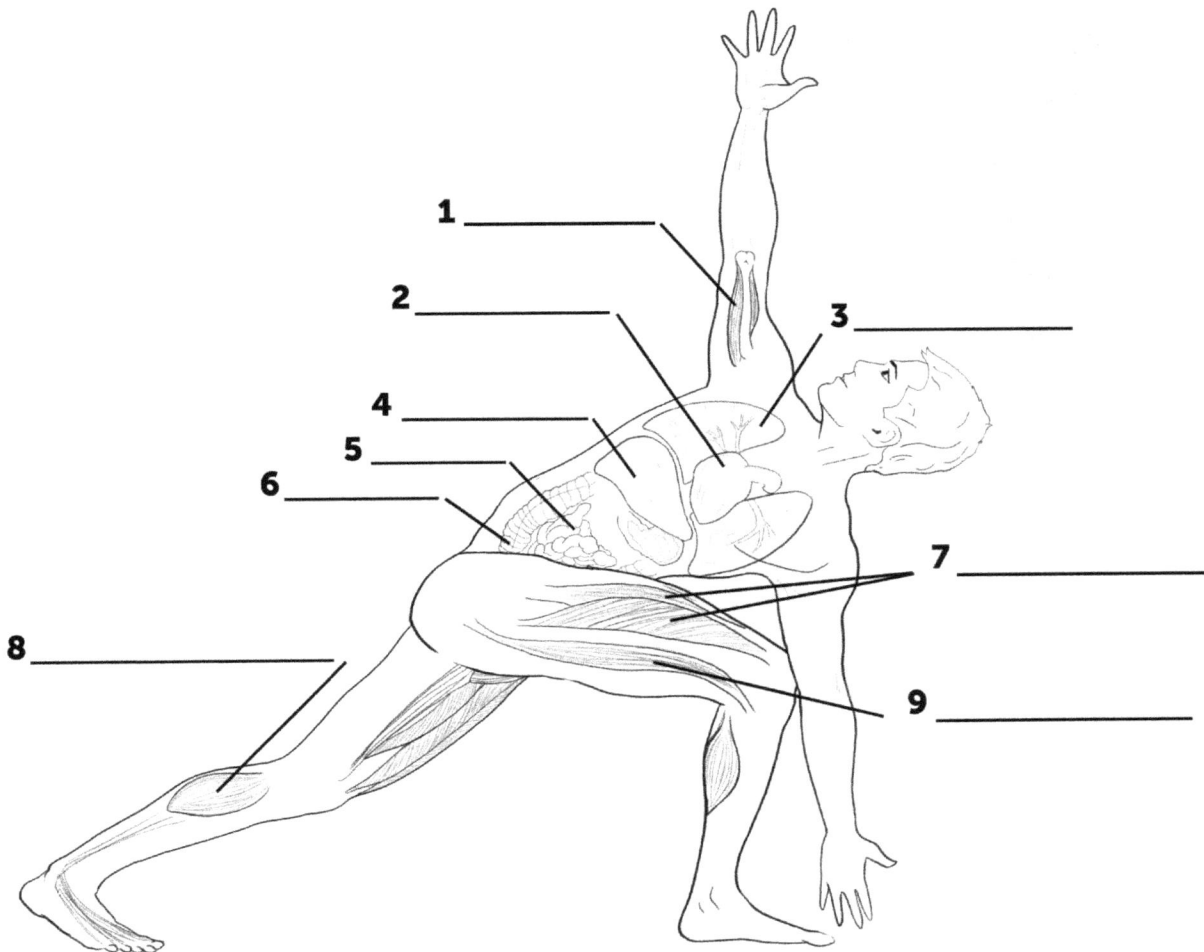

1 _____

2 _____

3 _____

4 _____

5 _____

6 _____

7 _____

8 _____

9 _____

42. GEDREHTER HOHER AUSFALLSCHRITT

1. BIZEPS BRACHII
2. HERZ
3. LUNGE
4. LEBER
5. WINDUNGEN DES DÜNNDARMS
6. AUFSTEIGENDER DICKDARM
7. QUADRIZEPS
8. GASTROCNEMIUS
9. KNIESEHNEN

43. STEHENDE BREITBEINIGE VORWÄRTSBEWEGUNG

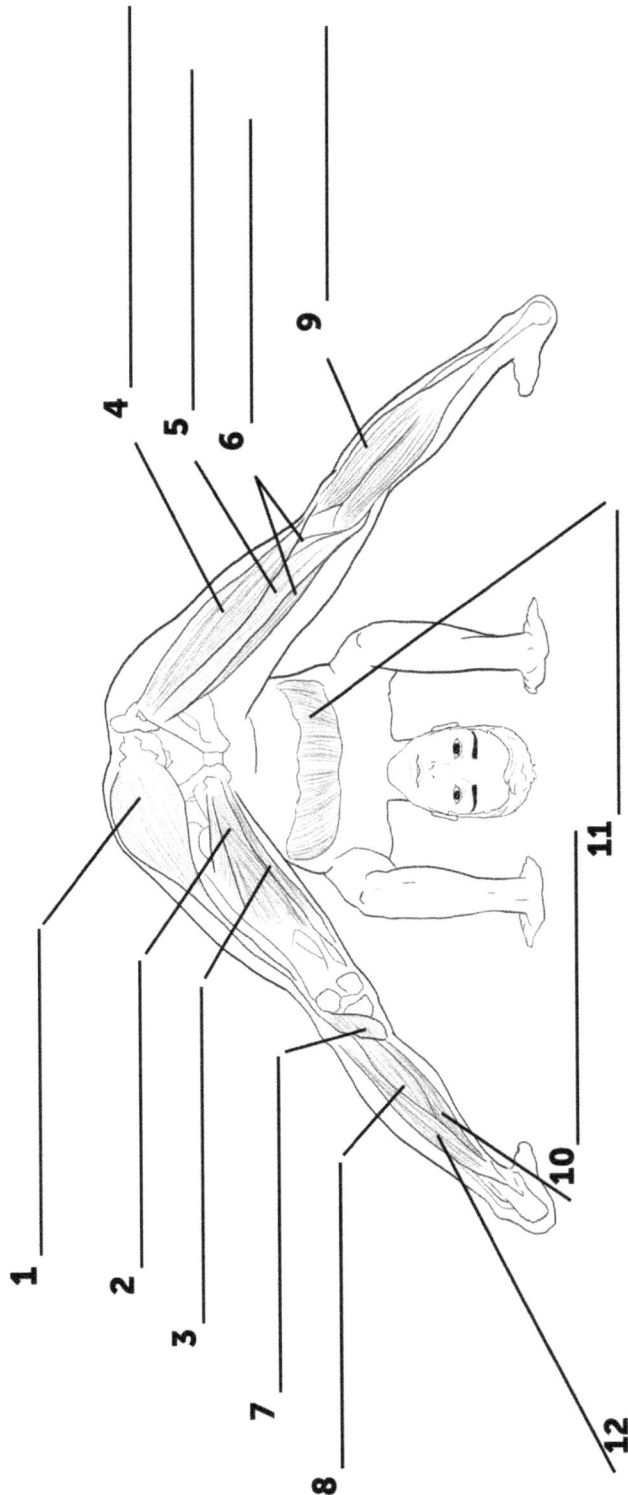

1

2

3

7

8

4

5

6

9

11

10

12

43. STEHENDE BREITBEINIGE VORWÄRTSBEWEGUNG

1. GROßER GESÄßMUSKEL

2. ADDUCTOR MAGNUS

3. GRACILIS

4. BIZEPS FEMORIS

5. SEMITENDINOSUS

6. SEMIMEMBRANOSUS

7. POPLITEUS

8. TIBIALIS POSTERIOR

9. GASTROCNEMIUS

10. FLEXOR DIGITORUM LONGUS

11. ZWERCHFELL

12. M. FLEXOR HALLUCIS LONGUS

44. GÖTTIN POSE

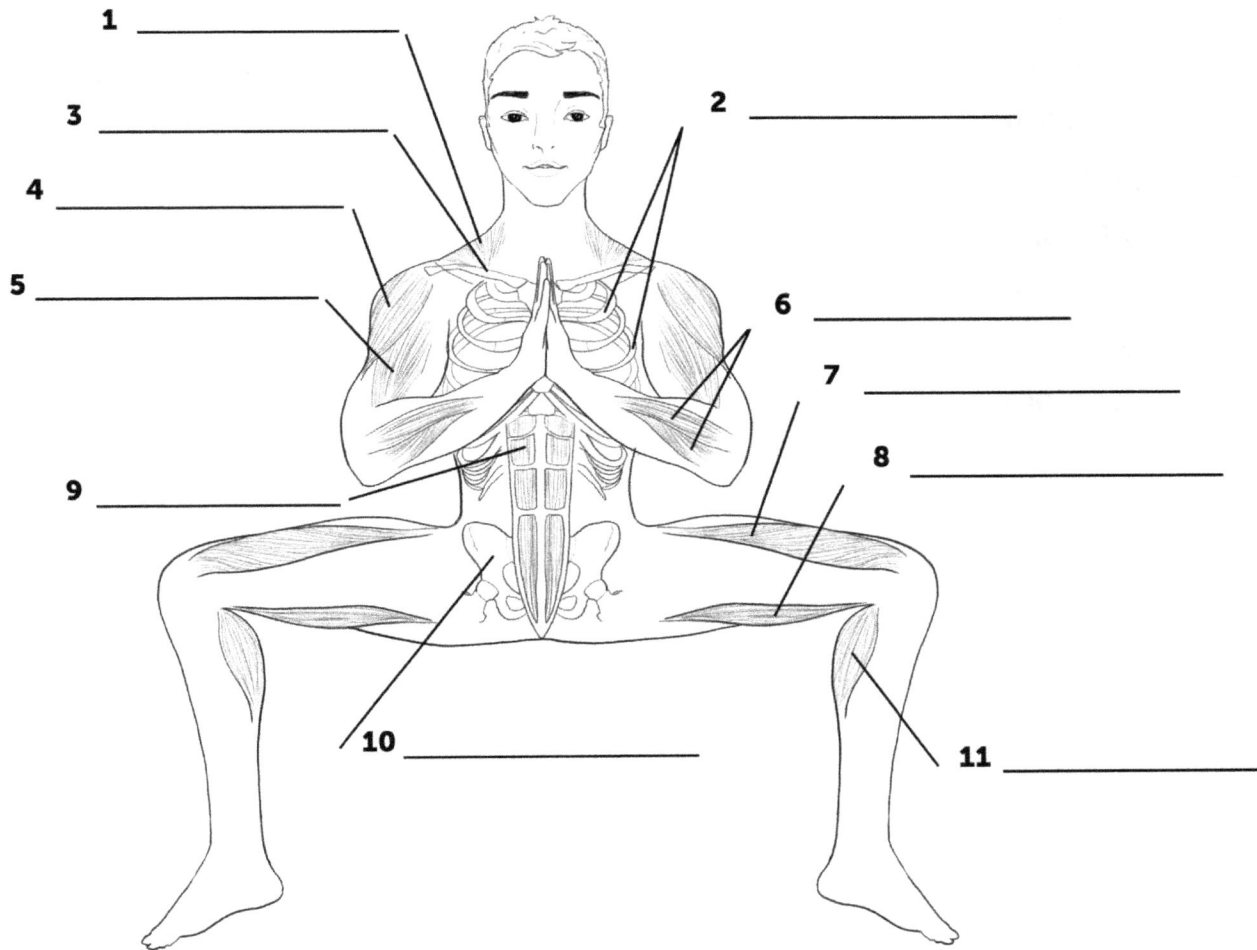

1 _____

3 _____

4 _____

5 _____

9 _____

2 _____

6 _____

7 _____

8 _____

10 _____

11 _____

44. GÖTTIN POSE

1. TRAPEZIUS
2. RIPPEN
3. SCHLÜSSELBEIN
4. DELTAMUSKEL
5. BIZEPS BRACHII
6. PRONATOREN
7. QUADRIZEPS
8. HAMSTRINGS
9. RECTUS ABDOMINIS
10. BECKEN
11. GASTROCNEMIUS

45. BRÜCKE EINBEINIG

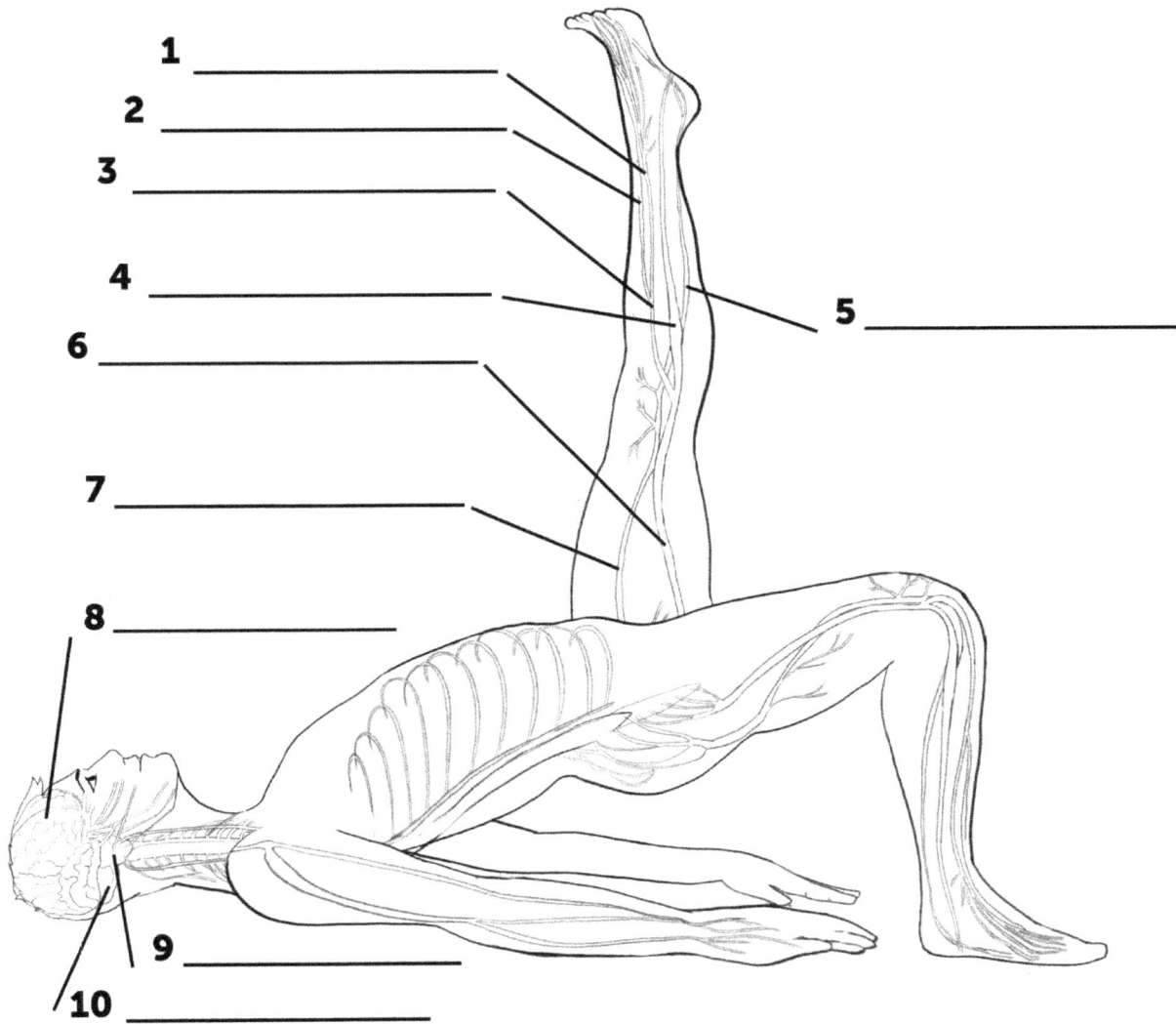

1 _____

2 _____

3 _____

4 _____

5 _____

6 _____

7 _____

8 _____

9 _____

10 _____

45. BRÜCKE EINBEINIG

1. TIEF PERONEAL

2. OBERFLÄCHLICHER PERONEUS

3. GEMEINSAMER PERONEUS

4. SCHIENBEIN

5. SAPHENA

6. ISCHIAS

7. OBERSCHENKEL

8. GROßHIRN

9. HIRNSTAMM

10. KLEINHIRN

46. DOPPELTE LEGETAUBE

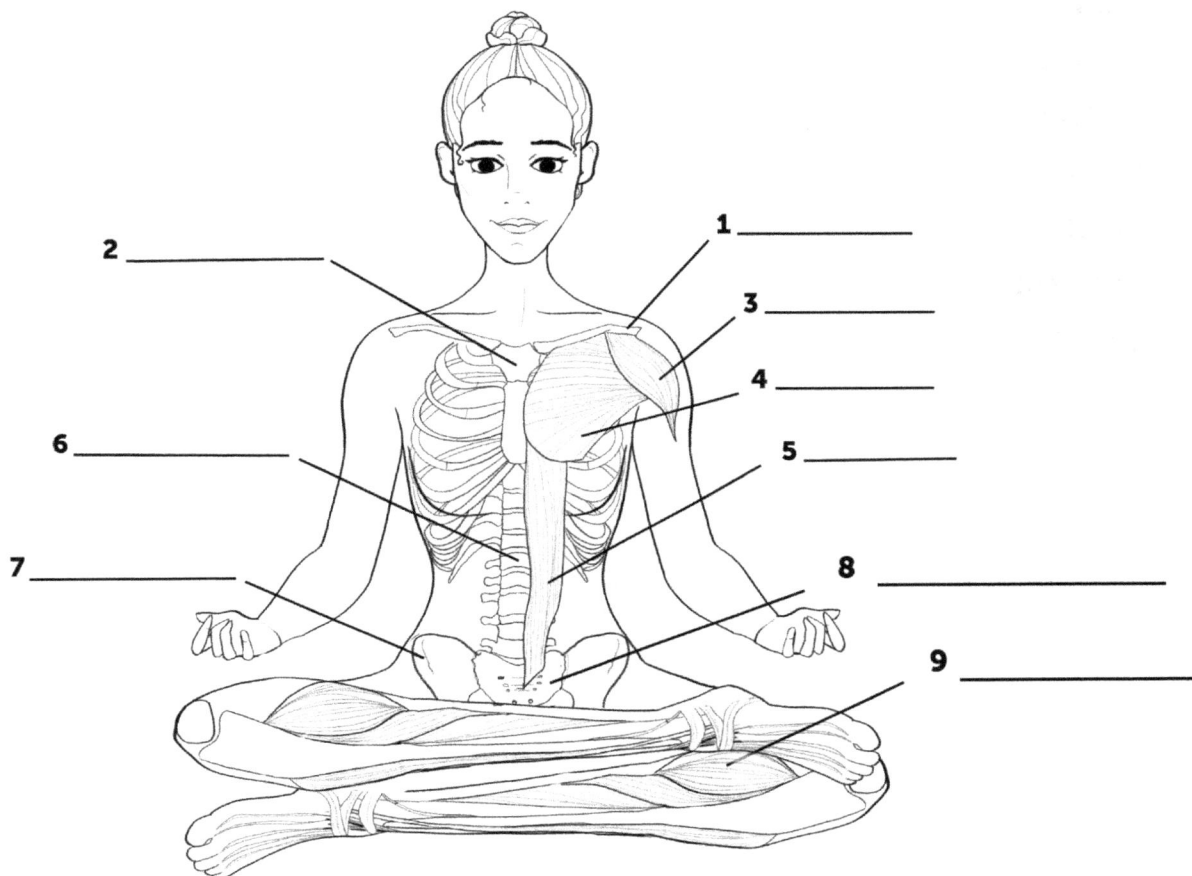

1 _____

2 _____

3 _____

4 _____

5 _____

6 _____

7 _____

8 _____

9 _____

46. DOPPELTE LEGETAUBE

1. SCHLÜSSELBEIN

2. STERNUM

3. DELTOID

4. PECTORALIS MAJOR

5. RECTUS ABDOMINIS

6. WIRBELSÄULE

7. BECKEN

8. KREUZBEIN

9. GASTROCNEMIUS

47. SITZENDE VORWÄRTSBEUGE

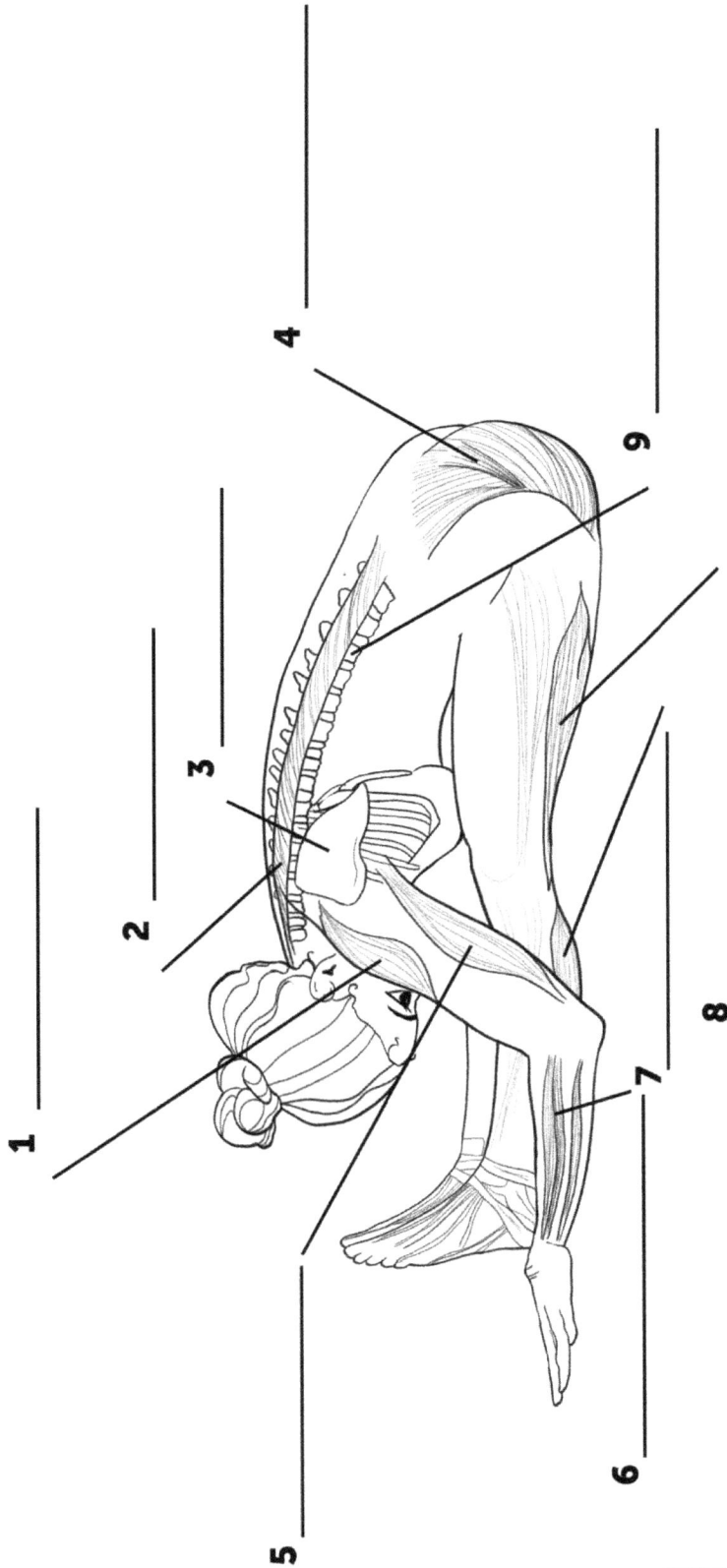

47. SITZENDE VORWÄRTSBEUGE

1. DELTOID MUSCLE
2. SPINAL MUSCLES
3. SHOULDER BLADE
4. PIRIFORMIS
5. TRICEPS BRACHII
6. PRONATORS
7. GASTROCNEMIUS
8. HAMSTRINGS
9. SPINE

48. EINBEINIGE VORWÄRTSBEUGE

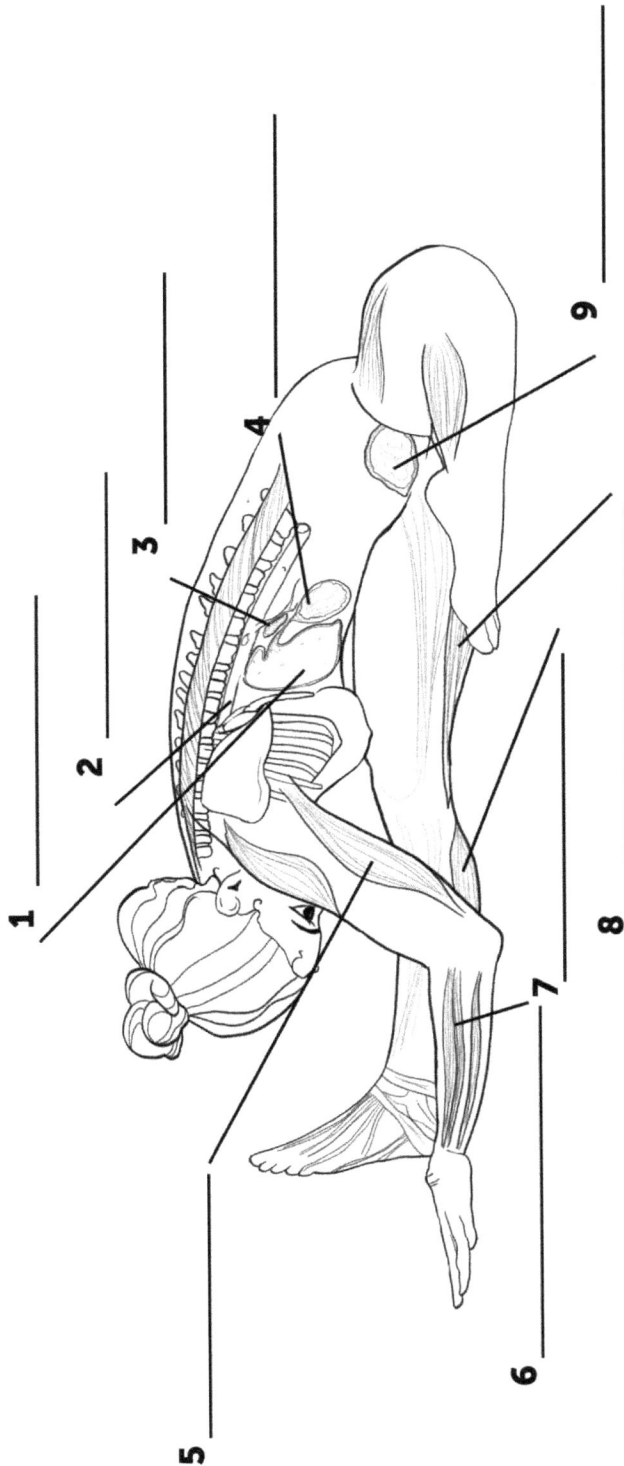

48. EINBEINIGE VORWÄRTSBEUGE

1.   LEBER

2.   ABDOMINAL AORTA

3.   BAUCHSPEICHELDRÜSE

4.   MAGEN

5.   TRICEPS BRACHII

6.   PRONATOREN

7.   GASTROCNEMIUS

8.   HAMSTRINGS

9.   HARNBLASE

49. KNIE ZUR BRUST

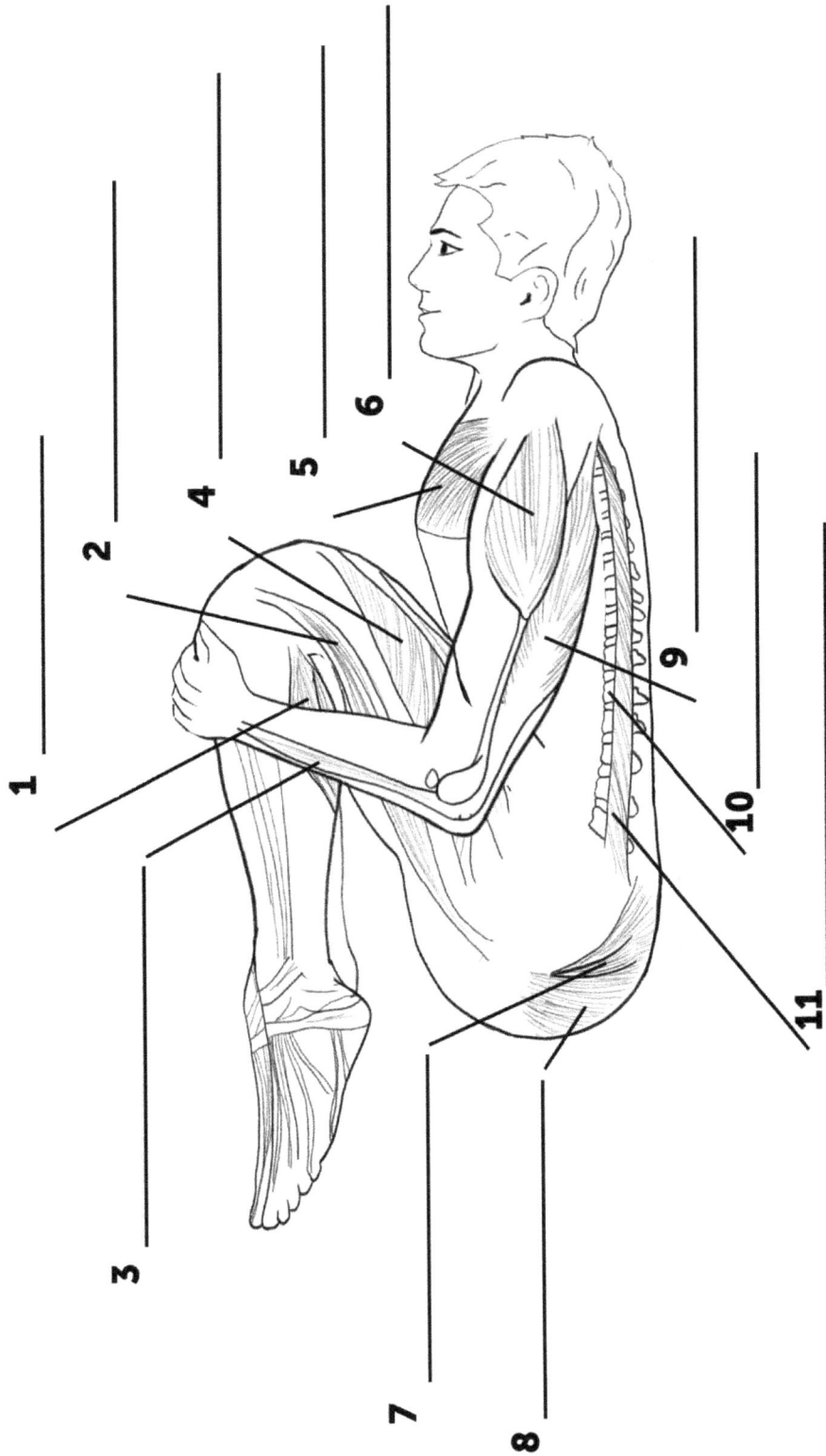

49. KNIE ZUR BRUST

1. OBERSCHENKELMUSKEL
2. KNIESEHNEN
3. PRONATOREN
4. QUADRIZEPS
5. PECTORALIS MAJOR
6. DELTAMUSKEL
7. PIRIFORMIS
8. GLUTEUS MAXIMUS
9. TRIZEPS BRACHII
10. WIRBELSÄULE
11. WIRBELSÄULENMUSKELN

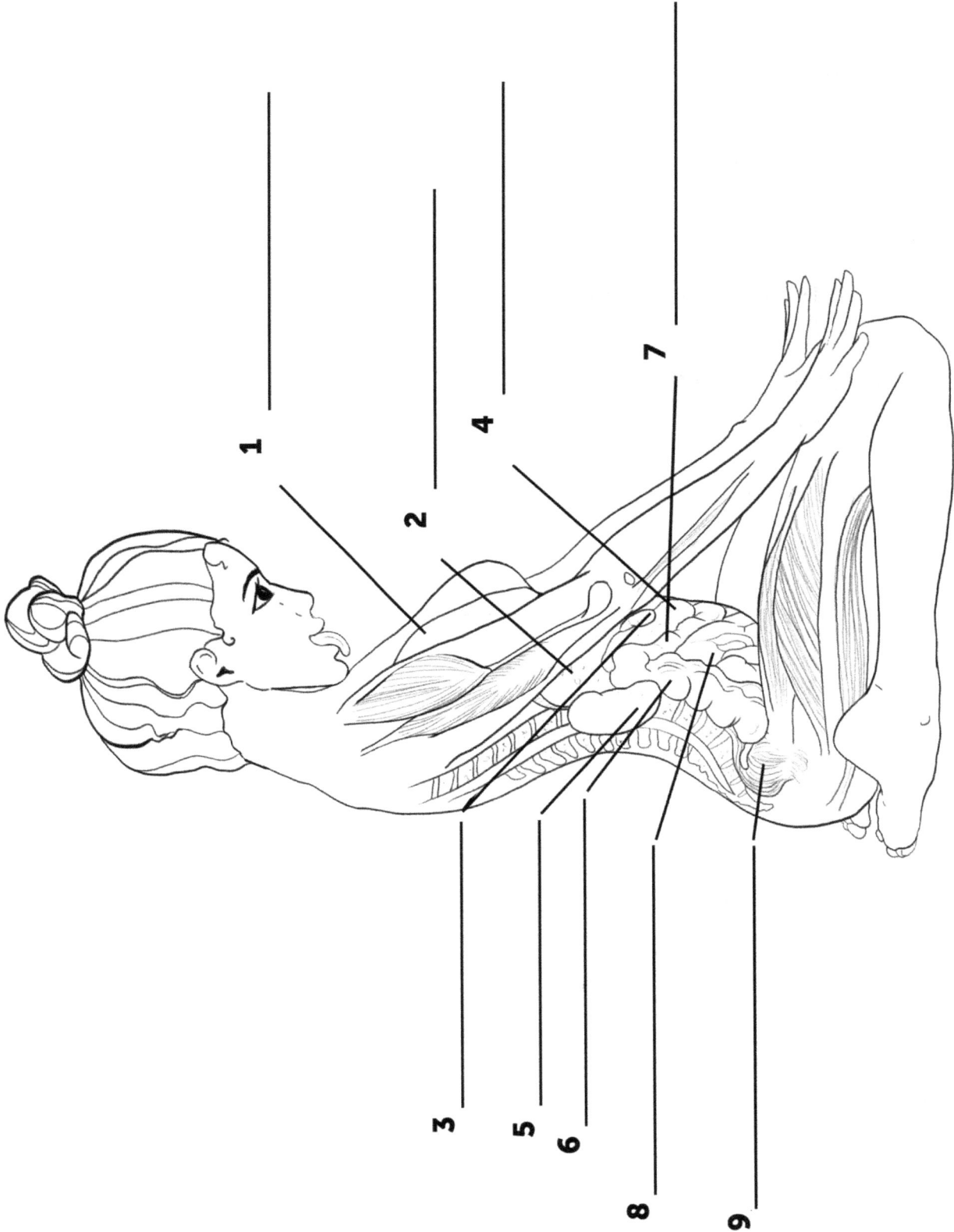

50. LÖWEN-POSE

1

2

3

4

5

6

7

8

9

50. LÖWEN-POSE

1. LUNGE

2. LEBER

3. GALLENBLASE

4. MAGEN

5. NIERE

6. AUFSTEIGENDER DICKDARM

7. QUERKOLON

8. DÜNNDARMWINDUNGEN

9. REKTUM

51. HALBE KNIE ZUR BRUST

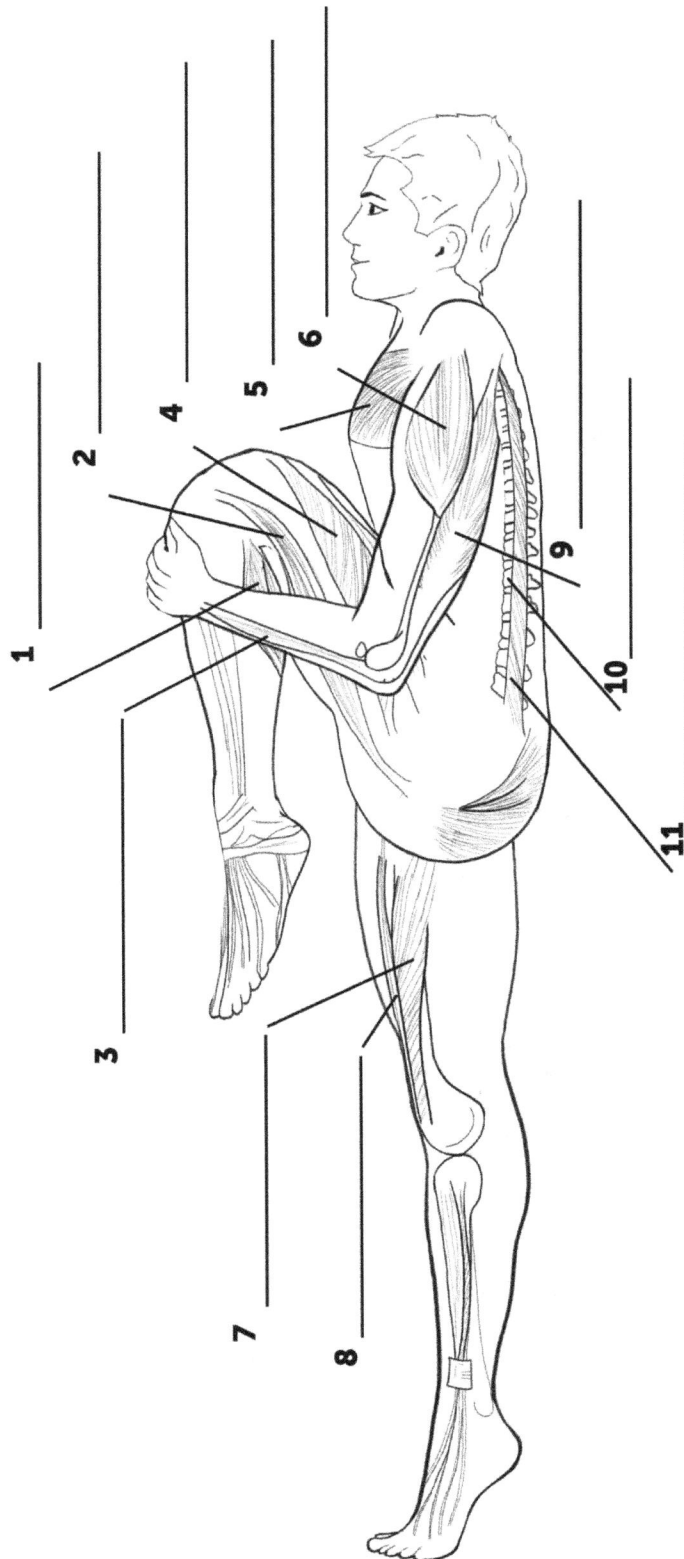

51. HALBE KNIE ZUR BRUST

1. OBERSCHENKELMUSKEL

2. KNIESEHNEN

3. PRONATOREN

4. QUADRIZEPS

5. PECTORALIS MAJOR

6. DELTAMUSKEL

7. OBERSCHENKELMUSKEL (RECTUS FEMORIS)

8. SARTORIUS

9. TRIZEPS BRACHII

10. WIRBELSÄULE

11. WIRBELSÄULEN-MUSKELN

52. KATZE SITZEND

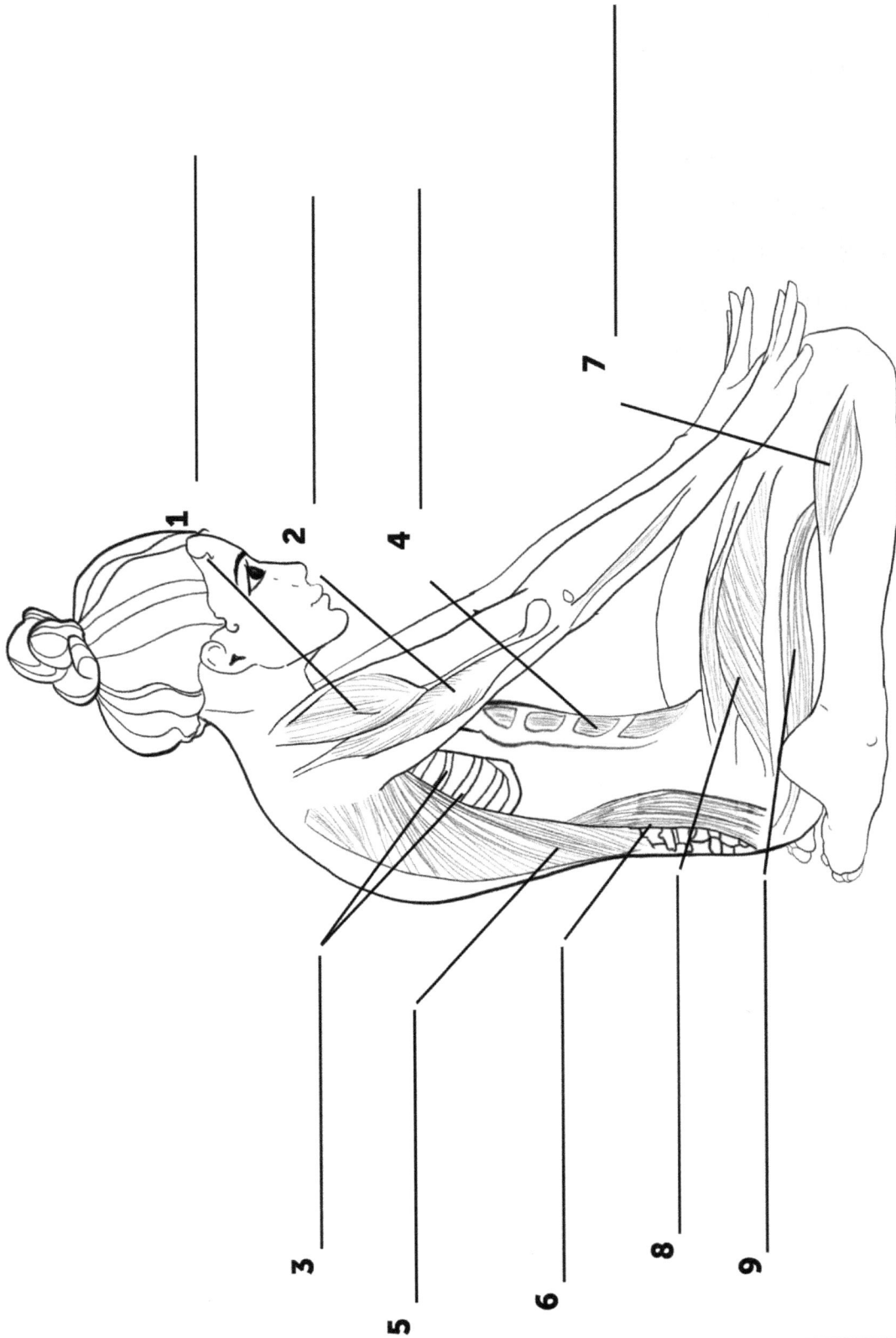

52. KATZE SITZEND

1. DELTAMUSKEL
2. TRIZEPS BRACHII
3. RIPPEN
4. RECTUS ABDOMINIS
5. LATISSIMUS DORSI
6. EREKTOR SPINAE
7. GASTROCNEMIUS
8. QUADRIZEPS
9. KNIESEHNEN

53. STEHEND KNIE ZUR BRUST

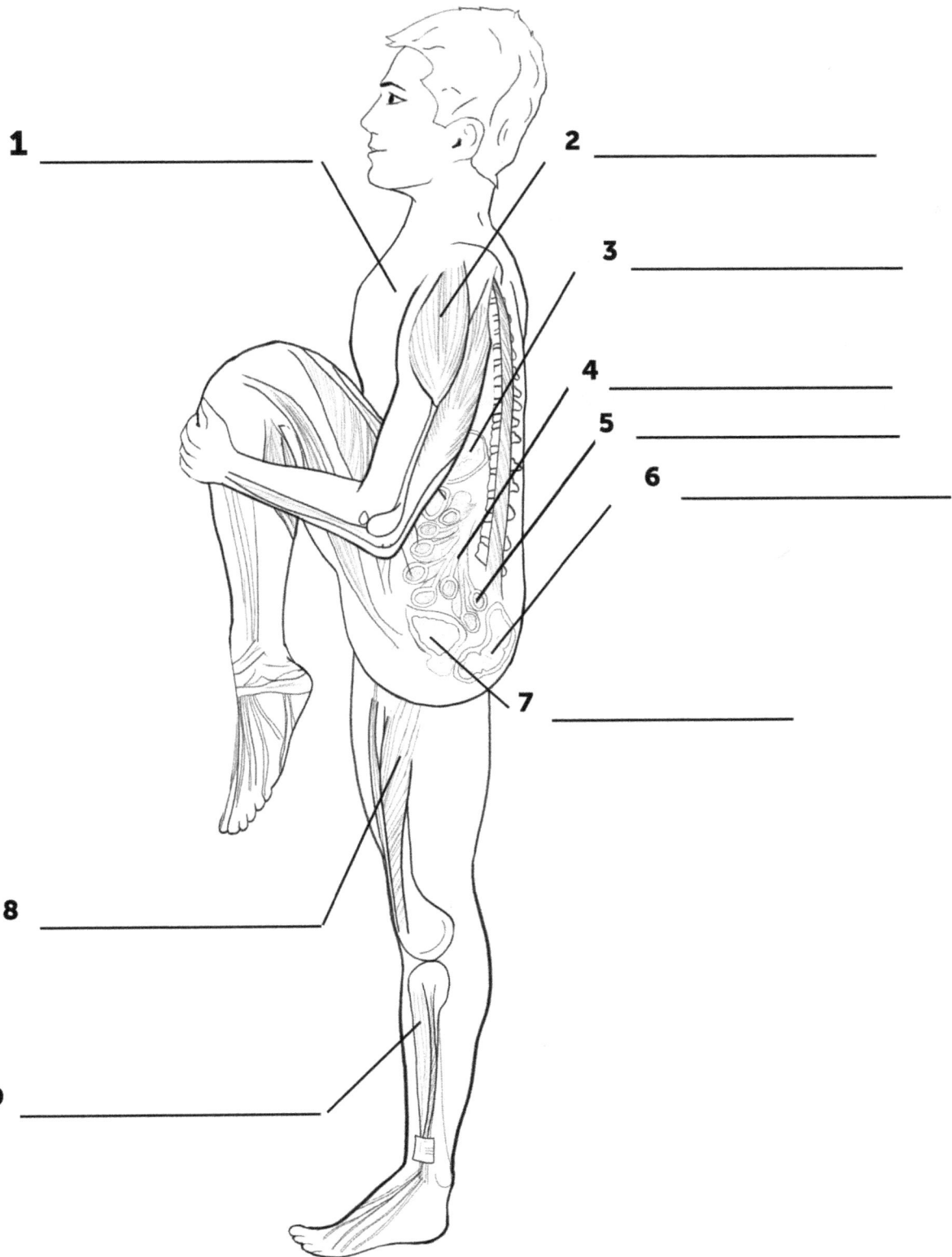

1 _____

2 _____

3 _____

4 _____

5 _____

6 _____

7 _____

8 _____

9 _____

53. STEHEND KNIE ZUR BRUST

1. BRUST

2. DELTOID

3. MAGEN

4. MESENTERIUM DES DÜNNDARMS

5. WINDUNGEN DES DÜNNDARMS

6. ENDDARM

7. HARNBLASE

8. RECTUS FEMORIS (OBERSCHENKELMUSKEL)

9. TIBIALIS ANTERIOR

54. STEHENDE HALBE LOTUS-POSE

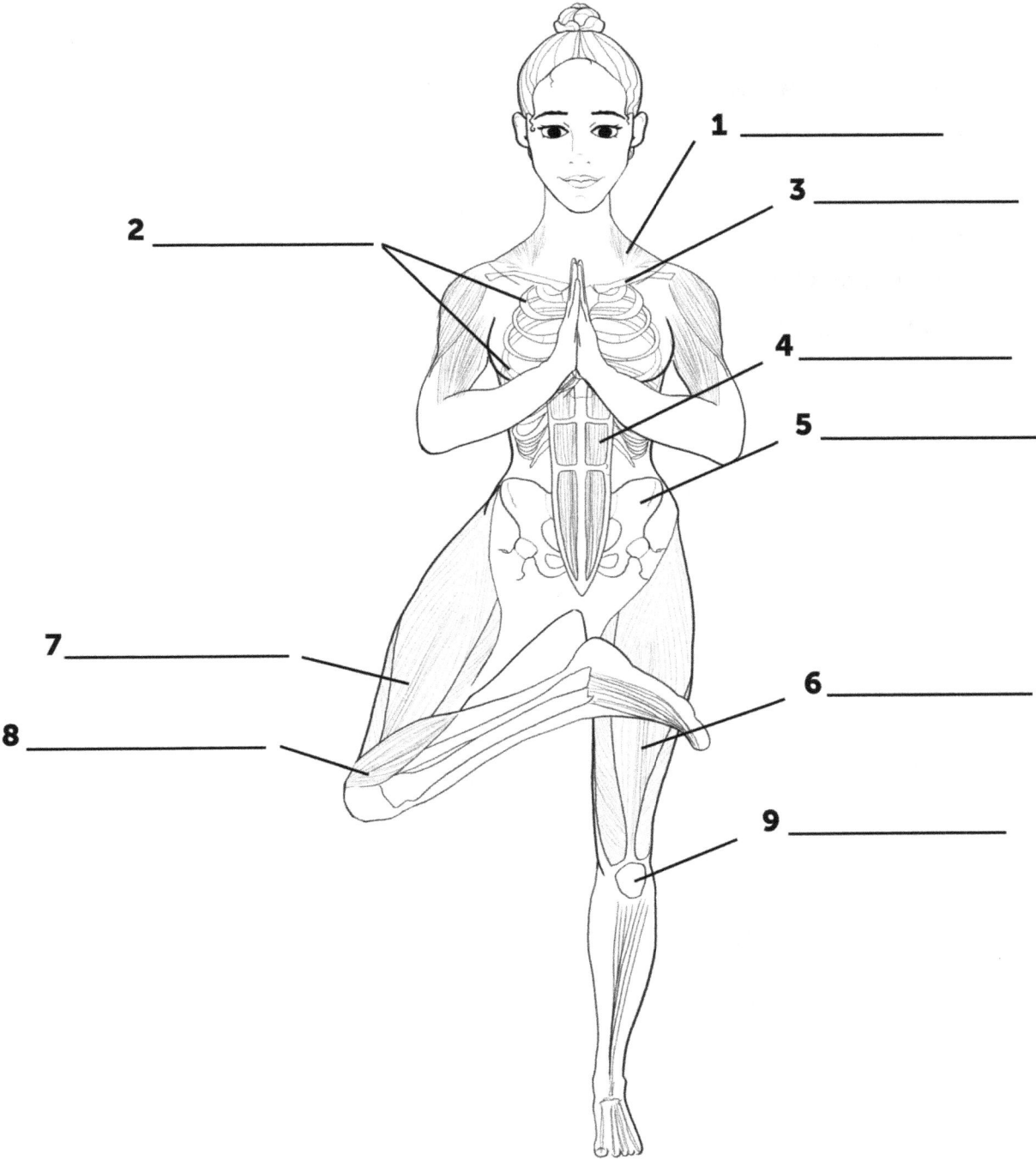

1 _____

3 _____

2 _____

4 _____

5 _____

7 _____

8 _____

6 _____

9 _____

54. STEHENDE HALBE LOTUS-POSE

1. TRAPEZIUS
2. RIPPEN
3. SCHLÜSSELBEIN
4. RECTUS ABDOMINIS
5. BECKEN
6. QUADRIZEPS
7. HAMSTRINGS
8. GASTROCNEMIUS
9. KNIESCHEIBE

YOGA-POSEN FÜR FORTGESCHRITTENE
55. SEITLICHE PLANK-POSE

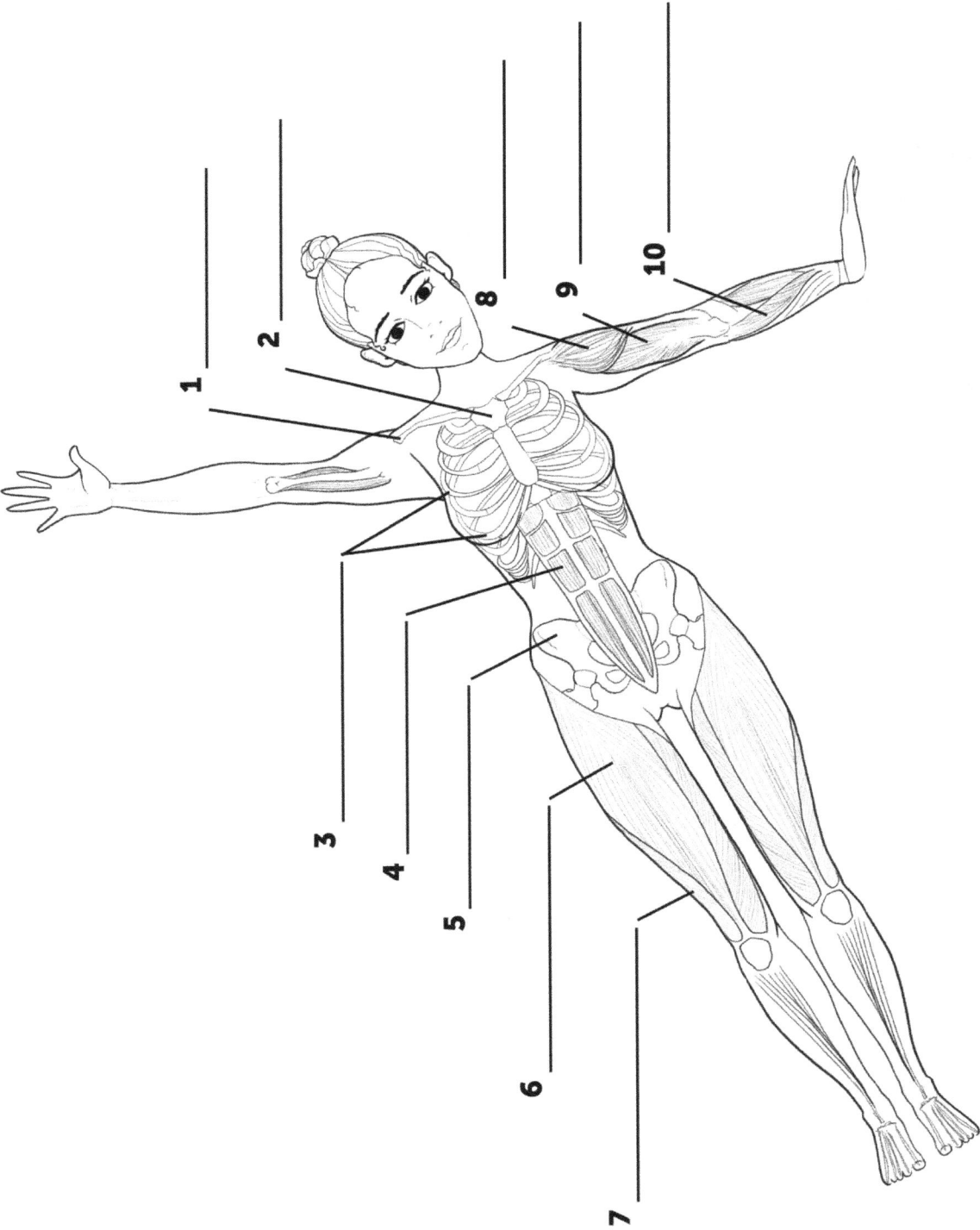

1

2

8

9

10

3

4

5

6

7

55. SEITLICHE PLANK-POSE

1. SCHLÜSSELBEIN
2. STERNUM
3. RIPPEN
4. RECTUS ABDOMINIS
5. BECKEN
6. QUADRIZEPS
7. VASTUS LATERALIS
8. DELTAMUSKEL
9. BIZEPS BRACHII
10. PRONATOREN

56. WILDES DING

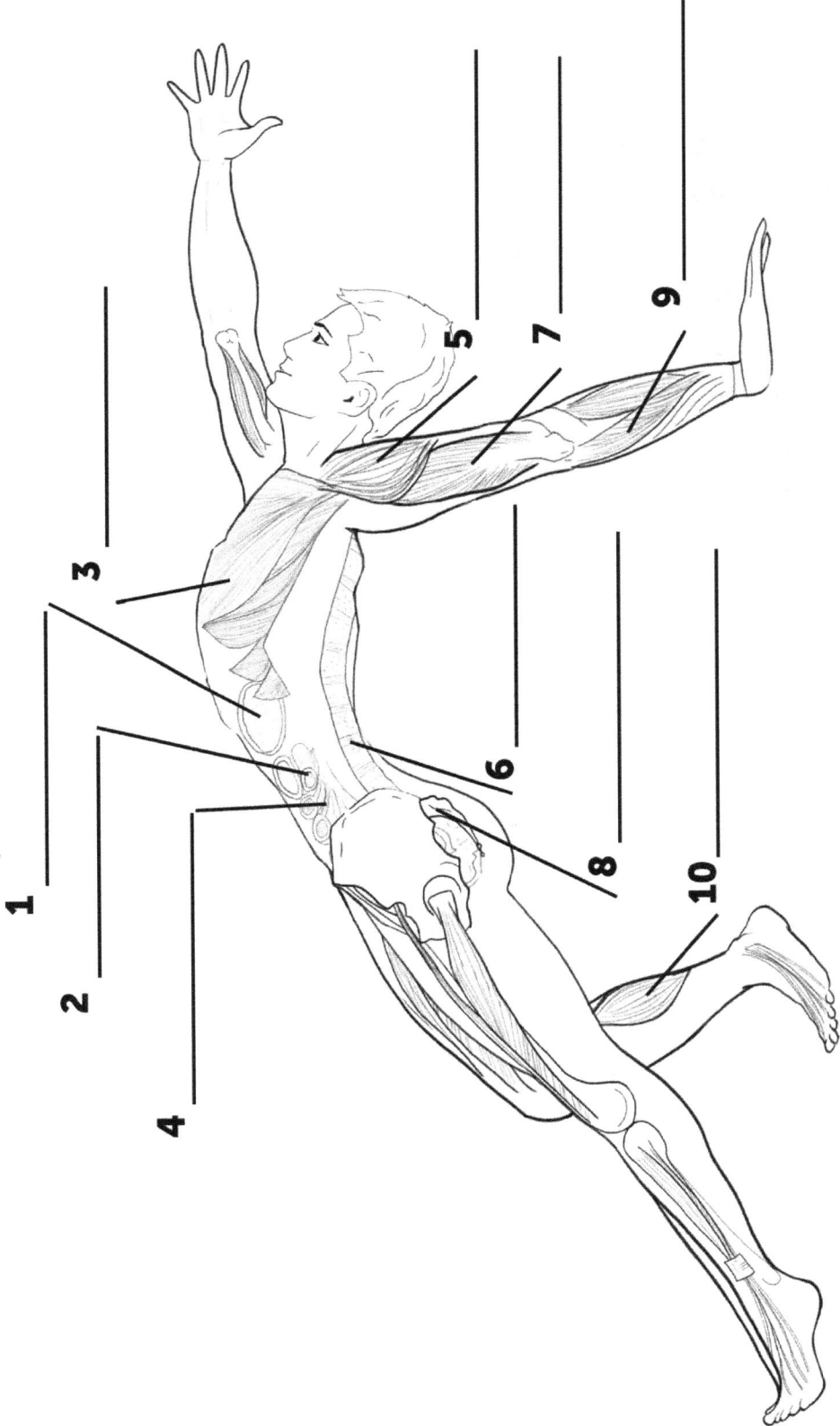

56. WILDES DING

1. MAGEN
2. WINDUNGEN DES DÜNNDARMS
3. PECTORALIS MAJOR
4. MESENTERIUM DES DÜNNDARMS
5. DELTAMUSKEL
6. WIRBELSÄULE
7. BIZEPS BRACHII
8. KREUZBEIN
9. PRONATOREN
10. GASTROCNEMIUS

57. HALB-FROSCH-POSE

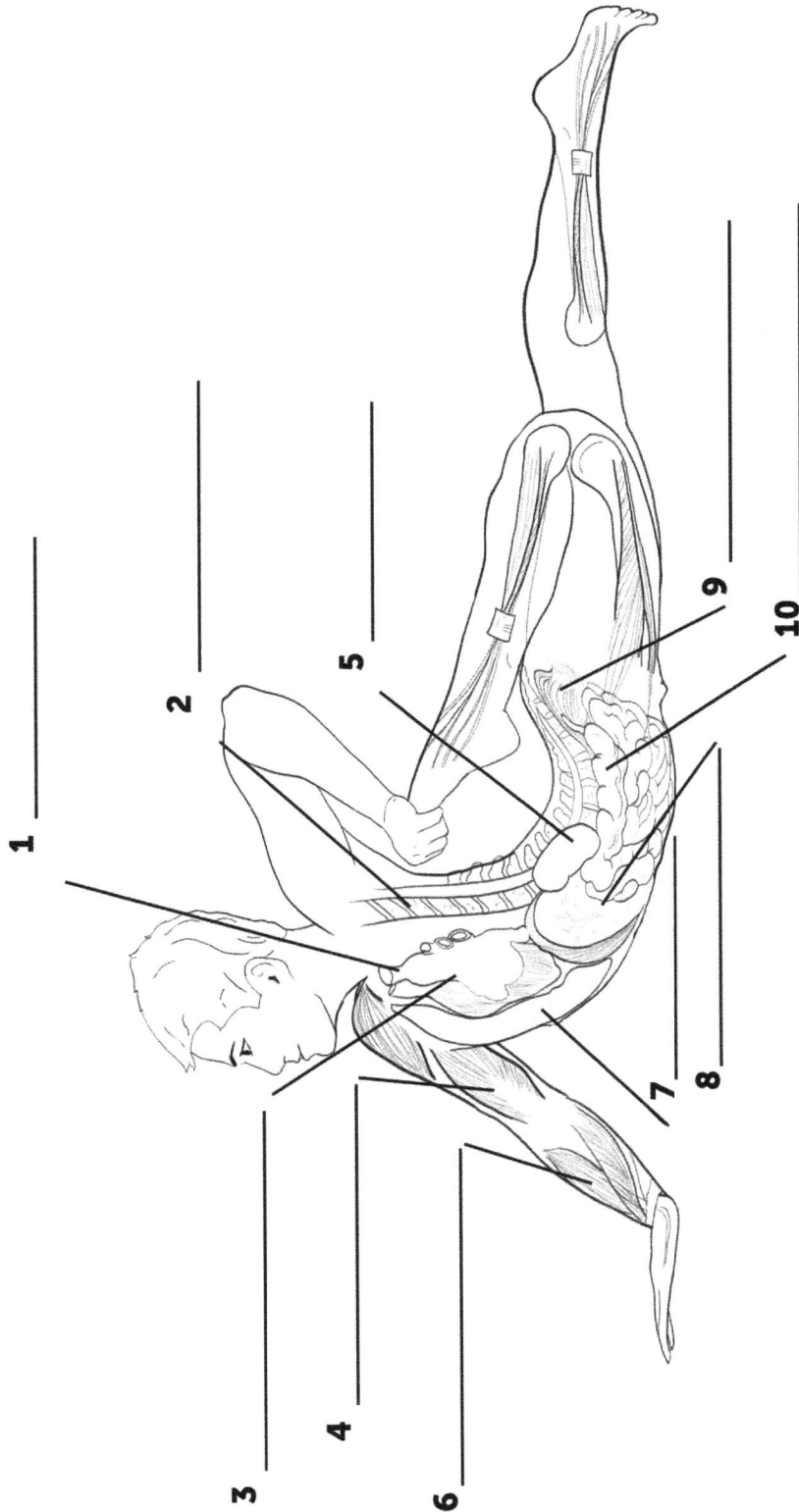

57. HALB-FROSCH-POSE

1.   AORTA

2.   WIRBELSÄULE

3.   HERZ

4.   BIZEPS BRACHII

5.   NIERE

6.   PRONATOREN

7.   LUNGE

8.   LEBER

9.   REKTUM

10. AUFSTEIGENDER DICKDARM

58. KOMPASS-HALTUNG

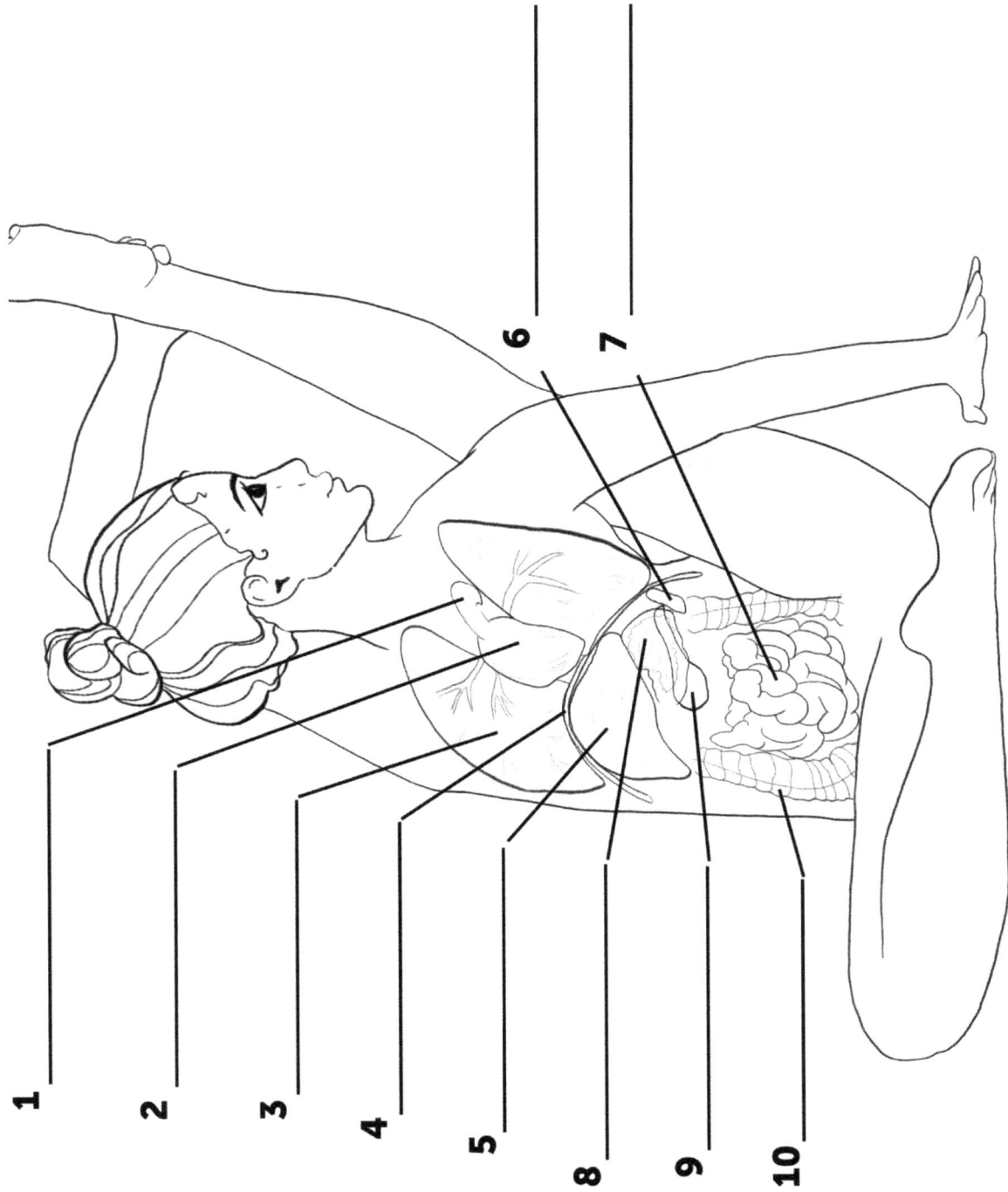

58. KOMPASS-HALTUNG

1. AORTA

2. HERZ

3. LUNGE

4. ZWERCHFELL

5. LEBER

6. GALLENBLASE

7. DÜNNDARMWINDUNGEN

8. MAGEN

9. BAUCHSPEICHELDRÜSE

10. AUFSTEIGENDER DICKDARM

59. MARICHIS HALTUNG I

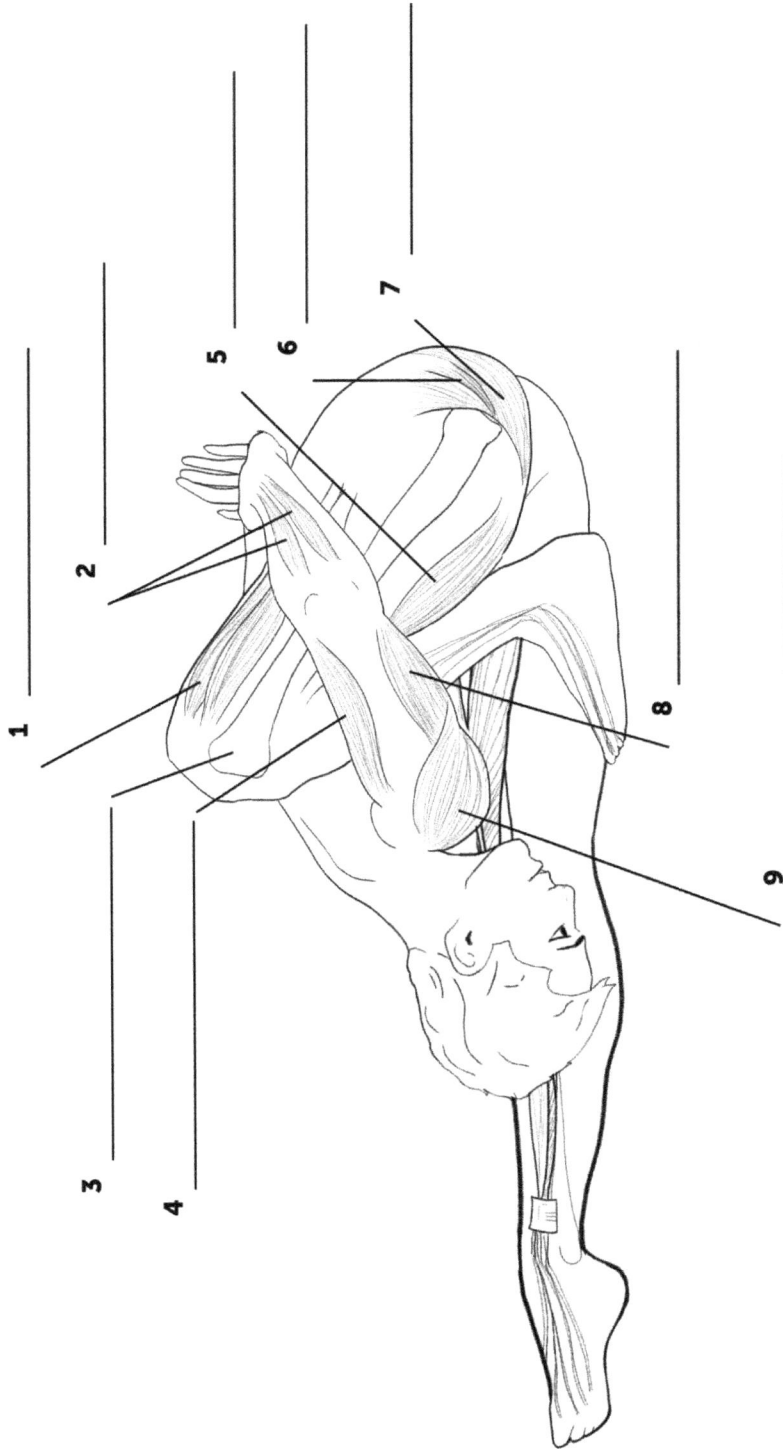

59. MARICHIS HALTUNG I

1. QUADRIZEPS
2. PRONATOREN
3. OBERSCHENKEL
4. BIZEPS BRACHII
5. HAMSTRINGS
6. PIRIFORMIS
7. GLUTEUS MAXIMUS
8. TRIZEPS BRACHII
9. DELTAMUSKEL

60. MARICHI'S HALTUNG II

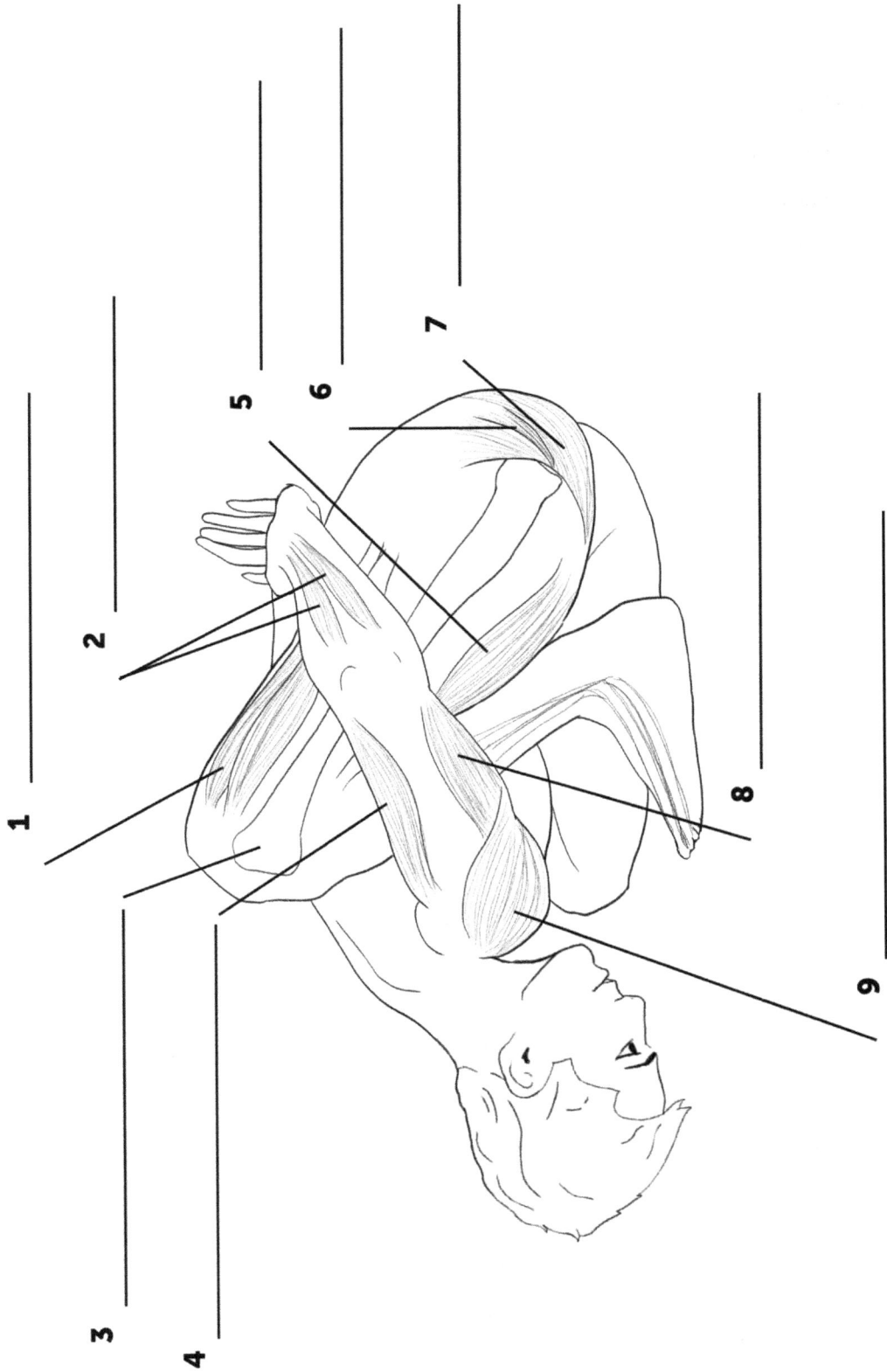

1

2

3

4

5

6

7

8

9

60. MARICHI'S HALTUNG II

1. QUADRIZEPS

2. PRONATOREN

3. OBERSCHENKEL

4. BIZEPS BRACHII

5. HAMSTRINGS

6. PIRIFORMIS

7. GLUTEUS MAXIMUS

8. TRIZEPS BRACHII

9. DELTAMUSKEL

61. MARICHIS HALTUNG III

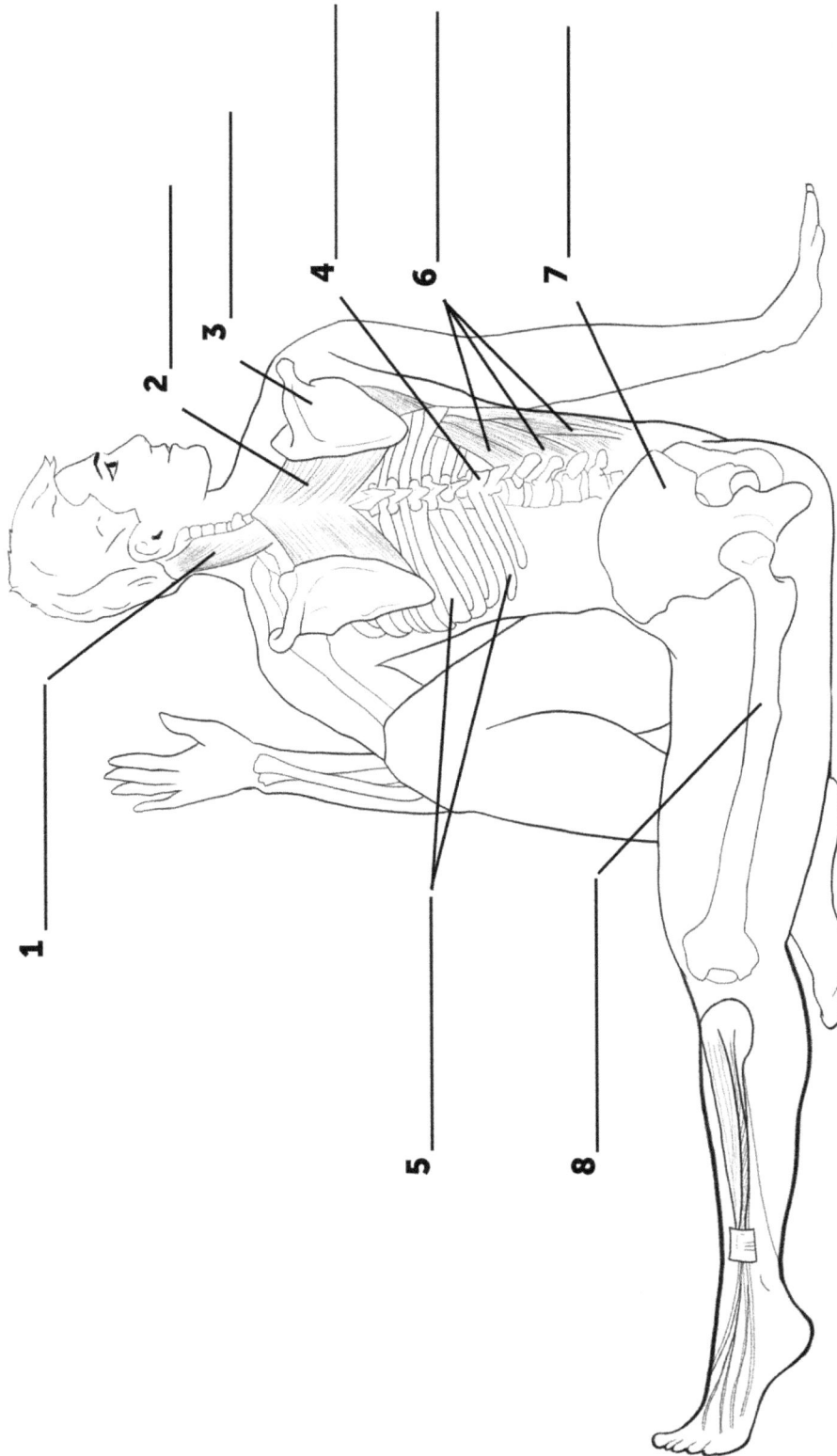

61. MARICHIS HALTUNG III

1. KEILBEINHÖCKER
2. RHOMBOIDEN
3. SCHULTERBLATT
4. WIRBELSÄULE
5. RIPPEN
6. ERECTOR SPINAE
7. BECKEN
8. OBERSCHENKELKNOCHEN

62. PYRAMIDENHALTUNG

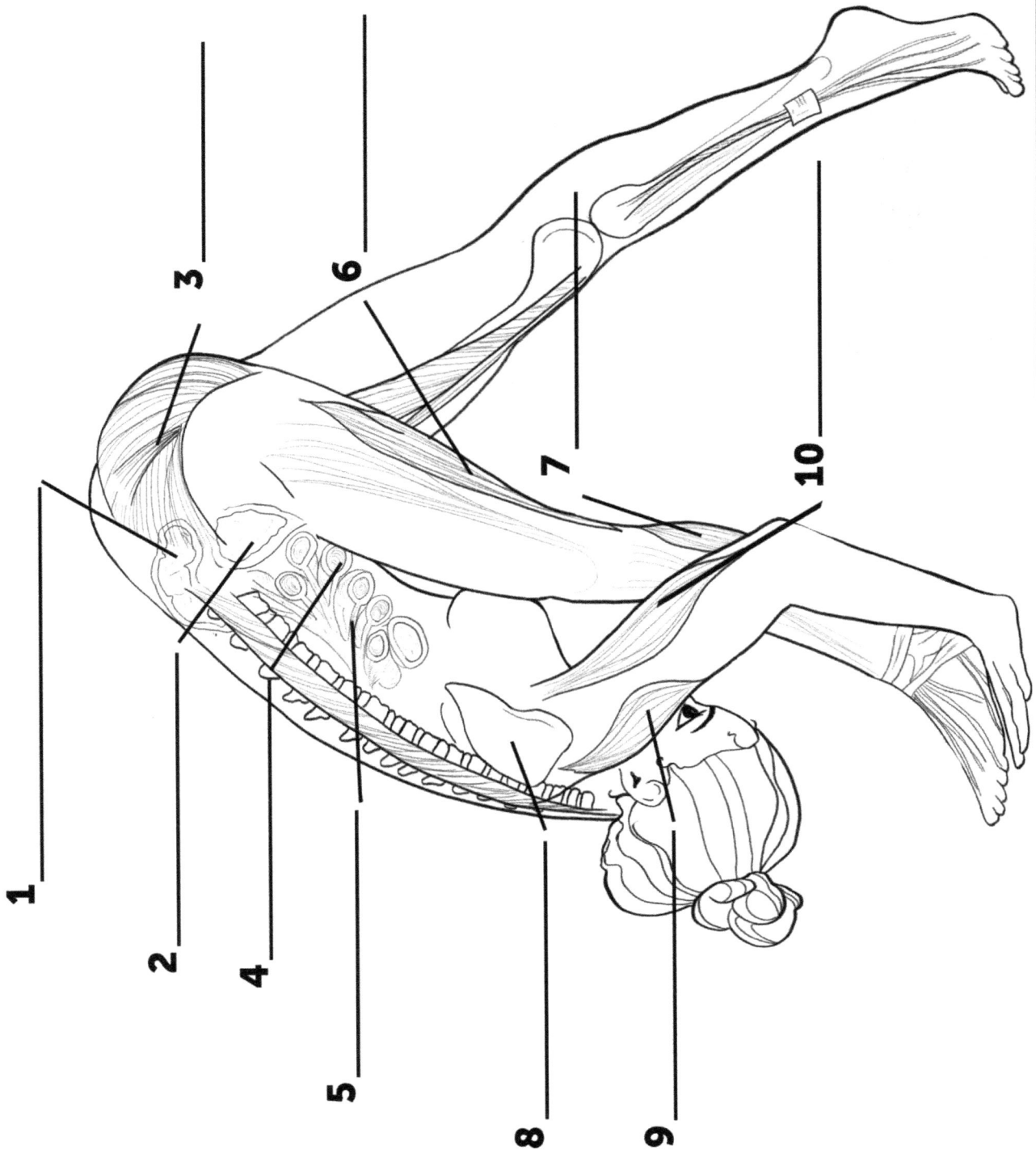

62. PYRAMIDENHALTUNG

1. REKTUM

2. HARNBLASE

3. PIRIFORMIS

4. WINDUNGEN DES DÜNNDARMS

5. MESENTERIUM DES DÜNNDARMS

6. ACHILLESSEHNEN

7. GASTROCNEMIUS

8. SCHULTERBLATT

9. DELTAMUSKEL

10. TRIZEPS BRACHII

63. KRIEGER I POSE

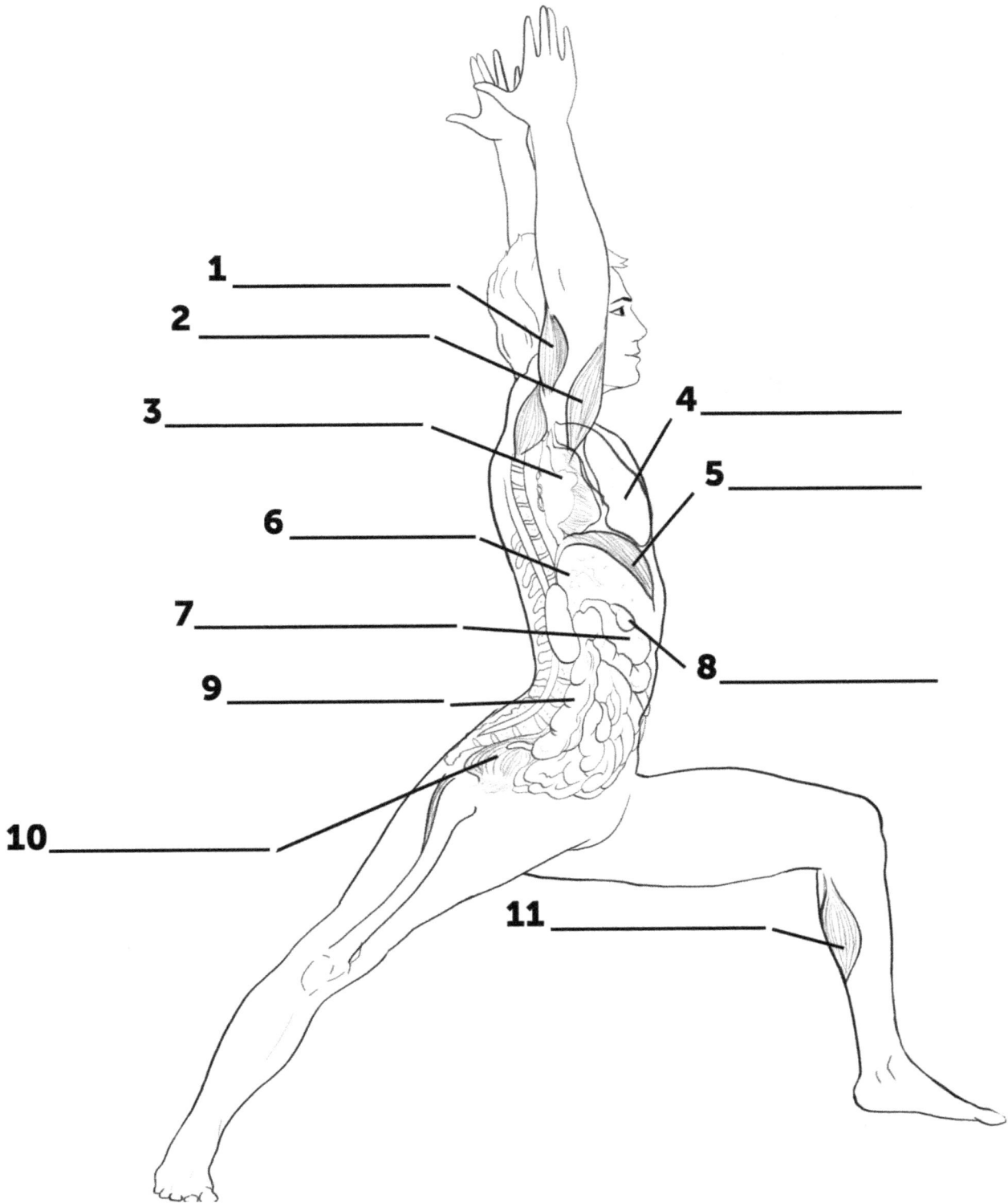

1 _____

2 _____

3 _____

4 _____

5 _____

6 _____

7 _____

8 _____

9 _____

10 _____

11 _____

63. KRIEGER I POSE

1. BIZEPS BRACHII
2. TRIZEPS BRACHII
3. HERZ
4. LUNGE
5. BLENDE
6. LEBER
7. MAGEN
8. GALLENBLASE
9. AUFSTEIGENDER DICKDARM
10. REKTUM
11. GASTROCNEMIUS

64. VERDREHTE KRIEGER-POSE

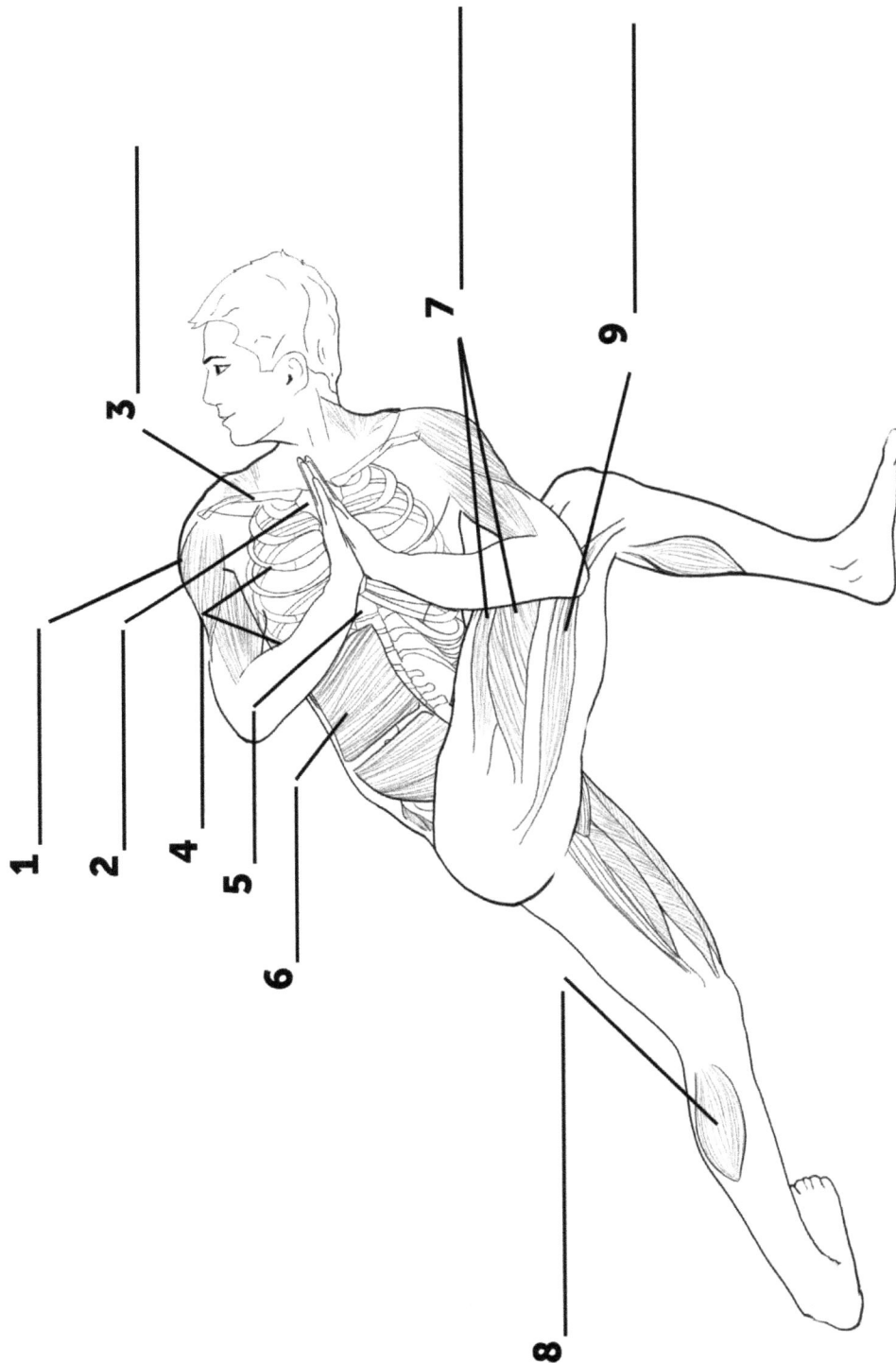

64. VERDREHTE KRIEGER-POSE

1. DELTAMUSKEL
2. STERNUM
3. SCHLÜSSELBEIN
4. RIPPEN
5. WIRBELSÄULE
6. SCHRÄG NACH INNEN
7. QUADRIZEPS
8. GASTROCNEMIUS
9. HAMSTRINGS

65. VERDREHTE DREIECKSHALTUNG

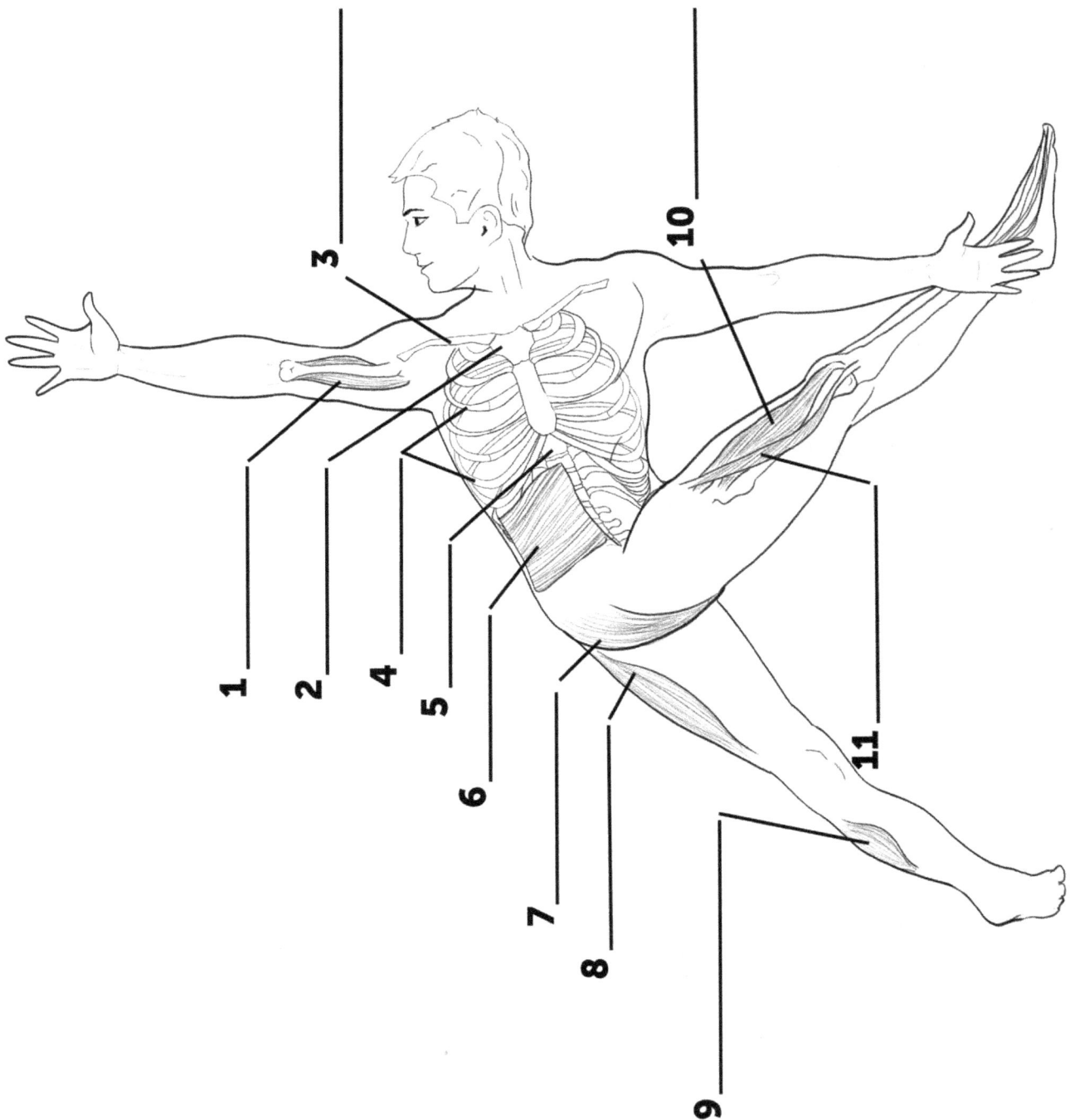

1

2

3

4

5

6

7

8

9

10

11

65. VERDREHTE DREIECKSHALTUNG

1. TRICEPS BRACHII
2. STERNUM
3. SCHLÜSSELBEIN
4. RIPPEN
5. WIRBELSÄULE
6. SCHRÄG NACH INNEN
7. GLUTEUS MAXIMUS
8. HAMSTRINGS
9. GASTROCNEMIUS
10. QUADRIZEPS
11. SCHNEIDERMUSKEL

66. GEBUNDENE VERDREHTE SEITENWINKELHALTUNG

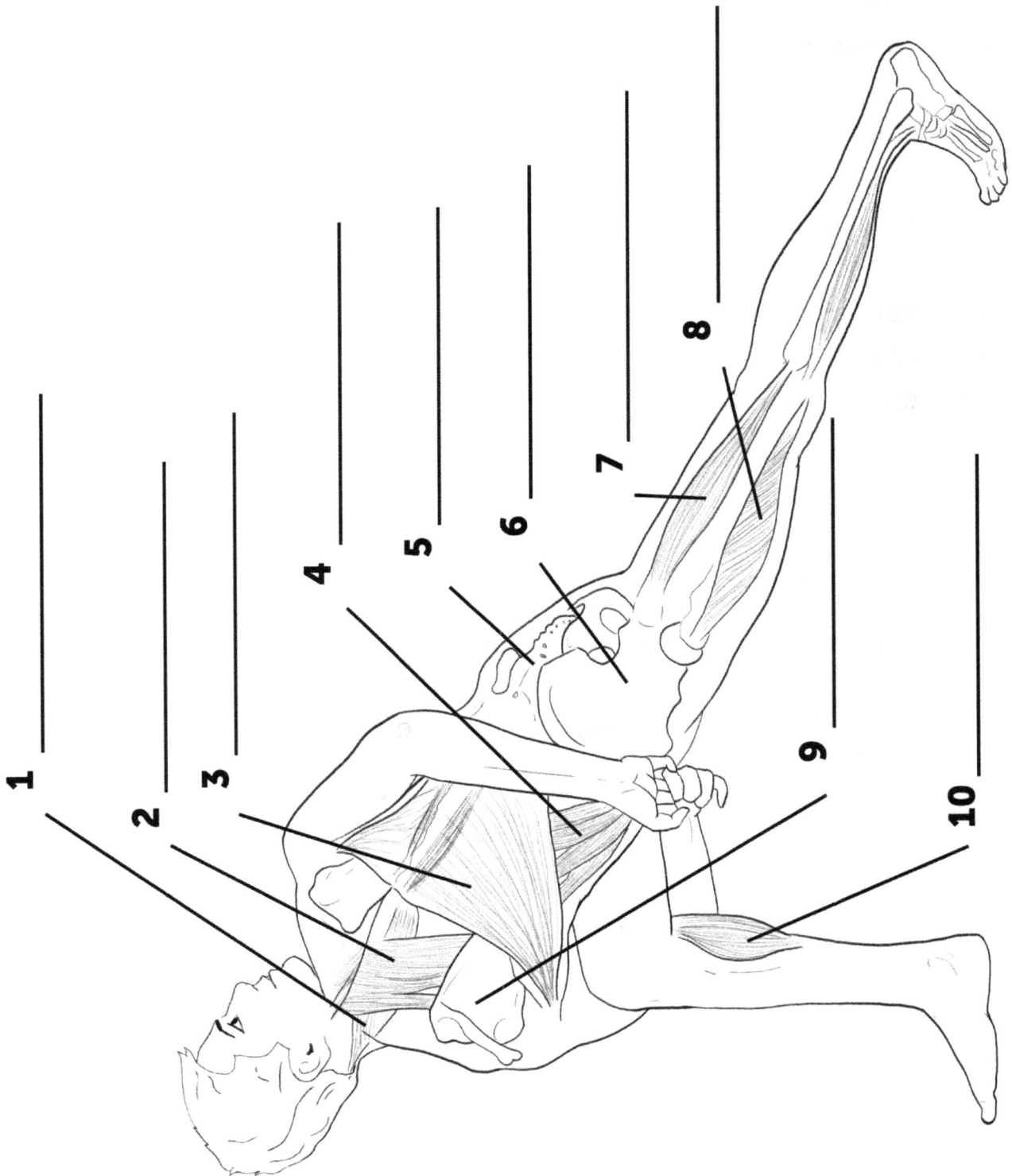

1

2

3

4

5

6

7

8

9

10

66. GEBUNDENE VERDREHTE SEITENWINKELHALTUNG

1. MILZ

2. RHOMBOIDEN

3. LATISSIMUS DORSI

4. EREKTOR SPINAE

5. KREUZBEIN

6. BECKEN

7. KNIESEHNEN

8. QUADRIZEPS

9. SCHULTERBLATT

10. GASTROCNEMIUS

67. KAMEL-HALTUNG

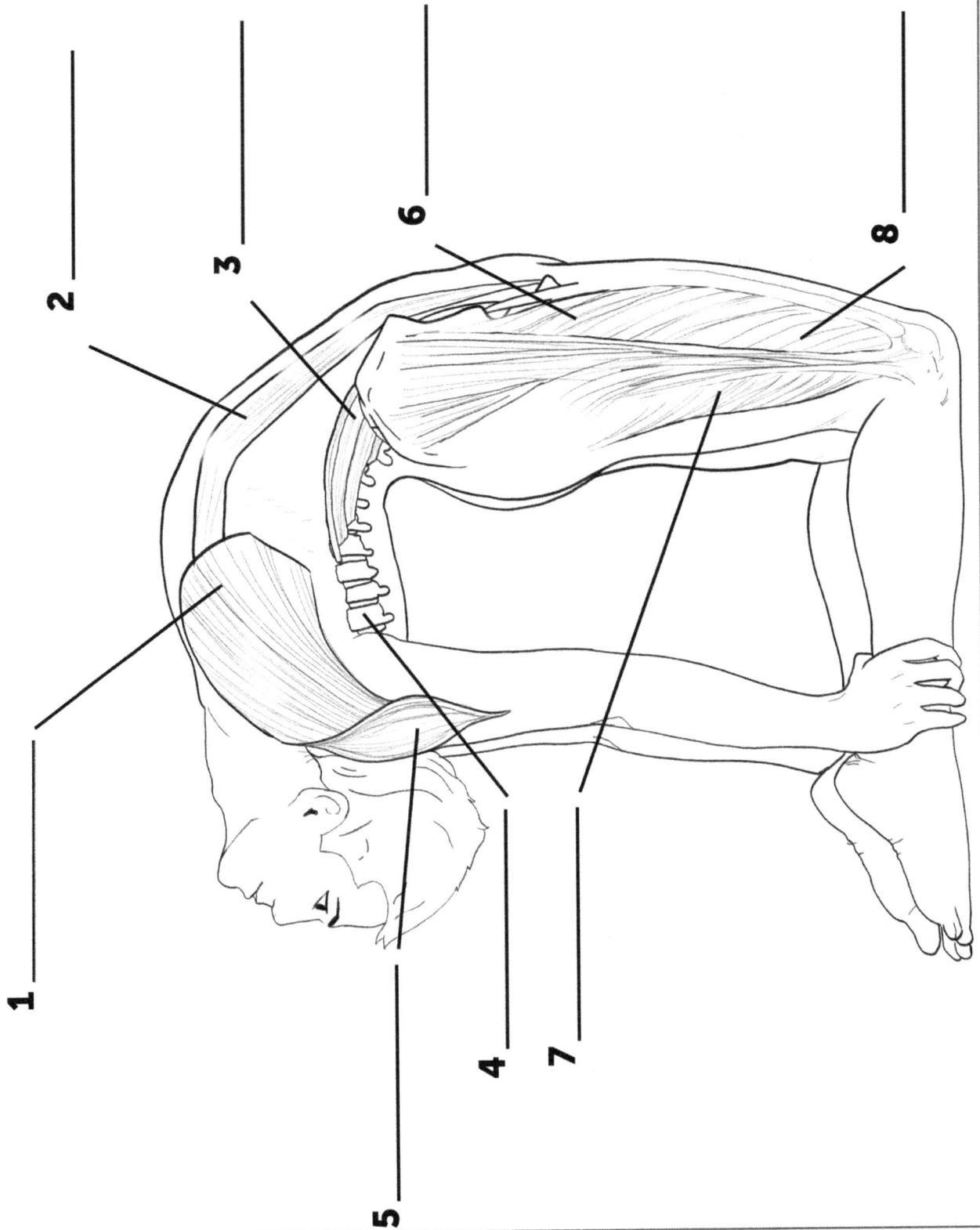

67. KAMEL-HALTUNG

1. PECTORALIS MAJOR
2. RECTUS ABDOMINIS
3. PSOAS MAJOR
4. WIRBELSÄULE
5. DELTAMUSKEL
6. RECTUS FEMORIS (OBERSCHENKELMUSKEL)
7. HAMSTRINGS
8. VASTUS LATERALIS

68. KRIEGER-II-POSE

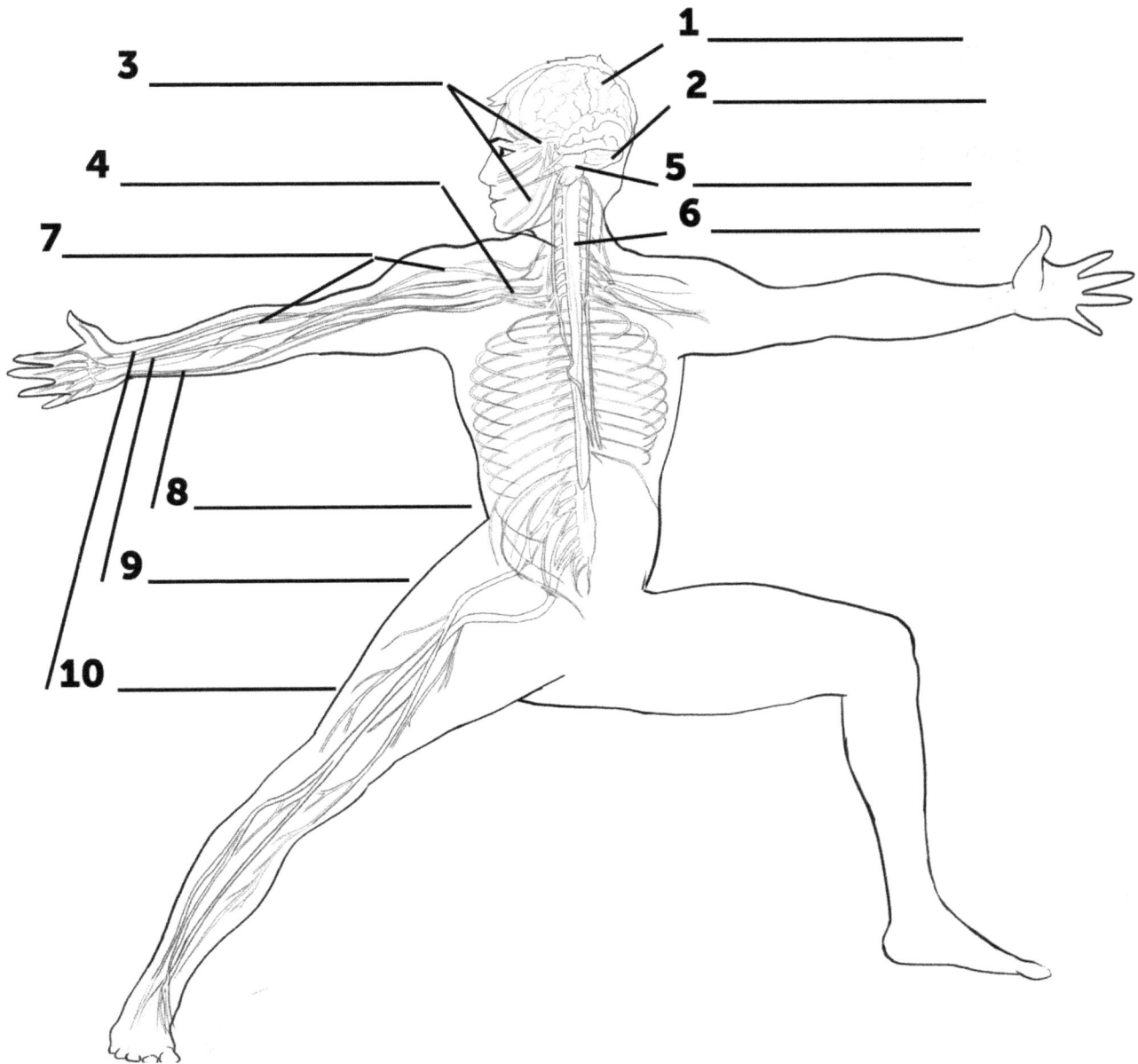

1 _____

2 _____

3 _____

4 _____

5 _____

6 _____

7 _____

8 _____

9 _____

10 _____

68. KRIEGER-II-POSE

1. GROßHIRN
2. KLEINHIRN
3. HIRNNERVEN
4. PLEXUS BRACHIALIS
5. HIRNSTAMM
6. RÜCKENMARK
7. MUSKULOKUTANE
8. ULNARIS
9. MEDIAN
10. RADIAL

69. KRIEGER-III-HALTUNG

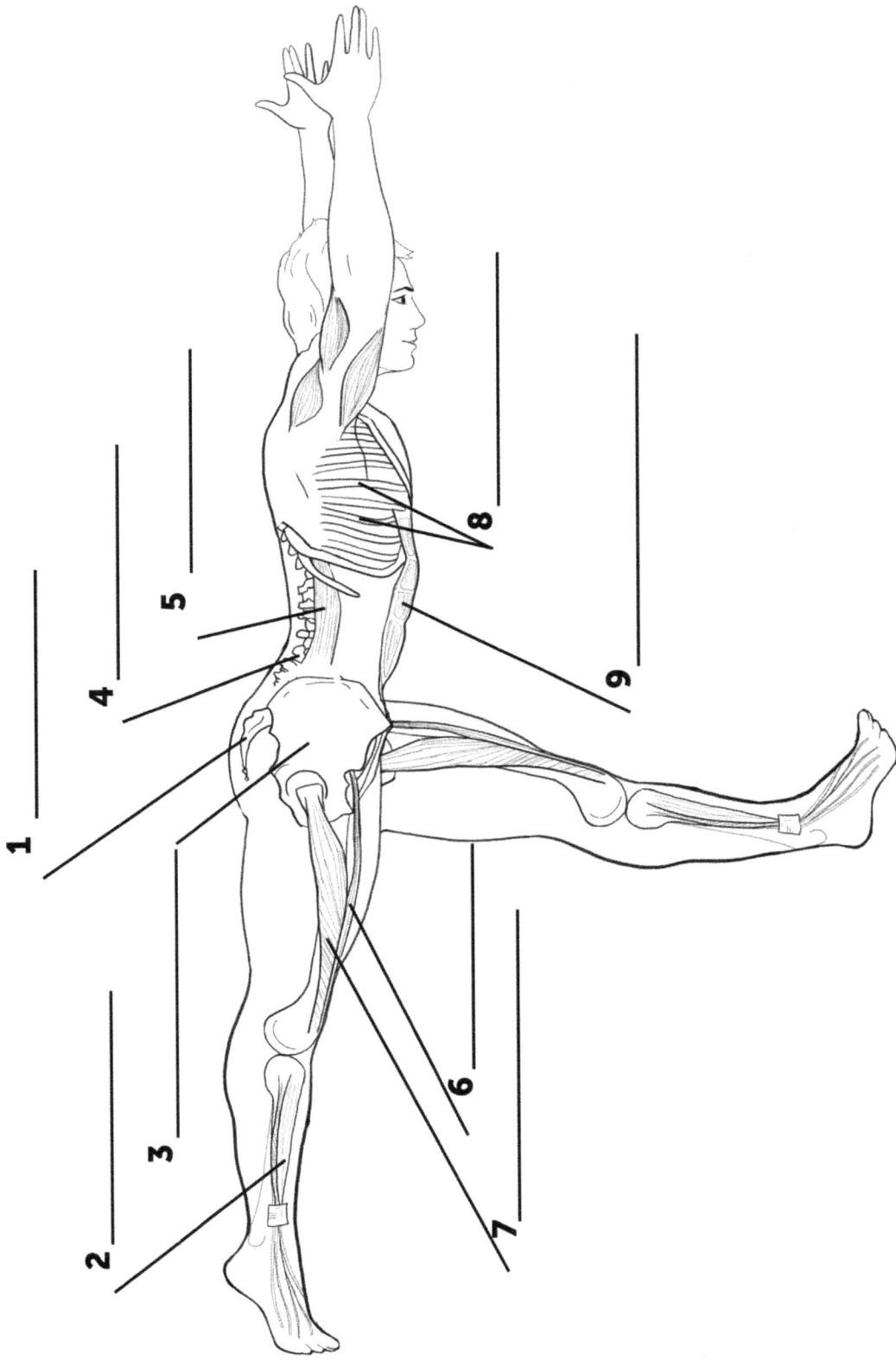

69. KRIEGER-III-HALTUNG

1. KREUZBEIN

2. TIBIALIS ANTERIOR

3. BECKEN

4. WIRBELSÄULE

5. EREKTOR SPINAE

6. SARTORIUS

7. RECTUS FEMORIS (OBERSCHENKELMUSKEL)

8. RIPPEN

9. RECTUS ABDOMINIS

70. UMGEKEHRTE KRIEGERHALTUNG

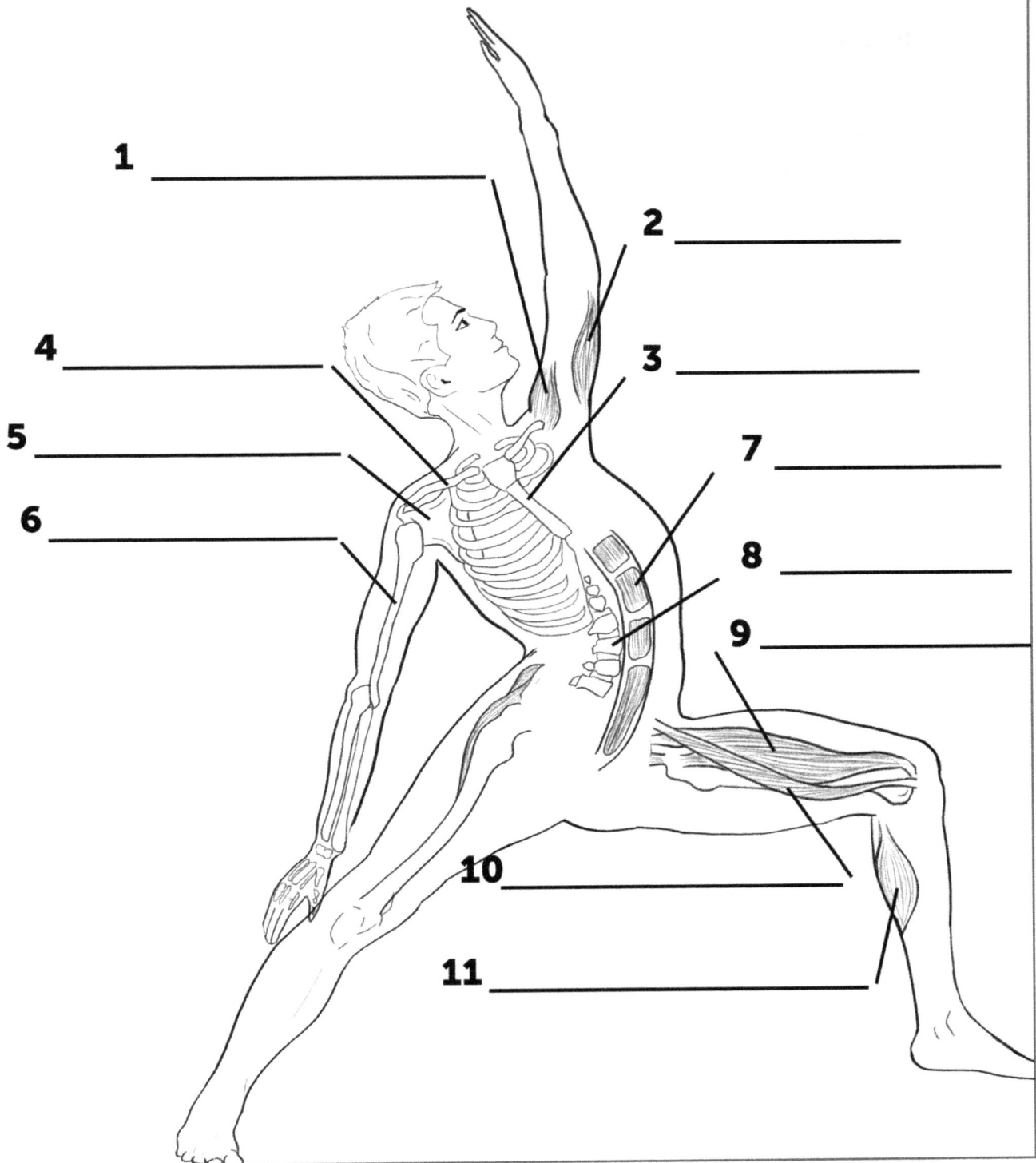

1 _____

2 _____

4 _____

3 _____

5 _____

7 _____

6 _____

8 _____

9 _____

10 _____

11 _____

70. UMGEKEHRTE KRIEGERHALTUNG

1. DELTAMUSKEL
2. TRICEPS BRACHII
3. STERNUM
4. SCHLÜSSELBEIN
5. SCHULTERBLATT
6. OBERARMKNOCHEN
7. RECTUS ABDOMINIS
8. WIRBELSÄULE
9. RECTUS FEMORIS (OBERSCHENKELMUSKEL)
10. SARTORIUS
11. GASTROCNEMIUS

71. HELDENHALTUNG

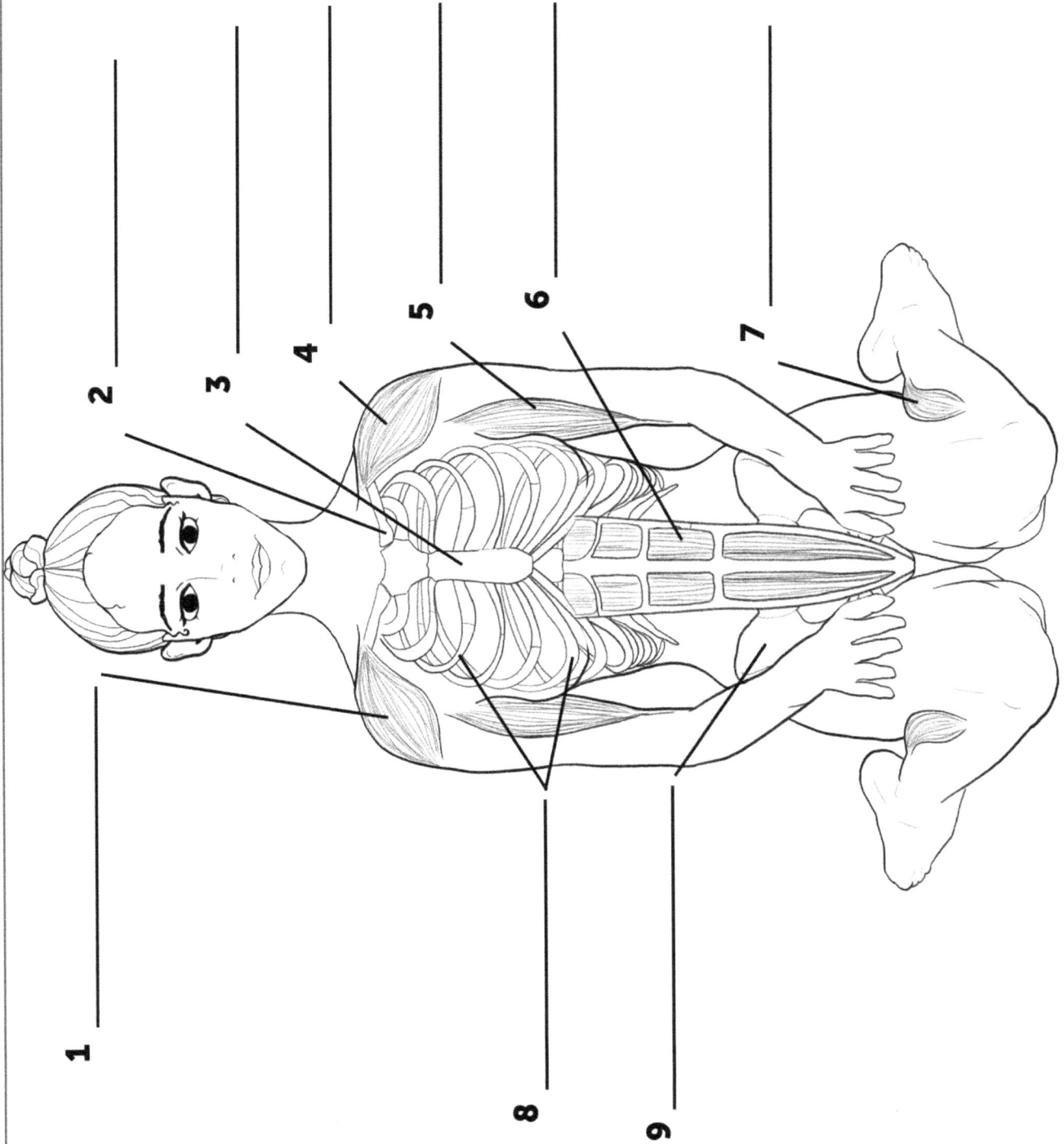

1

2

3

4

5

6

7

8

9

71. HELDENHALTUNG

1. DELTOID
2. SCHLÜSSELBEIN
3. STERNUM
4. DELTAMUSKEL
5. BIZEPS BRACHII
6. RECTUS ABDOMINIS
7. GASTROCNEMIUS
8. RIPPEN
9. BECKEN

72. HALB LIEGENDER HELD

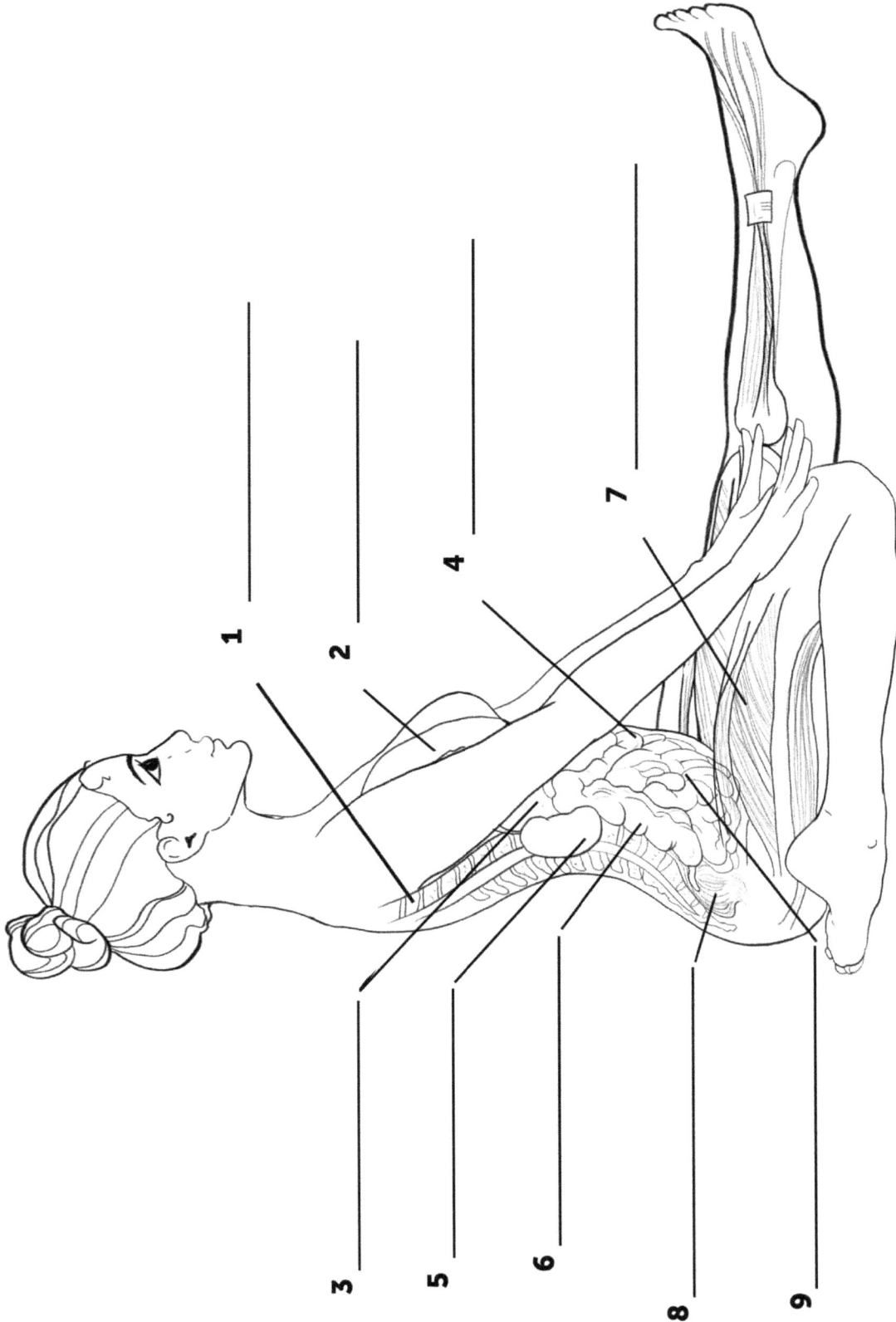

1

2

3

4

5

6

7

8

9

72. HALB LIEGENDER HELD

1.   WIRBELSÄULE

2.   LUNGE

3.   LEBER

4.   QUERKOLON

5.   NIERE

6.   AUFSTEIGENDER DICKDARM

7.   QUADRICEPS

8.   REKTUM

9.   WINDUNGEN DES DÜNNDARMS

73. LIEGENDE HELDENPOSE

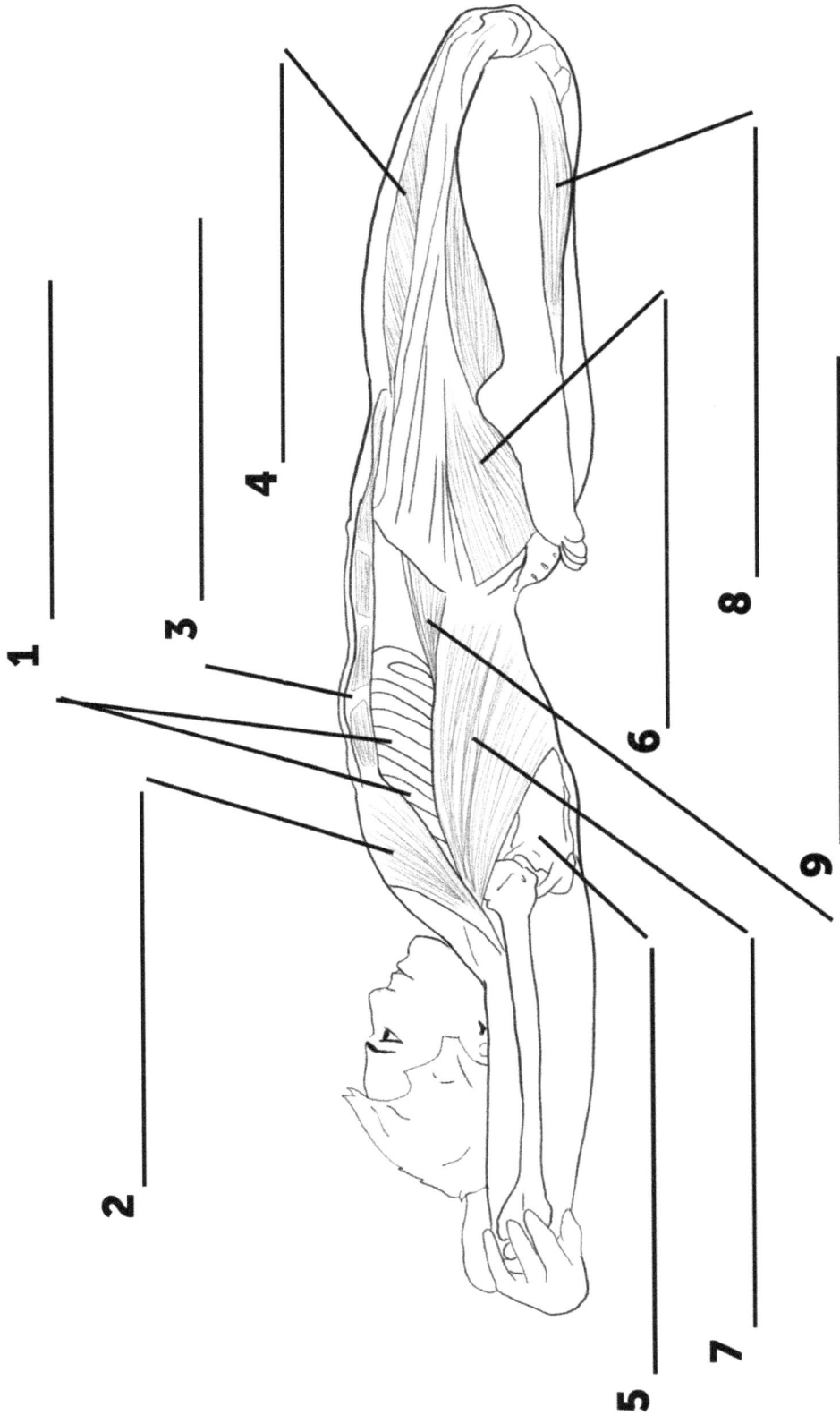

1

2

3

4

5

6

7

8

9

73. LIEGENDE HELDENPOSE

1. RIPPEN

2. PECTORALIS MAJOR

3. RECTUS ABDOMINIS

4. VASTUS LATERALIS

5. SCHULTERBLATT

6. GROßER GESÄßMUSKEL

7. LATISSIMUS DORSI

8. TIBIALIS ANTERIOR

9. PSOAS MAJOR

74. VERLÄNGERTE HAND-ZU-BIG-TOE-POSE

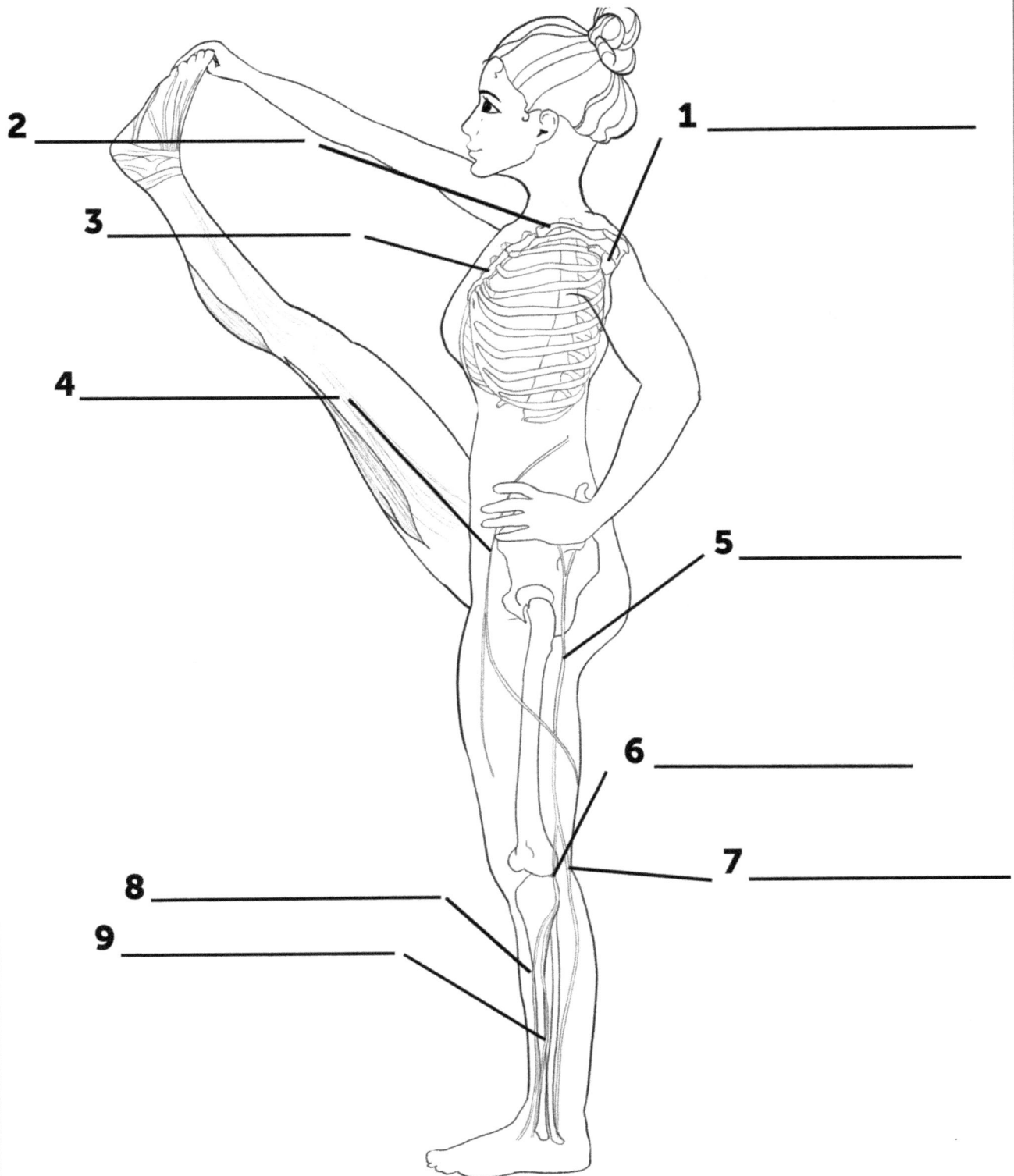

2 _____

3 _____

4 _____

1 _____

5 _____

6 _____

7 _____

8 _____

9 _____

74. VERLÄNGERTE HAND-ZU-BIG-TOE-POSE

1. SCHULTERBLATT

2. SCHLÜSSELBEIN

3. STERNUM

4. NERVUS CUTANUS LATERALIS FEMORALIS

5. ISCHIASNERV

6. NERVUS PERONEUS COMMUNIS

7. NERVUS TIBIALIS

8. TIEFER PERONAEUSNERV

9. OBERFLÄCHLICHER PERONEUSNERV

75. TAUBENHALTUNG

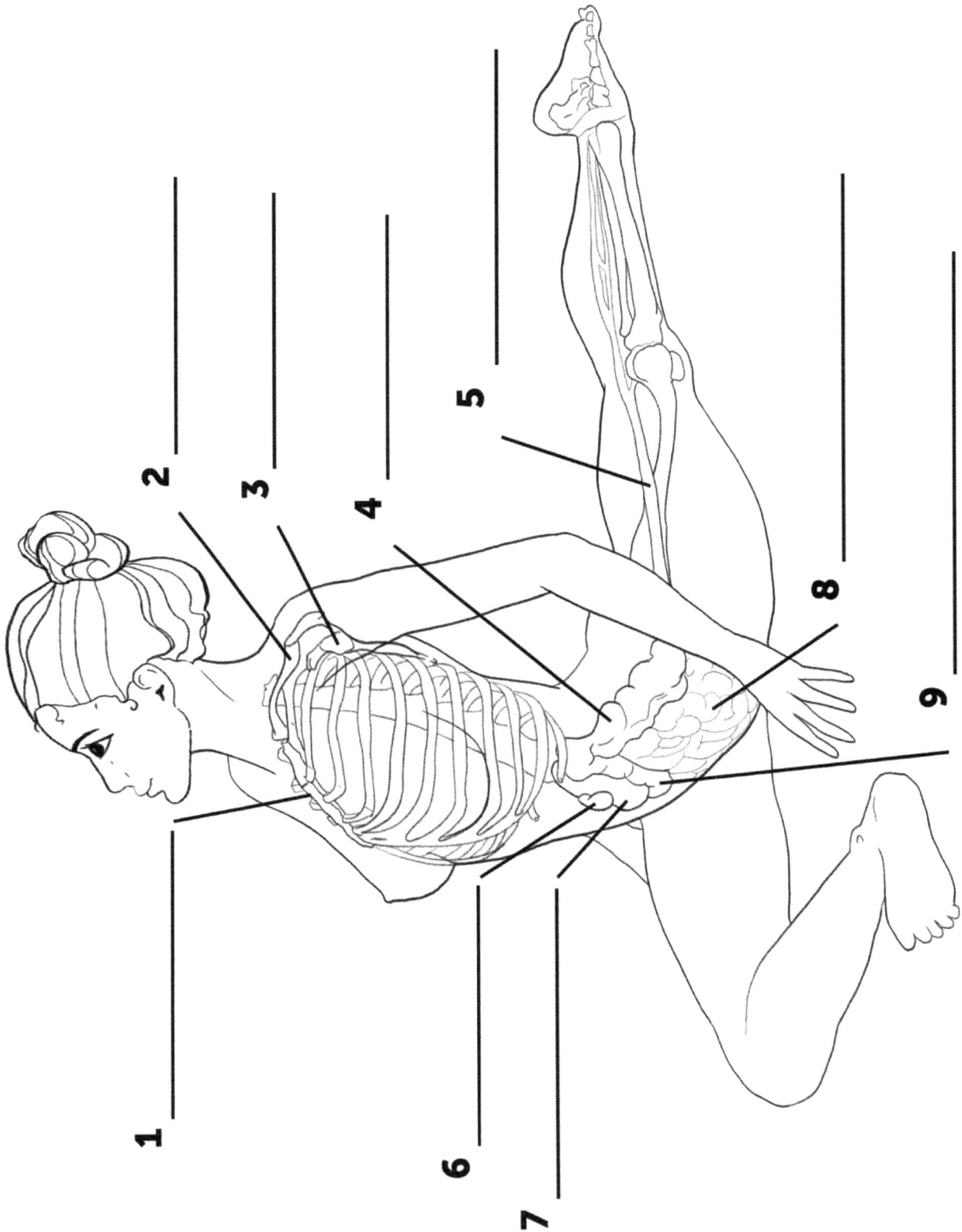

1

2

3

4

5

6

7

8

9

75. TAUBENHALTUNG

1. STERNUM

2. SCHLÜSSELBEIN

3. SCHULTERBLATT

4. AUFSTEIGENDER DICKDARM

5. ISCHIASNERV

6. GALLENBLASE

7. MAGEN

8. DÜNNDARMWINDUNGEN

9. QUERKOLON

76. EINFÄDELN DER NADEL

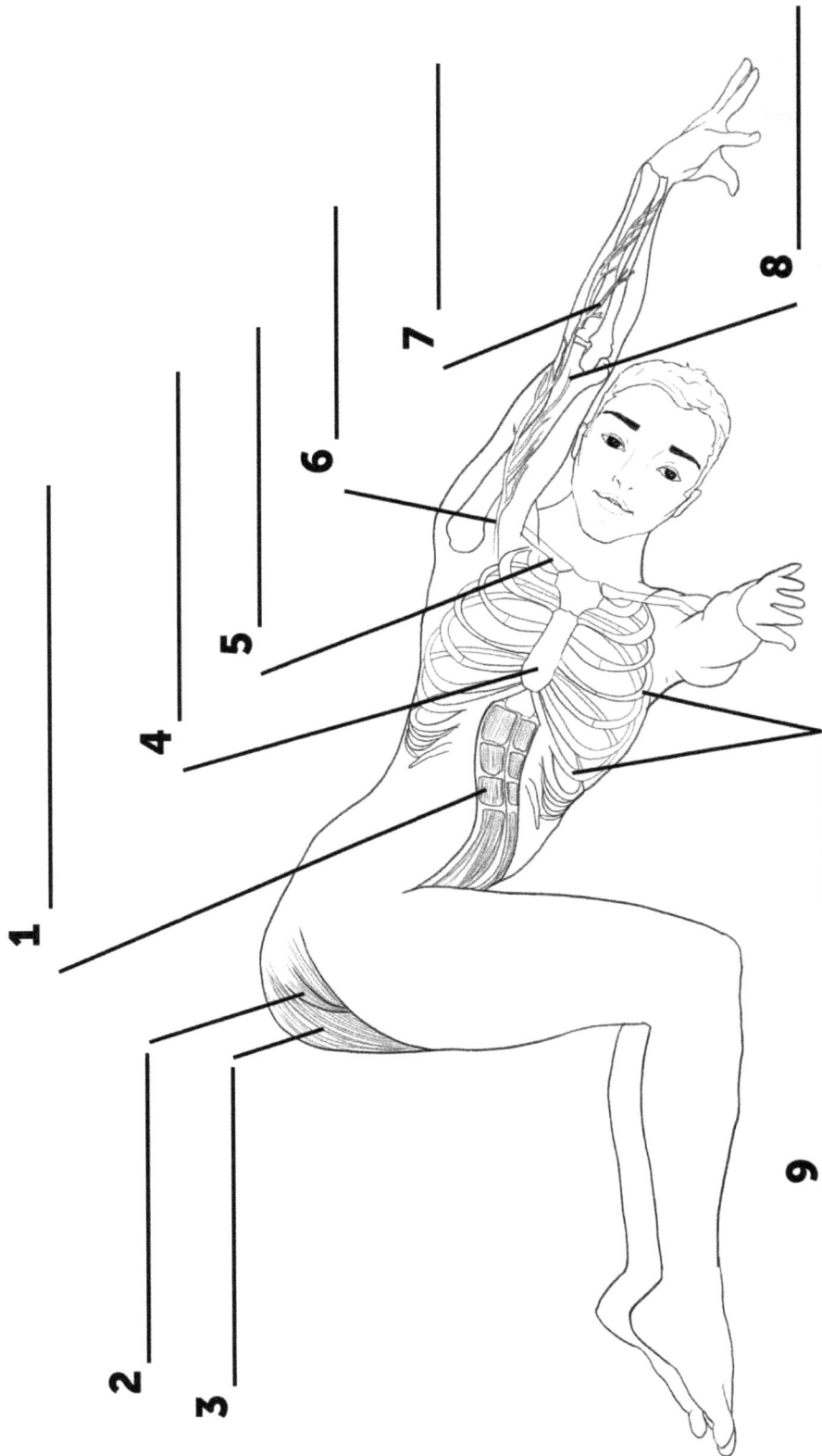

76. EINFÄDELN DER NADEL

1.   RECTUS ABDOMINIS

2.   PIRIFORMIS

3.   GROßER GESÄßMUSKEL

4.   STERNUM

5.   SCHLÜSSELBEIN

6.   NERVUS RADIALIS

7.   NERVUS INTEROSSUS POSTERIOR

8.   ANCONEUS

9.   RIPPEN

77. REIHER-POSE

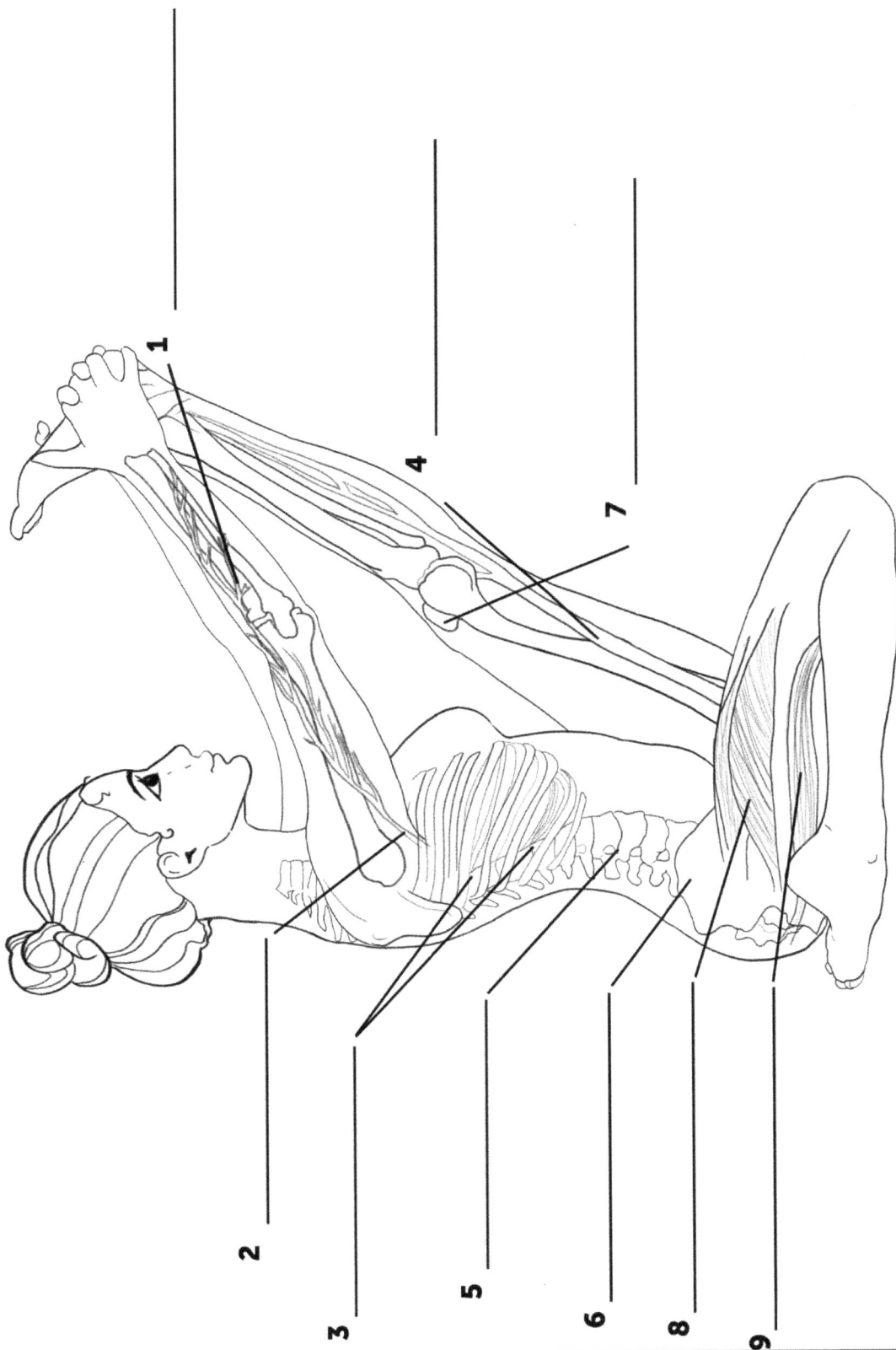

77. REIHER-POSE

1. NERVUS INTEROSSUS POSTERIOR

2. NERVUS RADIALIS

3. RIPPEN

4. ISCHIASNERV

5. WIRBELSÄULE

6. BECKEN

7. KNIESCHEIBE

8. QUADRIZEPS

9. KNIESEHNEN

78. BOGENHALTUNG

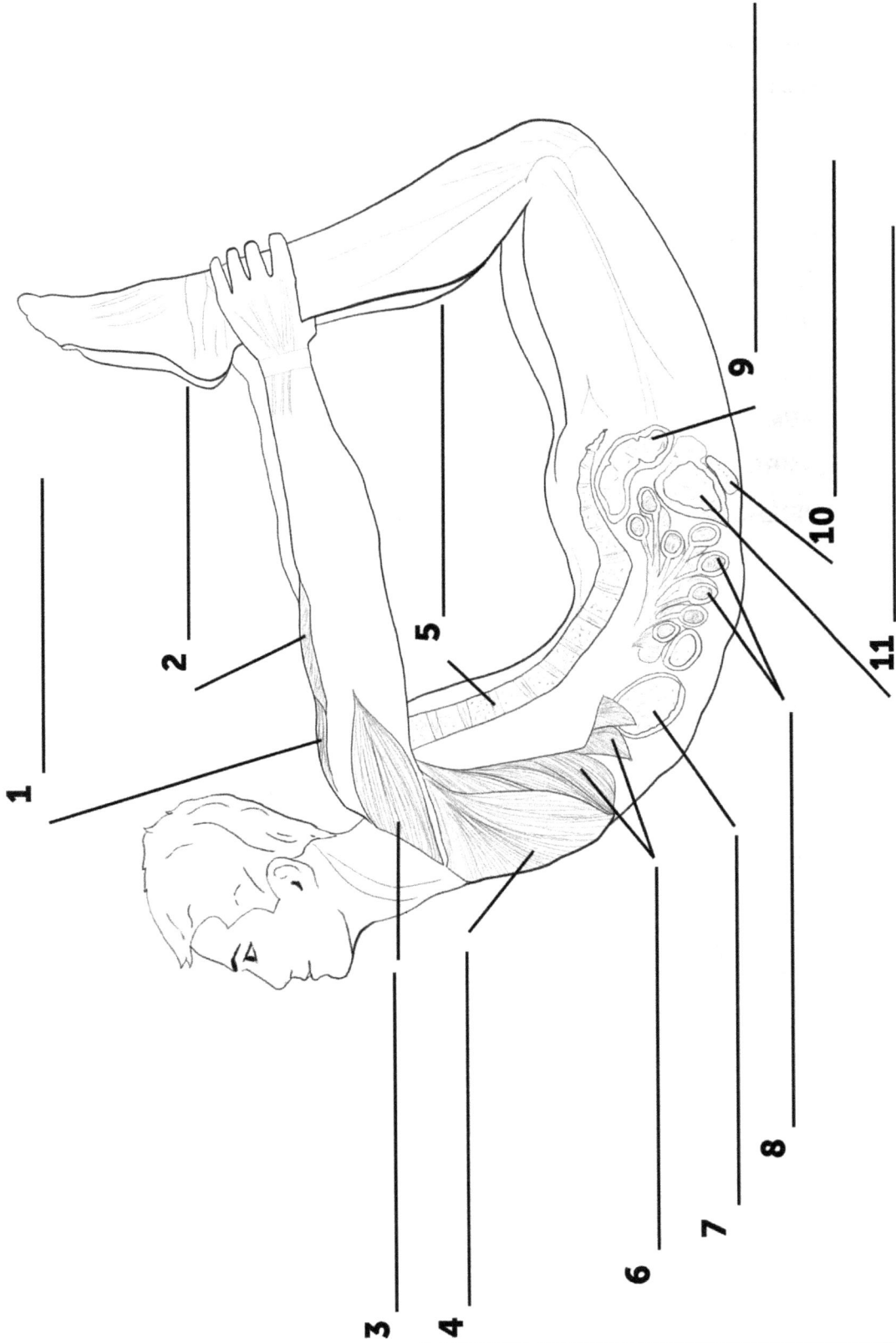

1

2

3

4

5

6

7

8

9

10

11

78. BOGENHALTUNG

1. HINTERER DELTAMUSKEL

2. TRICEPS BRACHII

3. ANTERIORER DELTAMUSKEL

4. GROßER BRUSTMUSKEL (PECTORALIS MAJOR)

5. WIRBELSÄULE

6. SERRATUS ANTERIOR

7. MAGEN

8. WINDUNGEN DES DÜNNDARMS

9. REKTUM

10. SCHAMBEIN

11. HARNBLASE

79. AUFWÄRTSBOGEN ODER RADSTELLUNG

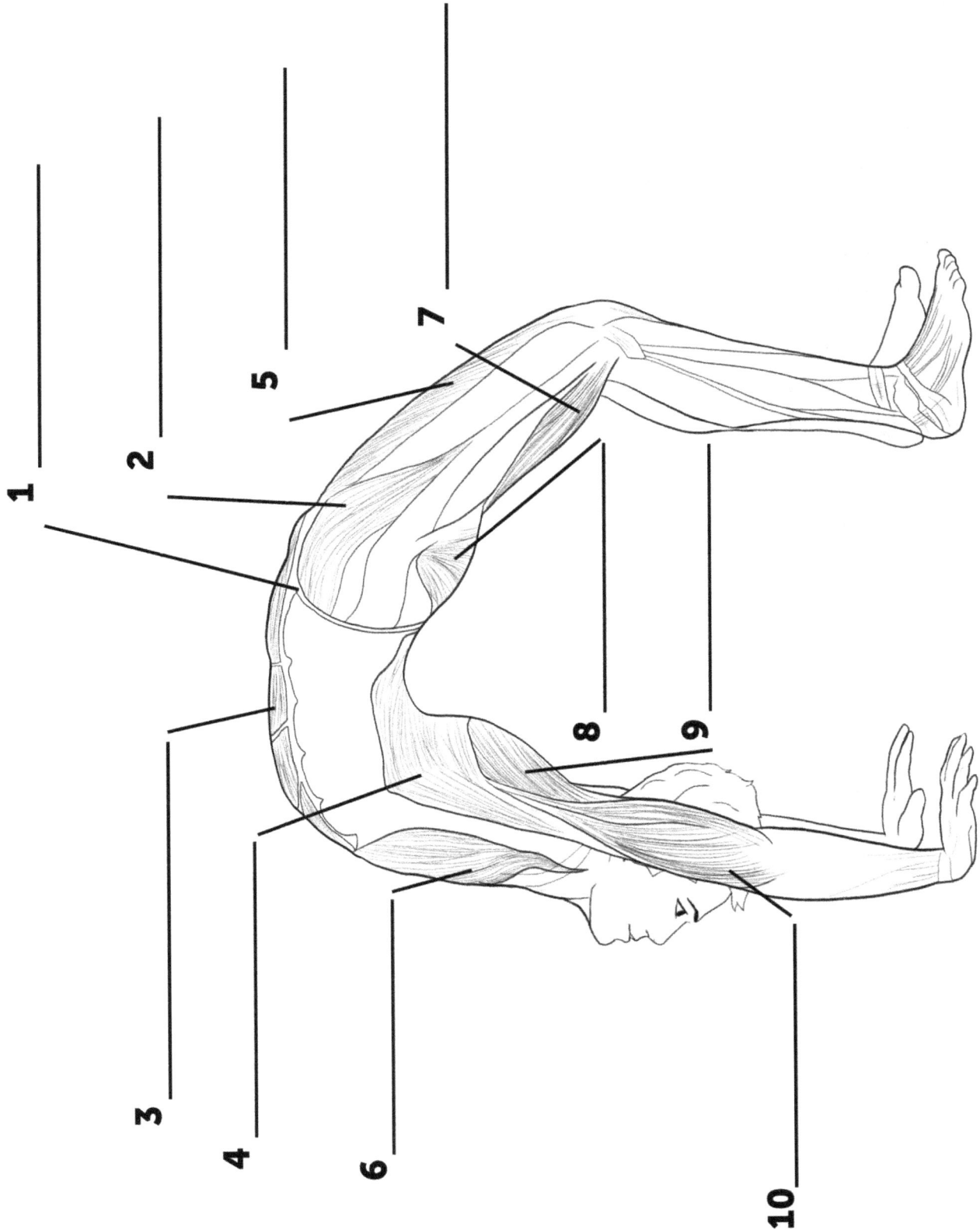

1

2

3

4

5

6

7

8

9

10

79. AUFWÄRTSBOGEN ODER RADSTELLUNG

1.   ILIOPSOAS

2.   TENSOR FASCIA LATA

3.   RECTUS ABDOMINIS

4.   LATISSIMUS DORSI

5.   QUADRIZEPS

6.   BRUSTMUSKEL (PECTORALIS MAJOR)

7.   ACHILLESSEHNEN

8.   GROßER GESÄßMUSKEL

9.   EREKTOR SPINAE

10. TRIZEPS BRACHII

80. EIDECHSENHALTUNG

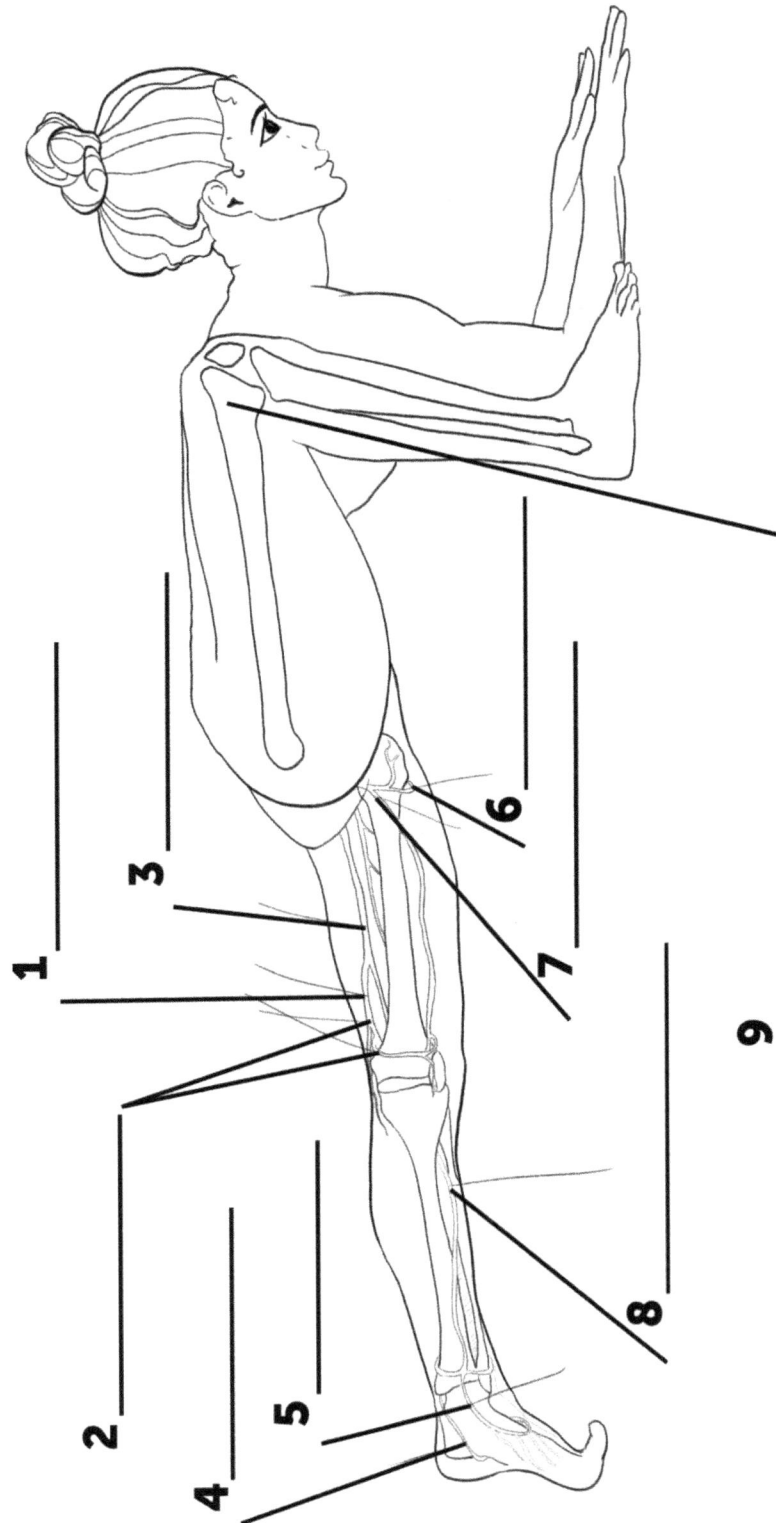

1

2

3

4

5

6

7

8

9

80. EIDECHSENHALTUNG

1. ADDUKTOREN-HIATUS

2. GENIKULARARTERIEN

3. ARTERIA FEMORALIS

4. ARTERIA PLANTARIS MEDIALIS

5. ARTERIA DORSALIS PEDIS

6. SEITLICHE ZIRKUMFLEXE OBERSCHENKELARTERIE

7. ABSTEIGENDER AST

8. ARTERIA TIBIALIS ANTERIOR

9. OBERSCHENKEL

81. EINBEINIGE KING PIGEON POSE

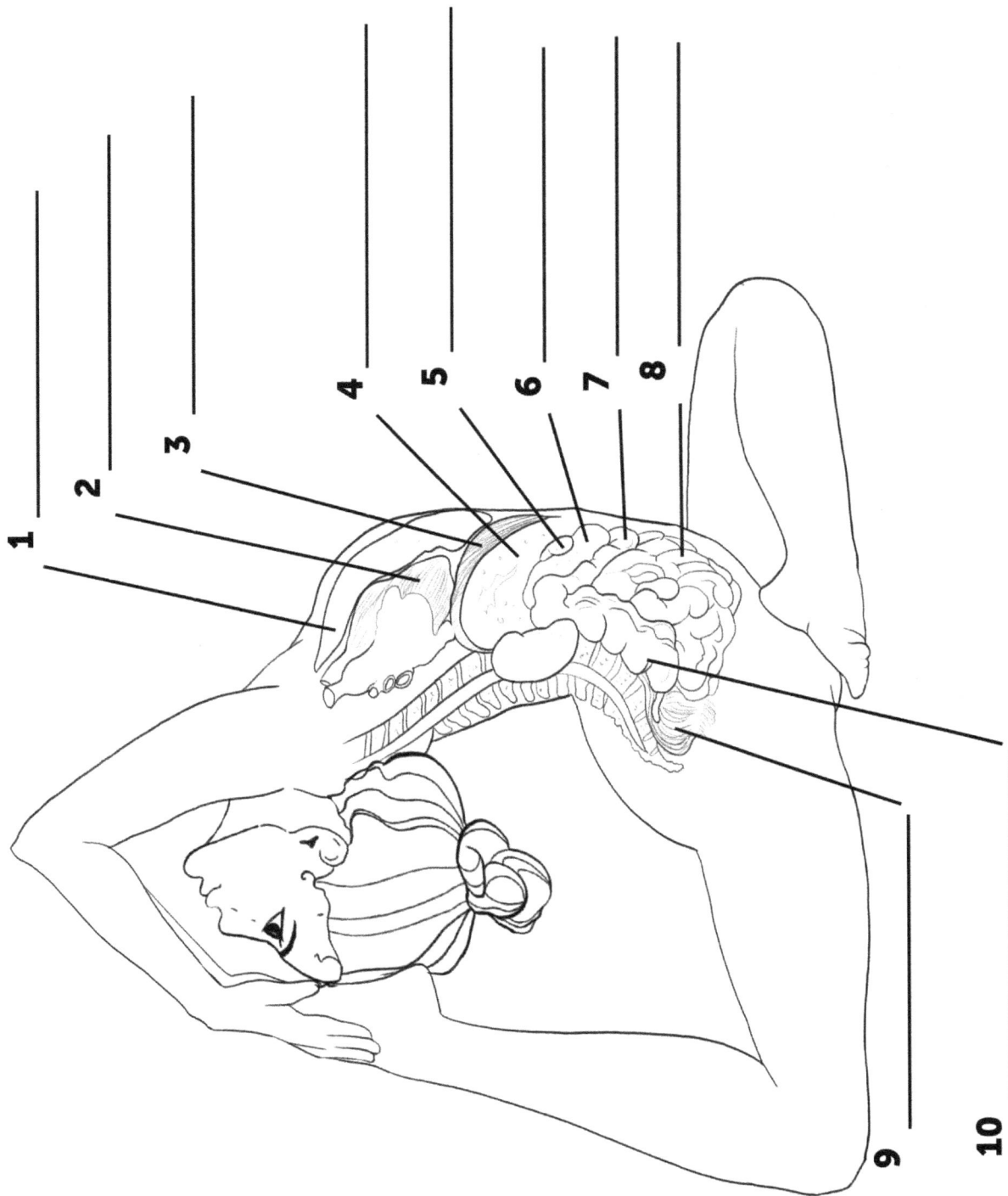

1
2
3
4
5
6
7
8
9
10

81. EINBEINIGE KING PIGEON POSE

1. LUNGE
2. HERZ
3. ZWERCHFELL
4. LEBER
5. GALLENBLASE
6. MAGEN
7. QUERKOLON
8. DÜNNDARMWINDUNGEN
9. REKTUM
10. AUFSTEIGENDER DICKDARM

82. BAUMHALTUNG

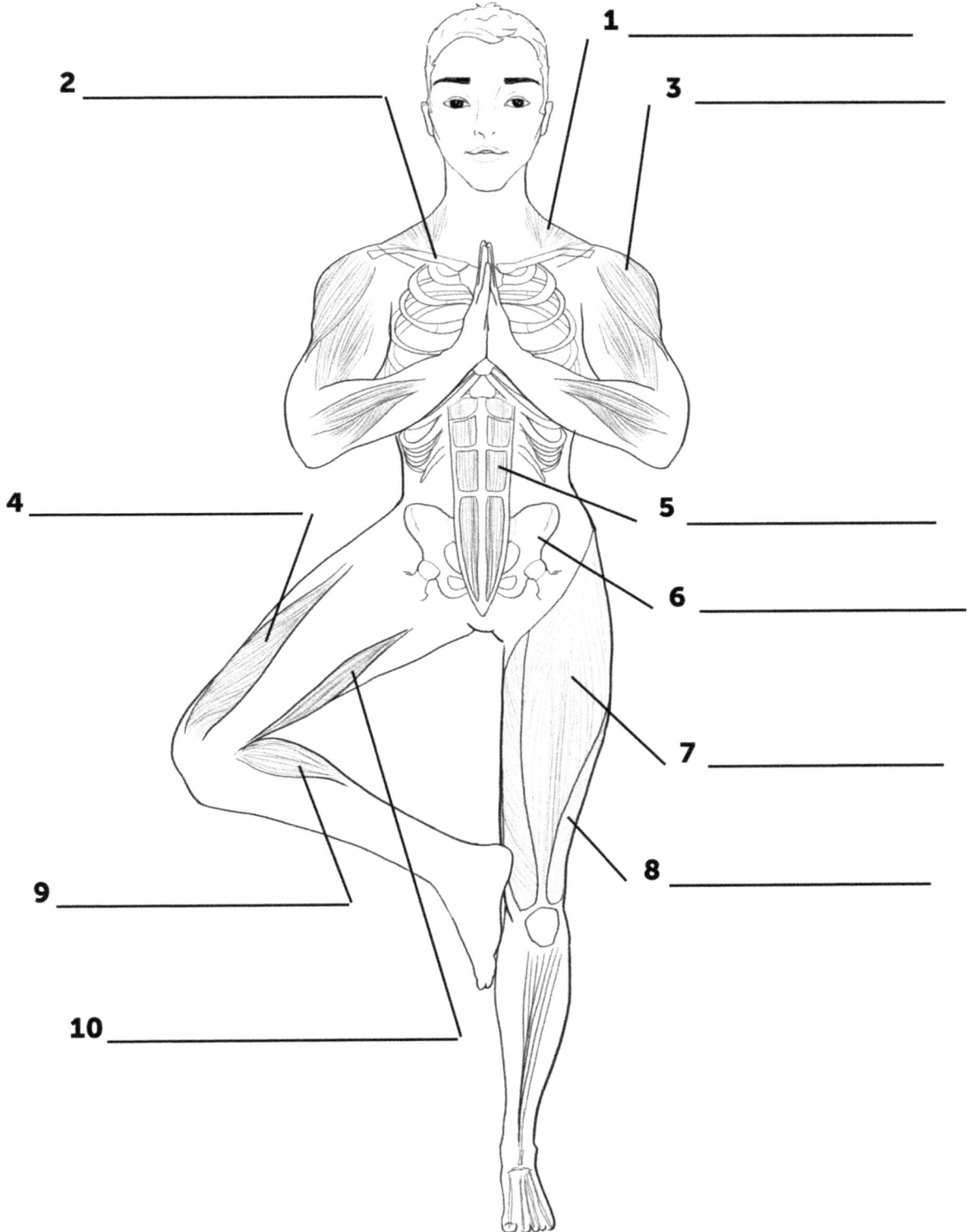

1 _____

2 _____

3 _____

4 _____

5 _____

6 _____

7 _____

8 _____

9 _____

10 _____

82. BAUMHALTUNG

1. TRAPEZIUS

2. SCHLÜSSELBEIN

3. DELTAMUSKEL

4. QUADRIZEPS

5. RECTUS ABDOMINIS

6. BECKEN

7. RECTUS FEMORIS (OBERSCHENKELMUSKEL)

8. VASTUS LATERALIS

9. GASTROCNEMIUS

10. HAMSTRINGS

83. ADLERHALTUNG

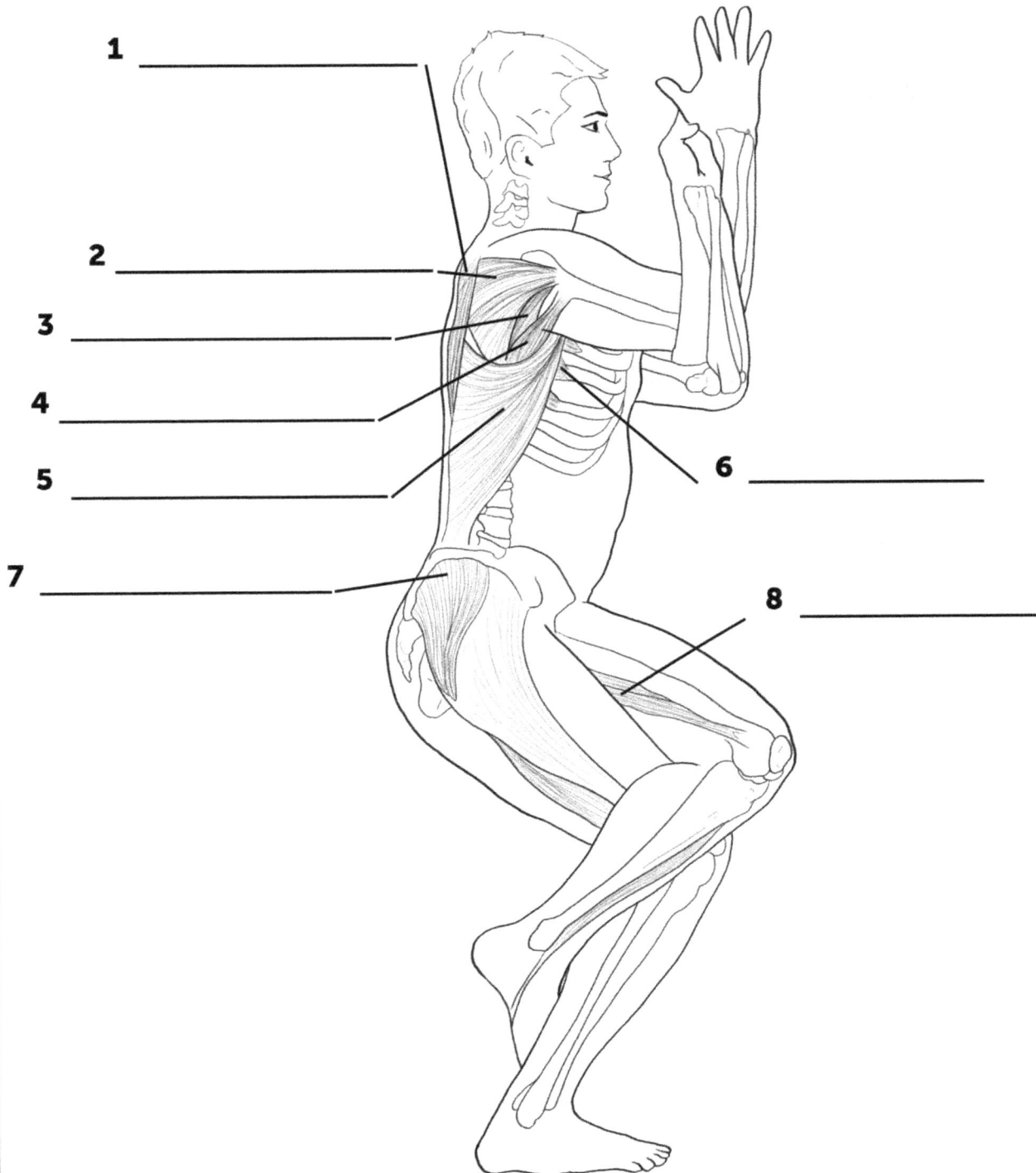

1 _____

2 _____

3 _____

4 _____

5 _____

6 _____

7 _____

8 _____

83. ADLERHALTUNG

1. TRAPEZIUS
2. INFRASPINATUS
3. TERES MINOR
4. TERES MAJOR
5. LATISSIMUS DORSI
6. SERRATUS ANTERIOR
7. GESÄßMUSKEL MEDIUS
8. ADDUCTOR MAGNUS

84. KOPF-ZU-KNIE-POSE

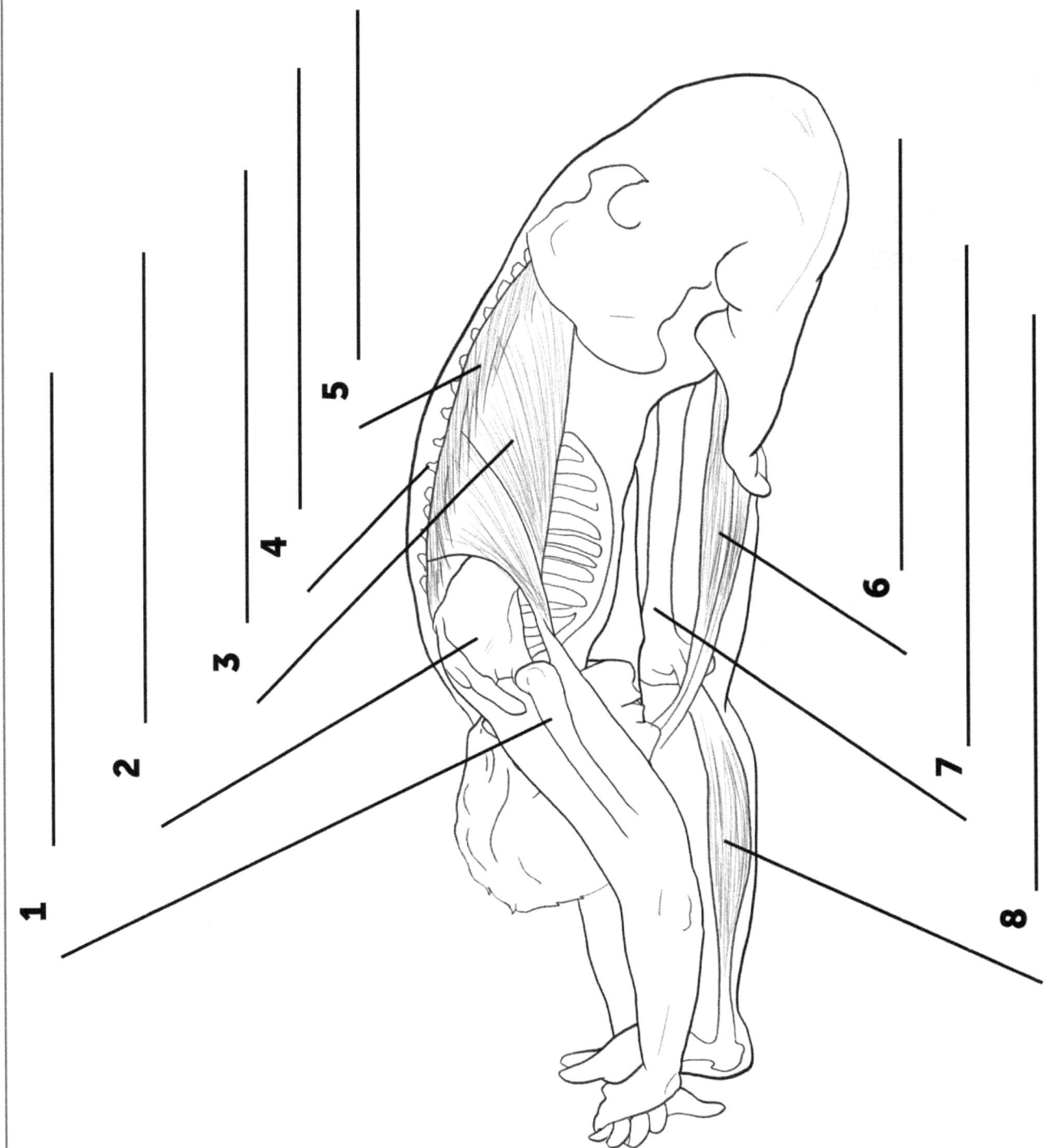

84. KOPF-ZU-KNIE-POSE

1. OBERARMKNOCHEN
2. SCHULTERBLATT
3. LATISSIMUS DORSI
4. WIRBELSÄULE
5. EREKTOR SPINAE
6. HAMSTRINGS
7. OBERSCHENKEL
8. GASTROCNEMIUS

85. HERR DER TANZPOSE

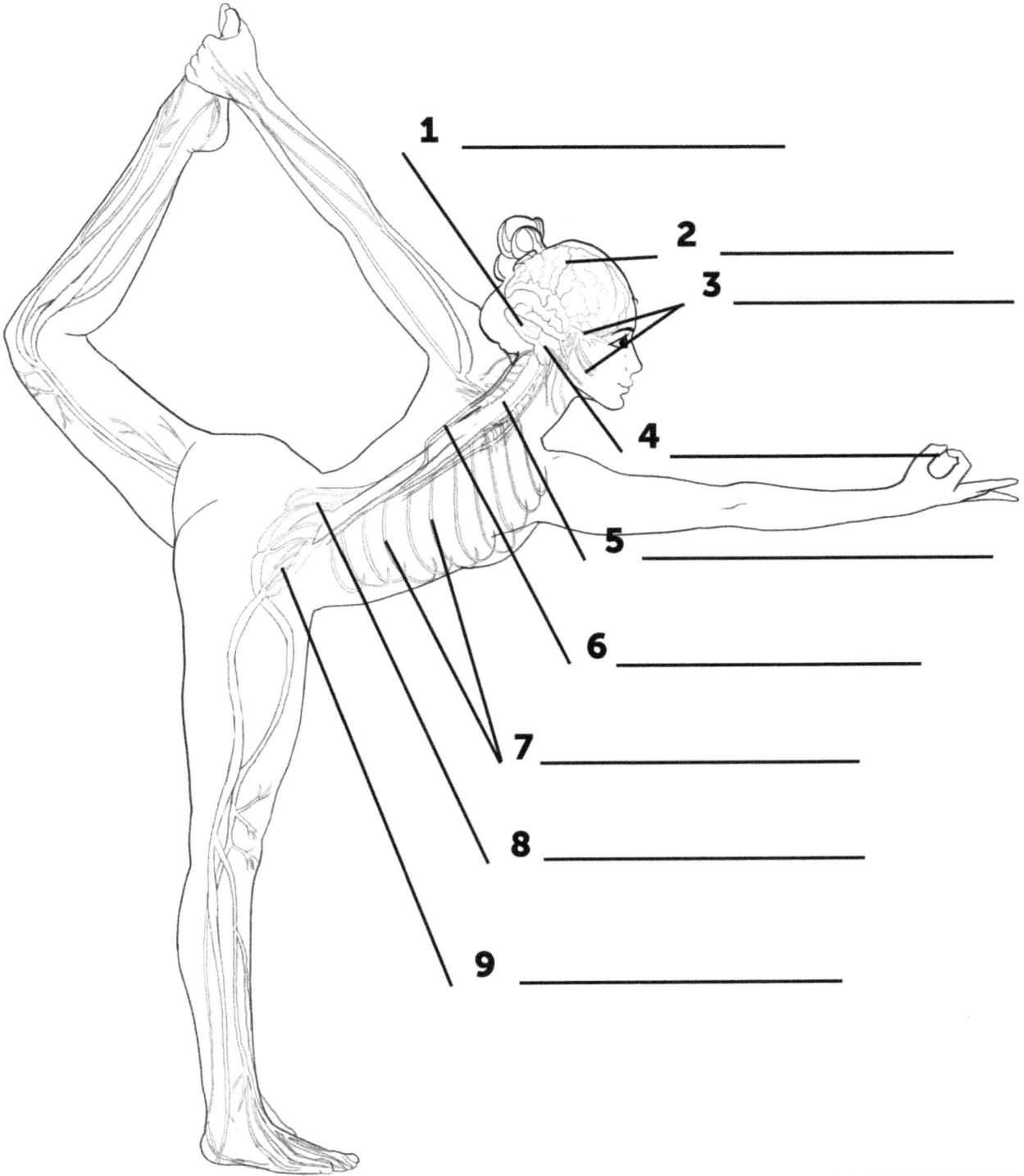

1 _____

2 _____

3 _____

4 _____

5 _____

6 _____

7 _____

8 _____

9 _____

85. HERR DER TANZPOSE

1. KLEINHIRN
2. GROßHIRN
3. HIRNNERVEN
4. HIRNSTAMM
5. RÜCKENMARK
6. VAGUS
7. ZWISCHENRIPPEN
8. LUMBALER PLEXUS
9. SAKRALGEFLECHT

86. TWIST STUHL POSE

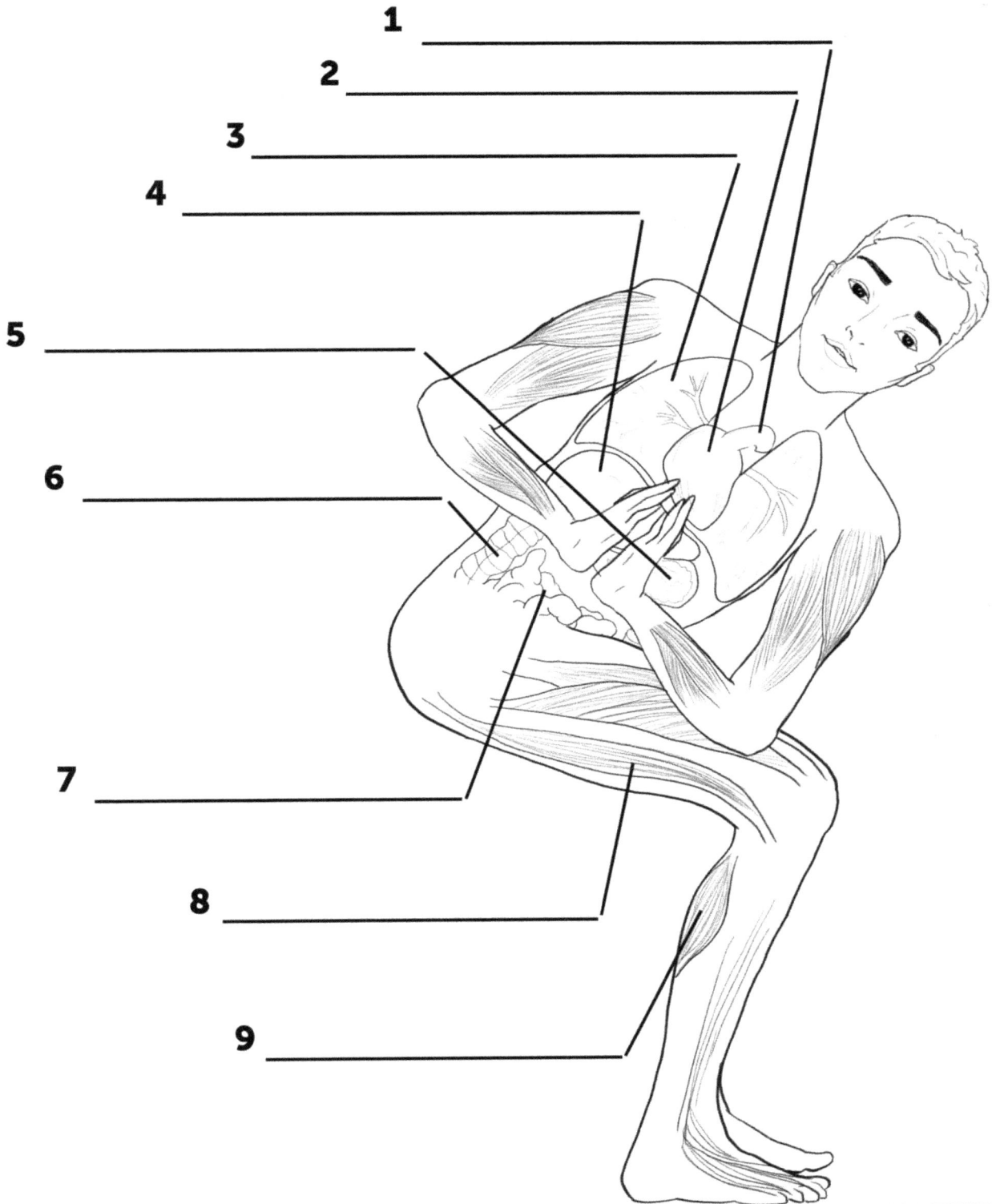

1 _____

2 _____

3 _____

4 _____

5 _____

6 _____

7 _____

8 _____

9 _____

86. TWIST STUHL POSE

1. AORTA
2. HERZ
3. LUNGE
4. LEBER
5. MAGEN
6. AUFSTEIGENDER DICKDARM
7. WINDUNGEN DES DÜNNDARMS
8. ACHILLESSEHNEN
9. GASTROCNEMIUS

87. YOGA KANINCHEN HALTUNG

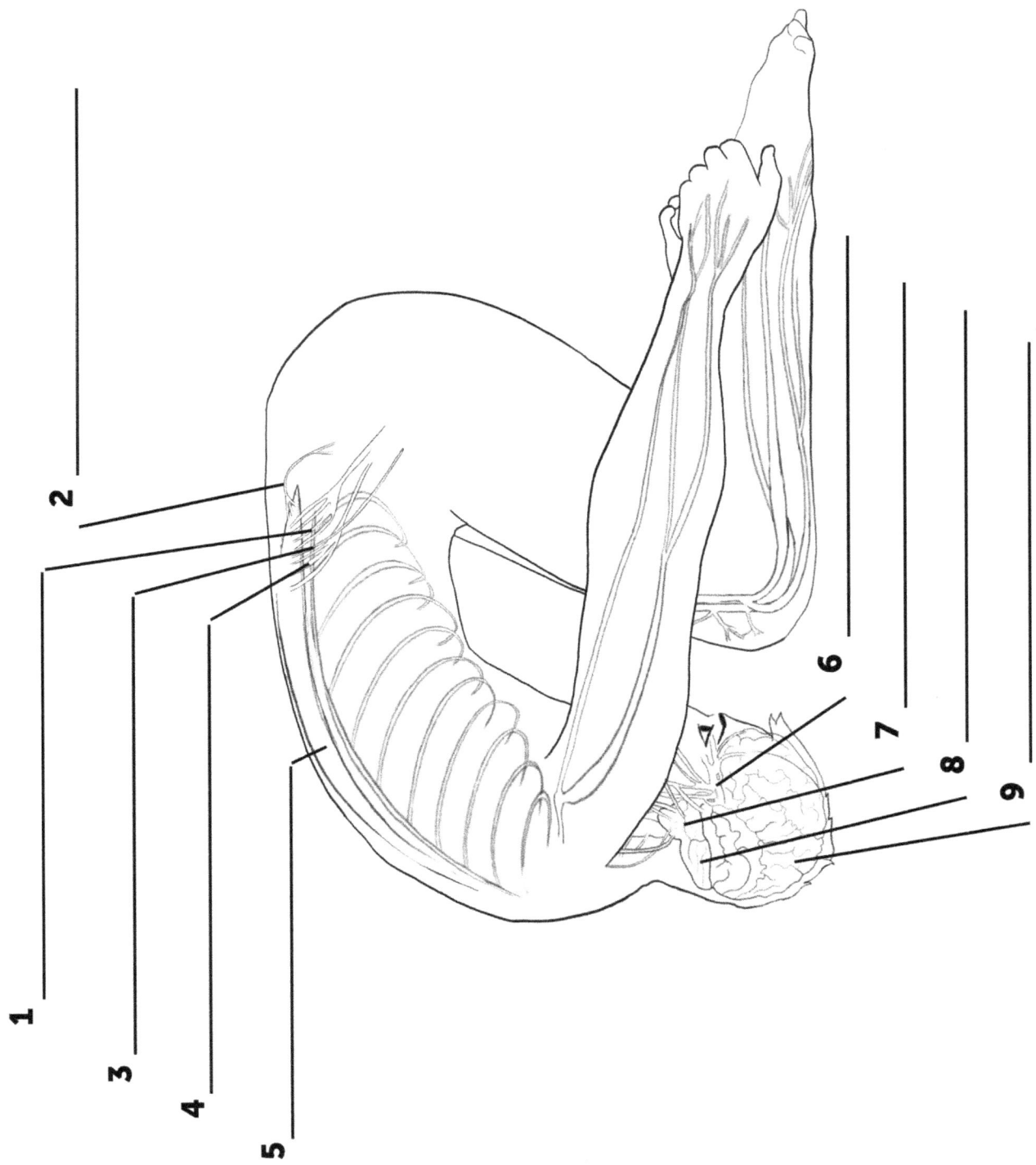

1

2

3

4

5

6

7

8

9

87. YOGA KANINCHEN HALTUNG

1.   SAKRALPLEXUS

2.   PUDENDUS-NERV

3.   OBTURATOR

4.   LUMBALER PLEXUS

5.   RÜCKENMARK

6.   HIRNNERVEN

7.   HIRNSTAMM

8.   KLEINHIRN

9.   GROßHIRN

88. PLANK-POSE NACH OBEN

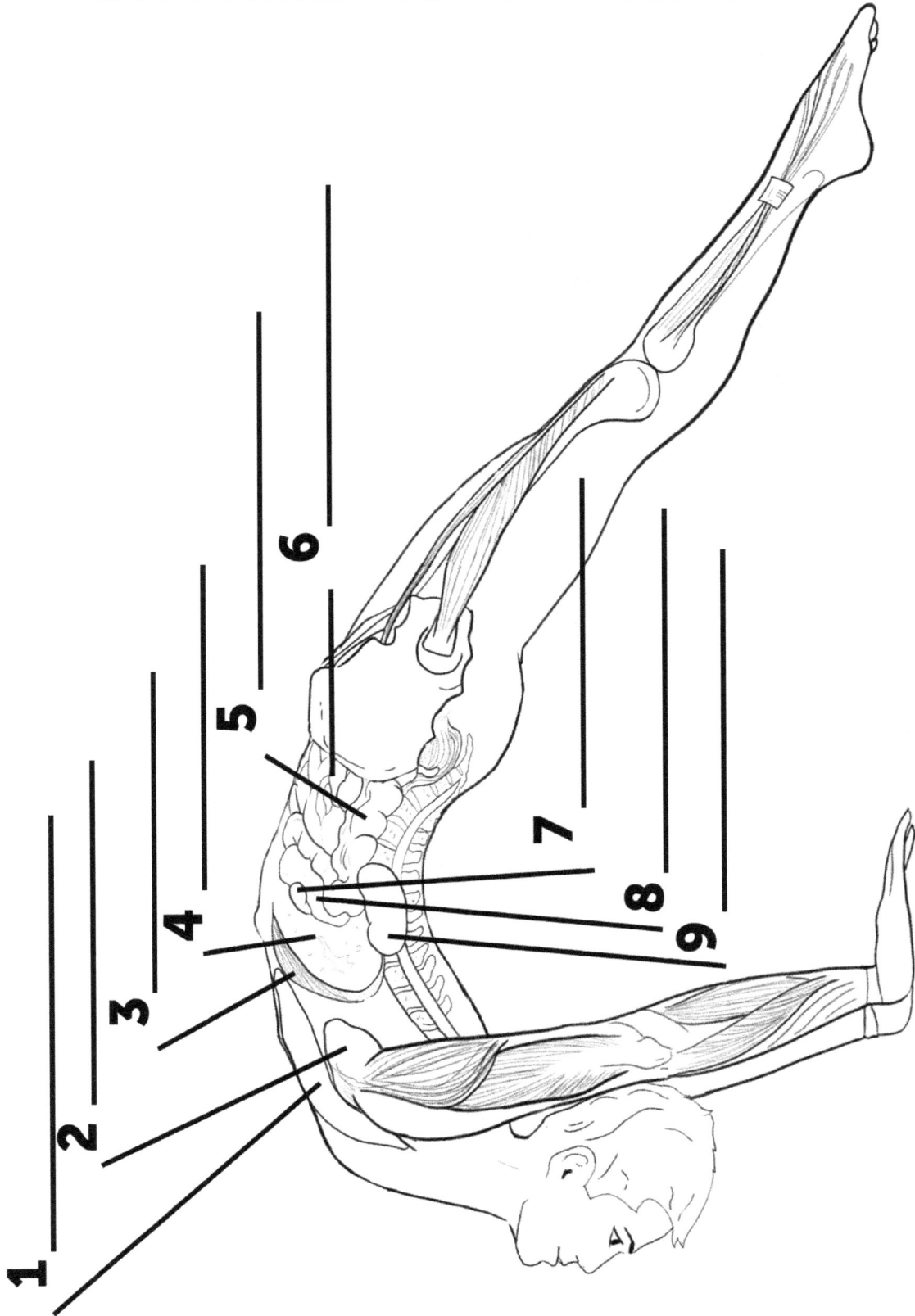

1

2

3

4

5

6

7

8

9

88. PLANK-POSE NACH OBEN

1. LUNGE

2. HERZ

3. ZWERCHFELL

4. LEBER

5. AUFSTEIGENDER DICKDARM

6. WINDUNGEN DES DÜNNDARMS

7. GALLENBLASE

8. MAGEN

9. NIERE

89. LOTUS-HALTUNG

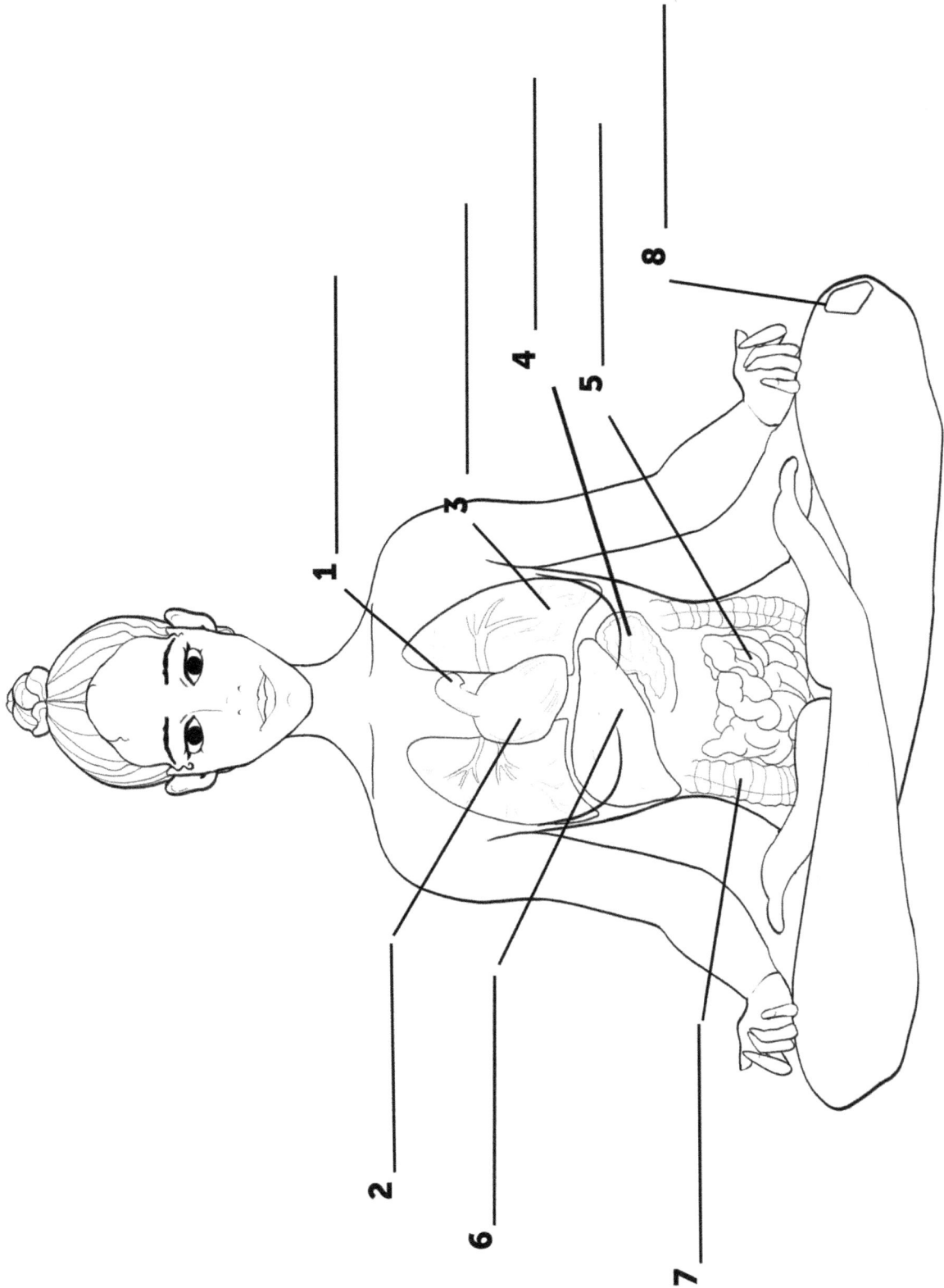

1

2

3

4

5

6

7

8

89. LOTUS-HALTUNG

1. AORTA
2. HERZ
3. LUNGE
4. MAGEN
5. WINDUNGEN DES DÜNNDARMS
6. LEBER
7. AUFSTEIGENDER DICKDARM
8. PATELLA

90. SKALA POSE

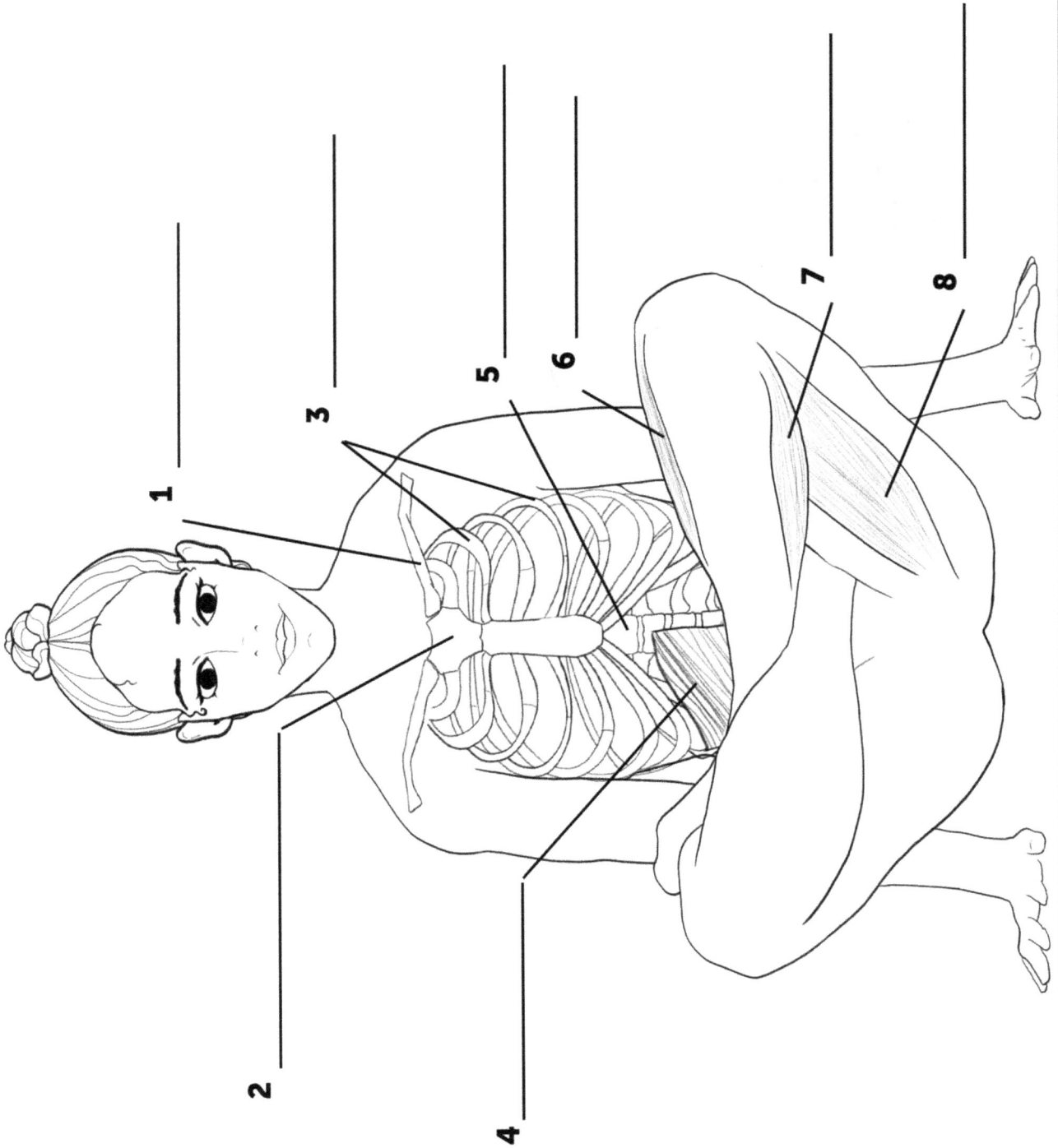

90. SKALA POSE

1. SCHLÜSSELBEIN
2. BRUSTBEIN
3. RIPPEN
4. SCHRÄG NACH INNEN
5. WIRBELSÄULE
6. GASTROCNEMIUS
7. GASTROCNEMIUS
8. ACHILLESSEHNEN

91. KRÄHENHALTUNG

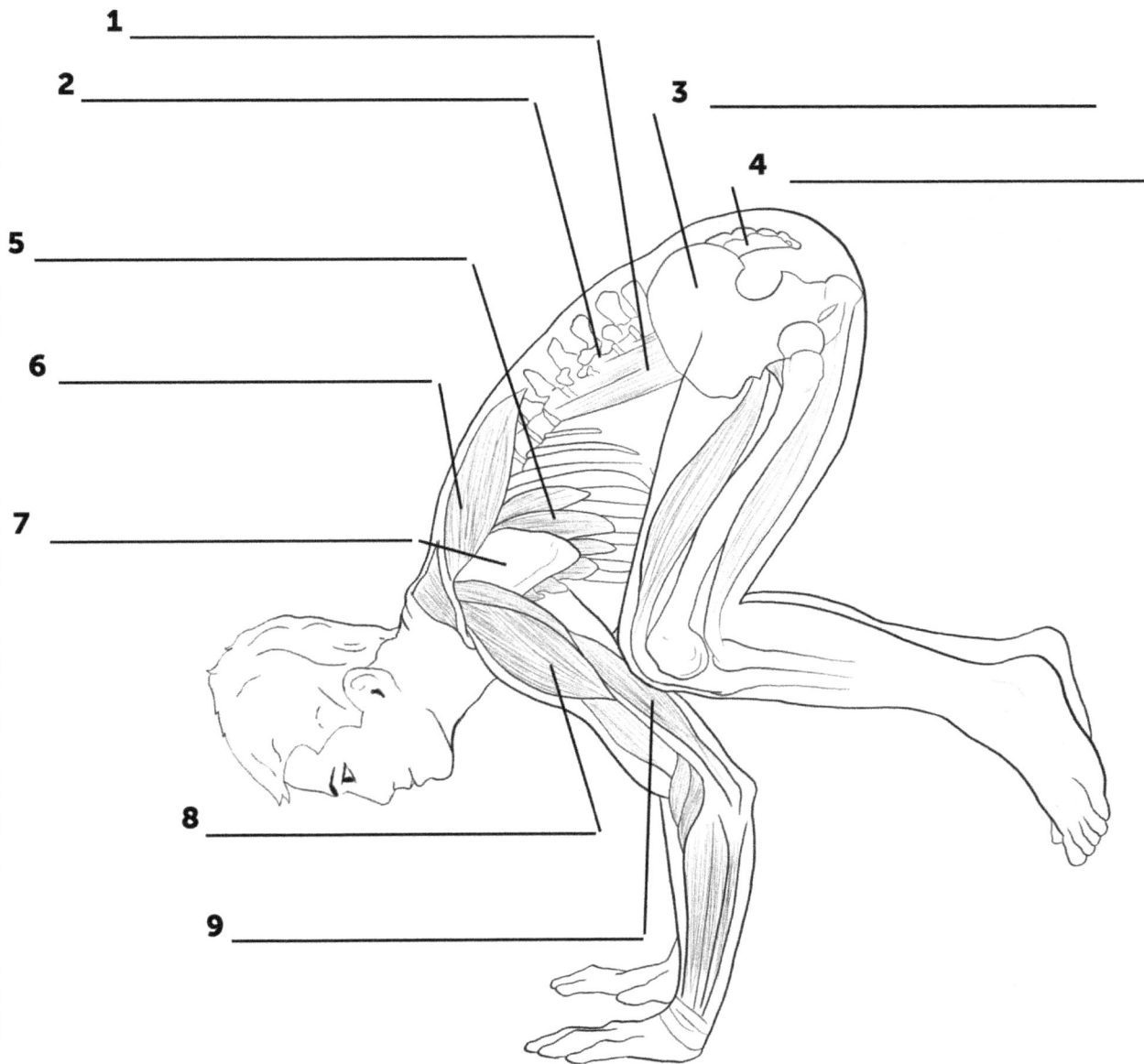

1 _____

2 _____

3 _____

4 _____

5 _____

6 _____

7 _____

8 _____

9 _____

91. KRÄHENHALTUNG

1. PSOAS MAJOR
2. WIRBELSÄULE
3. BECKEN
4. KREUZBEIN
5. SERRATUS ANTERIOR
6. TRAPEZIUS
7. SCHULTERBLATT
8. DELTAMUSKEL
9. TRIZEPS BRACHII

92. VIERGLIEDRIGE STAB-POSE

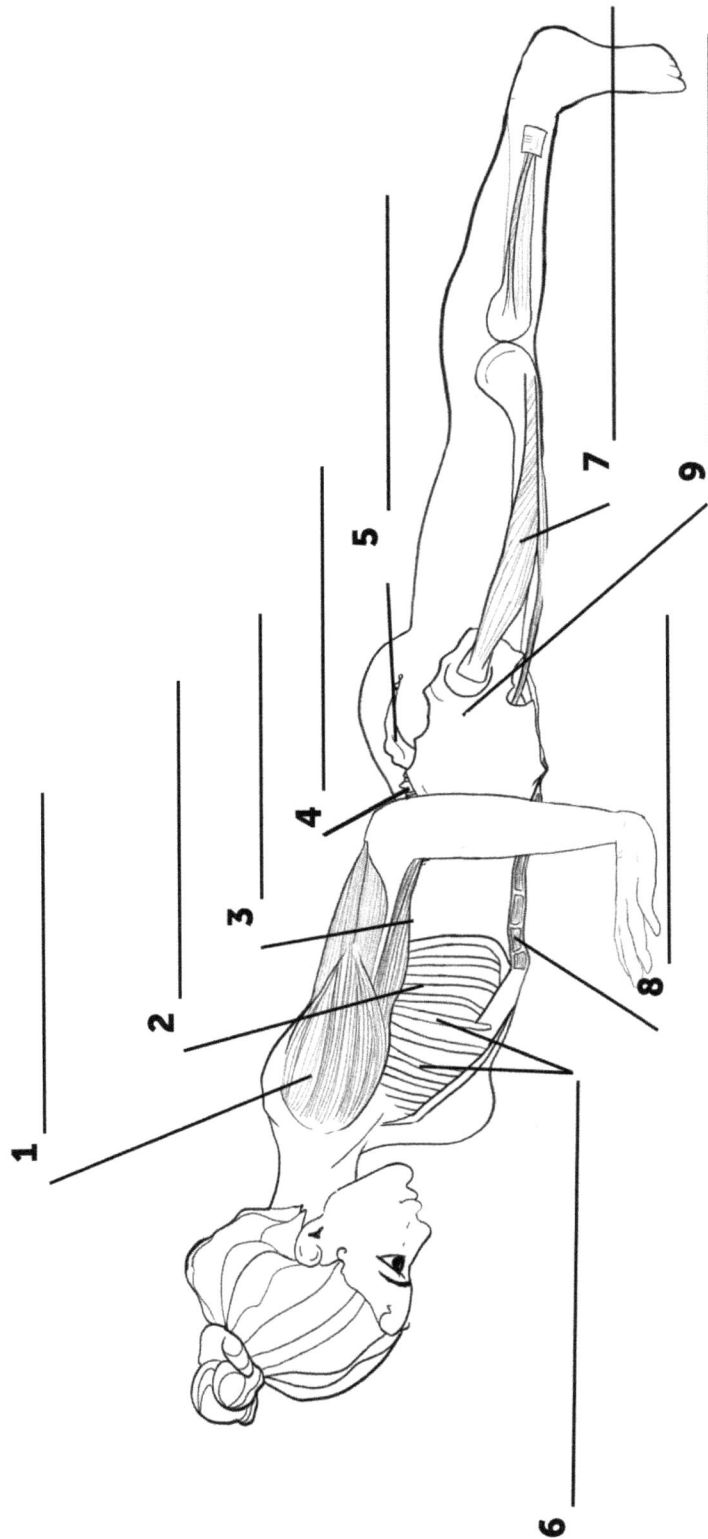

1

2

3

4

5

6

7

8

9

92. VIERGLIEDRIGE STAB-POSE

1. DELTAMUSKEL

2. RIPPEN

3. BIZEPS BRACHII

4. WIRBELSÄULE

5. KREUZBEIN

6. RIPPEN

7. RECTUS FEMORIS (OBERSCHENKELMUSKEL)

8. RECTUS ABDOMINIS

9. BECKEN

93. SEITE KRÄHE POSE

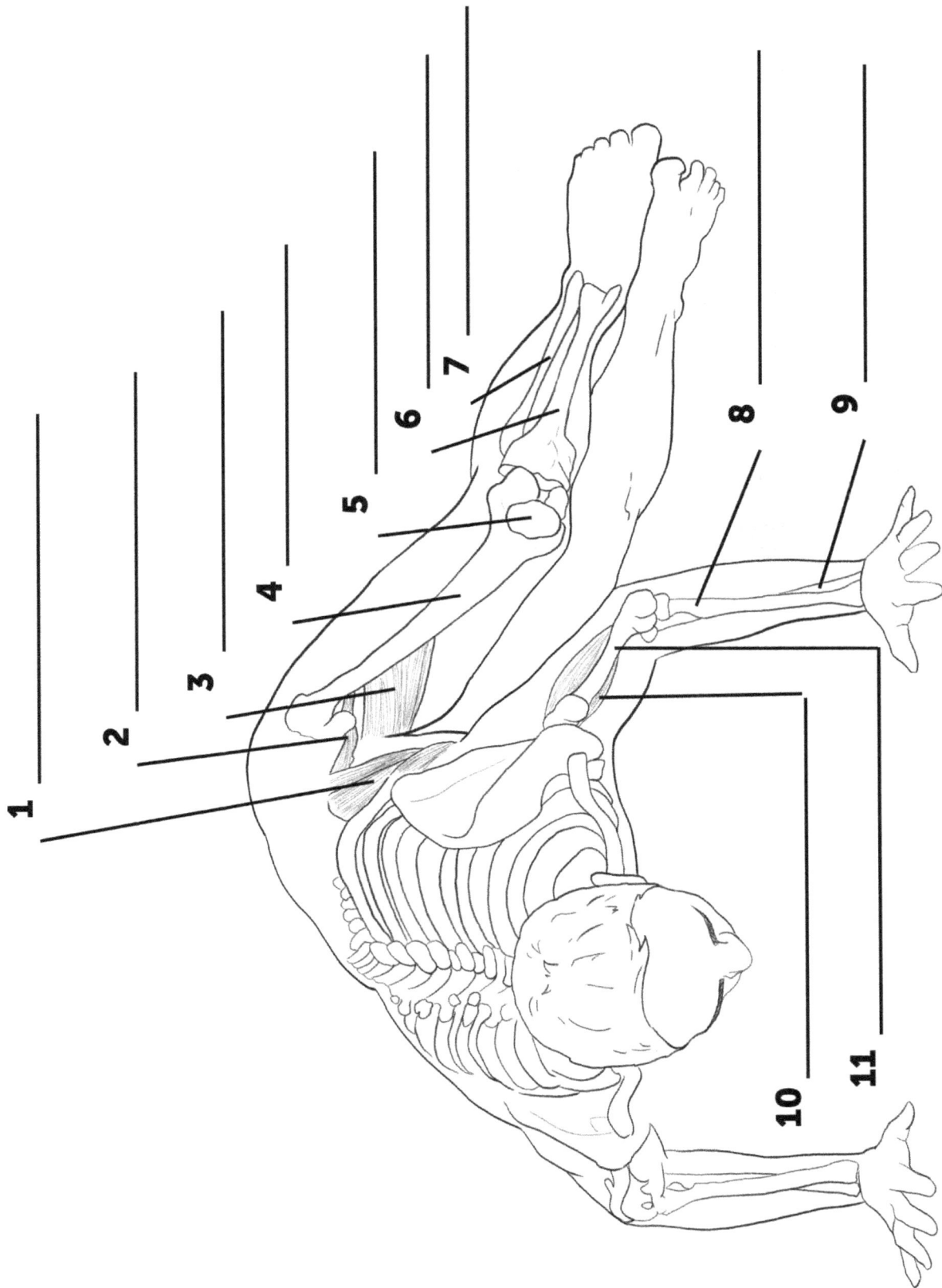

1

2

3

4

5

6

7

8

9

10

11

93. SEITE KRÄHE POSE

1. SCHRÄG NACH AUßEN
2. PECTINEUS
3. ADDUCTOR BREVIS
4. OBERSCHENKELKNOCHEN
5. KNIESCHEIBE
6. SCHIENBEIN
7. WADENBEIN
8. RADIUS
9. ELLE
10. TRICEPS BRACHII
11. OBERARMKNOCHEN

94. HALB BOOTSPOSE

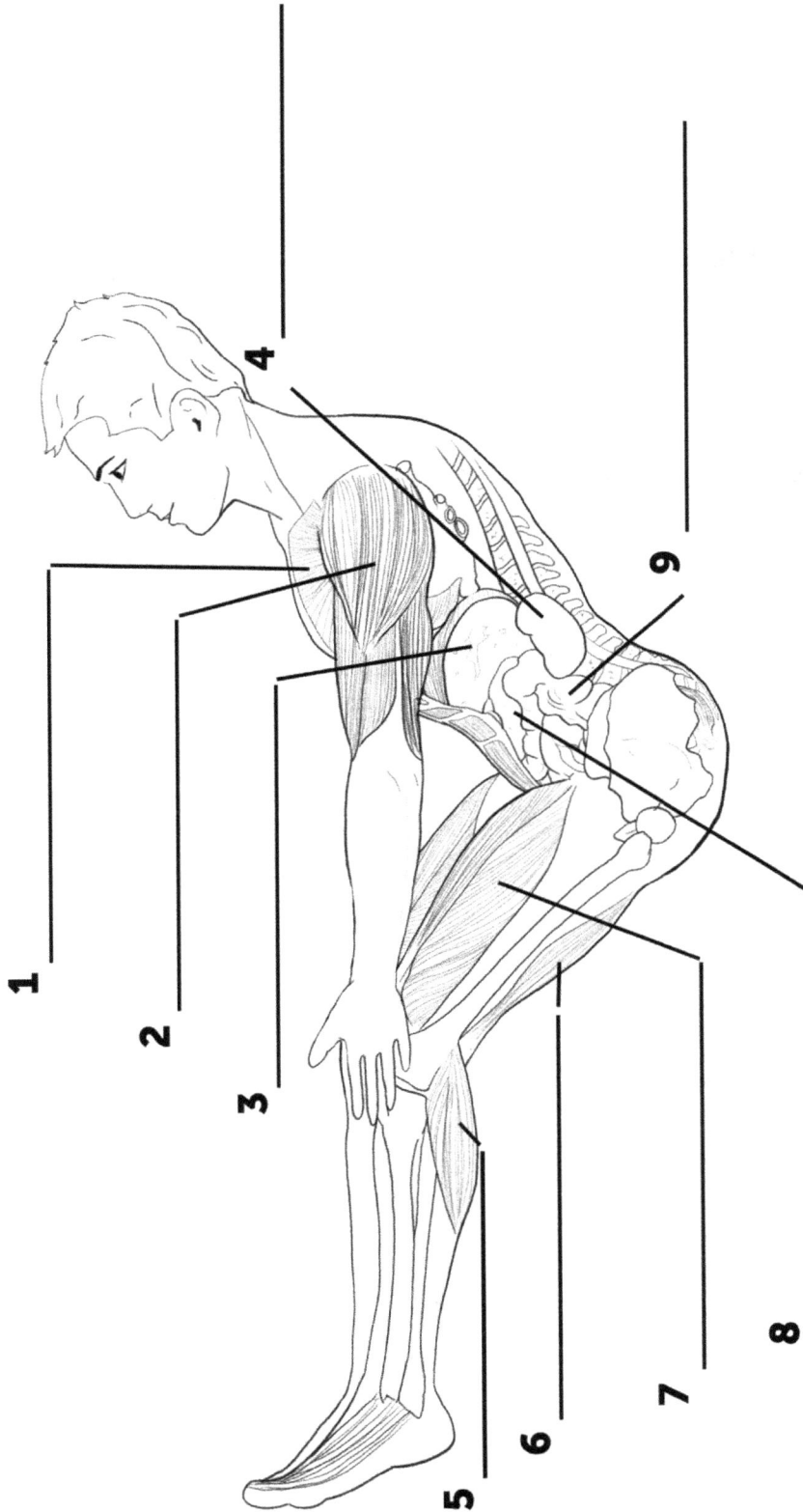

94. HALB BOOTSPOSE

1. PECTORALIS MAJOR

2. DELTAMUSKEL

3. LEBER

4. NIERE

5. GASTROCNEMIUS

6. HAMSTRINGS

7. QUADRIZEPS

8. MAGEN

9. AUFSTEIGENDER DICKDARM

95. VOLLE BOOTSHALTUNG

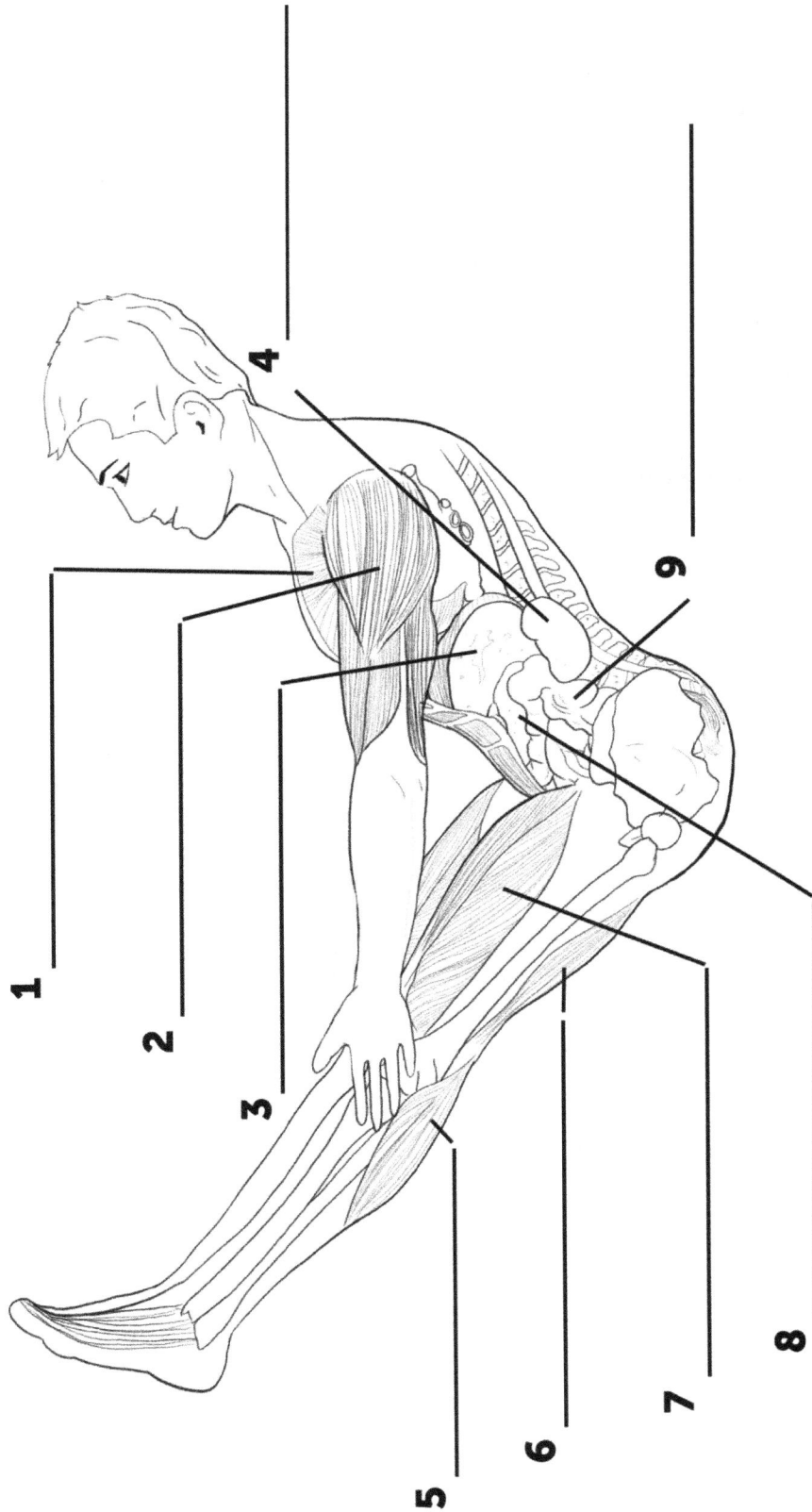

1

2

3

4

5

6

7

8

9

95. VOLLE BOOTSHALTUNG

1. PECTORALIS MAJOR

2. DELTAMUSKEL

3. LEBER

4. NIERE

5. GASTROCNEMIUS

6. HAMSTRINGS

7. QUADRIZEPS

8. MAGEN

9. AUFSTEIGENDER DICKDARM

96. FISCHHALTUNG

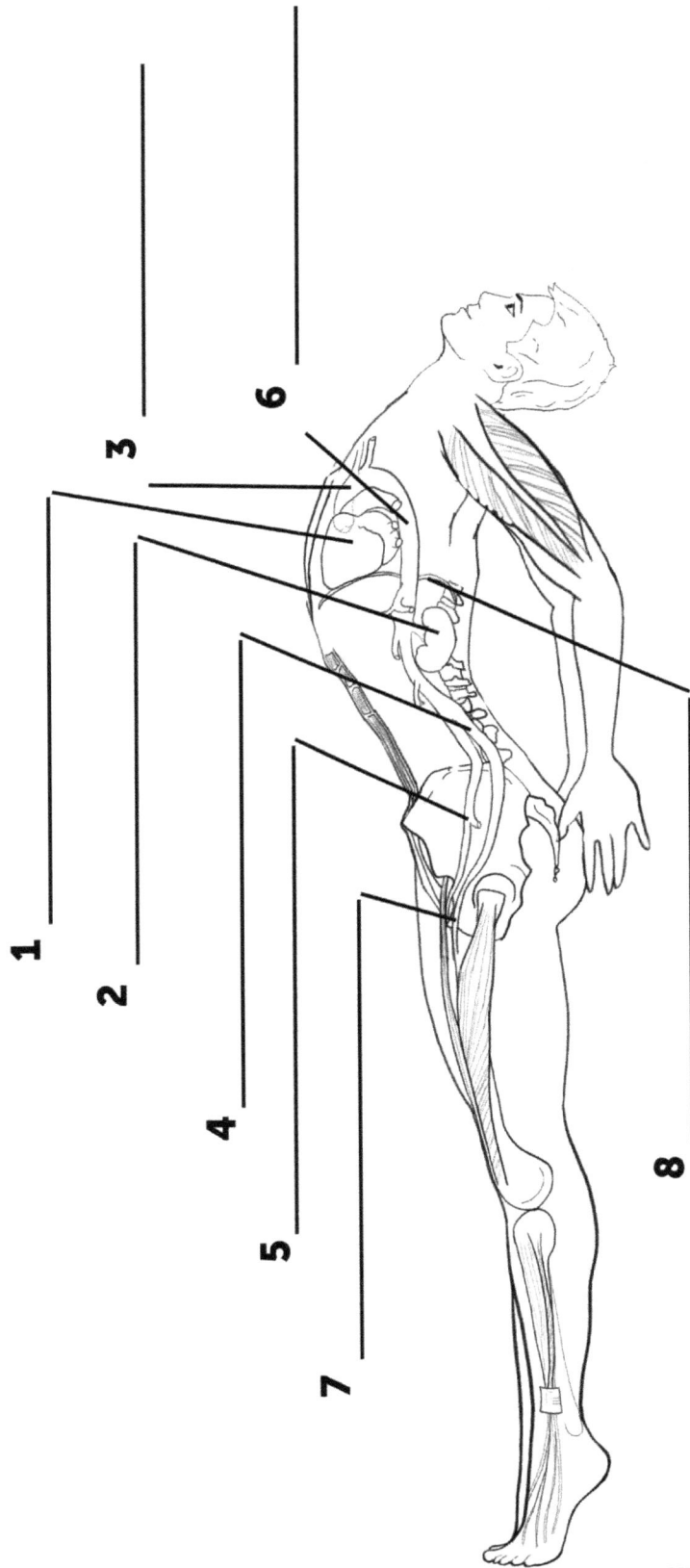

1

2

3

4

5

6

7

8

96. FISCHHALTUNG

1. HERZ

2. NIERE

3. AUFSTEIGENDE THORAKALE AORTA

4. ABDOMINAL-AORTA

5. ARTERIA ILIACA COMMUNIS

6. ABSTEIGENDE THORAKALE AORTA

7. OBERSCHENKELARTERIE

8. ZWERCHFELL

97. UNTERSTÜTZTE KOPFSTANDHALTUNG

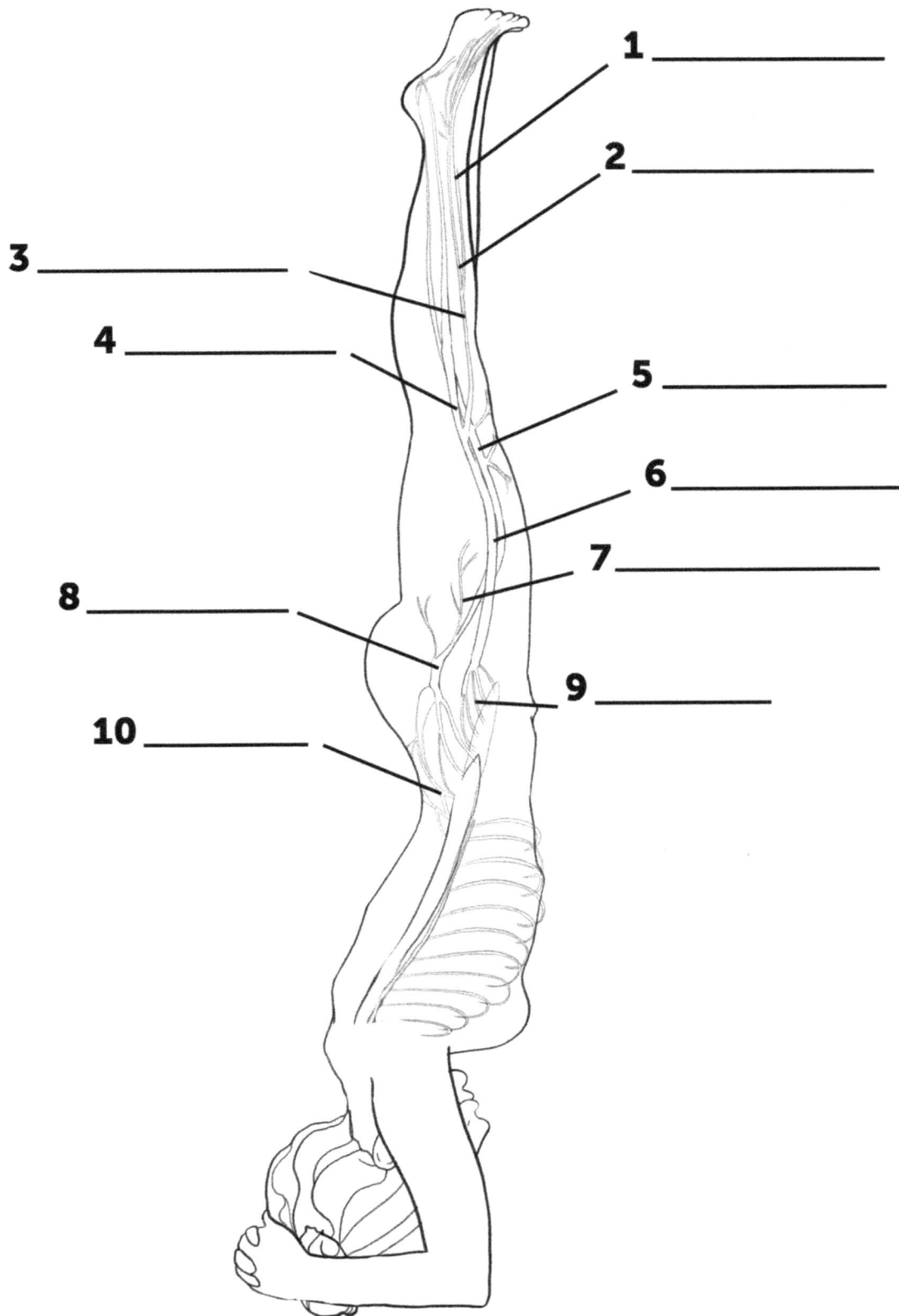

1 _____

2 _____

3 _____

4 _____

5 _____

6 _____

7 _____

8 _____

9 _____

10 _____

97. UNTERSTÜTZTE KOPFSTANDHALTUNG

1. OBERFLÄCHLICHER PERONEUS

2. TIEFES PERONAEUS

3. GEMEINSAMES PERONAEUS

4. SCHIENBEIN

5. SAPHENA

6. ISCHIAS

7. MUSKULÄRE ÄSTE DES OBERSCHENKELS

8. OBERSCHENKEL

9. SAKRALPLEXUS

10. LUMBALER PLEXUS

98. GESTÜTZTER SCHULTERSTAND

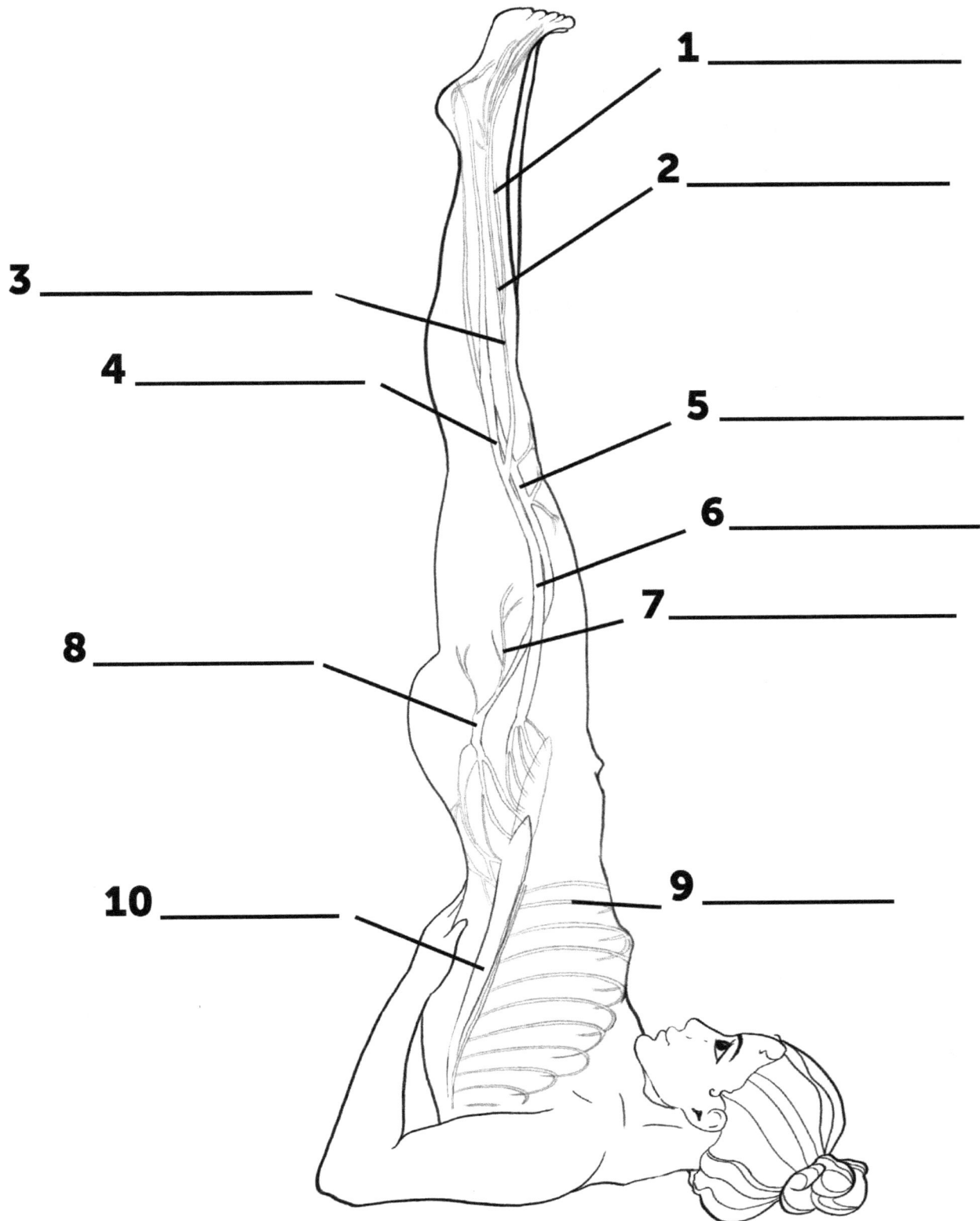

1 _____

2 _____

3 _____

4 _____

5 _____

6 _____

7 _____

8 _____

9 _____

10 _____

98. GESTÜTZTER SCHULTERSTAND

1. OBERFLÄCHLICHER PERONEUS

2. TIEFES PERONAEUS

3. GEMEINSAMES PERONAEUS

4. SCHIENBEIN

5. SAPHENA

6. ISCHIAS

7. MUSKULÄRE ÄSTE DES OBERSCHENKELS

8. OBERSCHENKEL

9. INTERKOSTAL

10. RÜCKENMARK

99. PFLUG HALTUNG

99. PFLUG HALTUNG

1. BECKEN
2. OBERSCHENKELKNOCHEN
3. HAMSTRINGS
4. GASTROCNEMIUS
5. SOLEUS
6. EREKTOR SPINAE
7. OBERARMKNOCHEN
8. WADENBEIN
9. SCHIENBEIN
10. RADIUS
11. ULNAS
12. TRICEPS BRACHII

100. KNIE-AN-OHR-HALTUNG

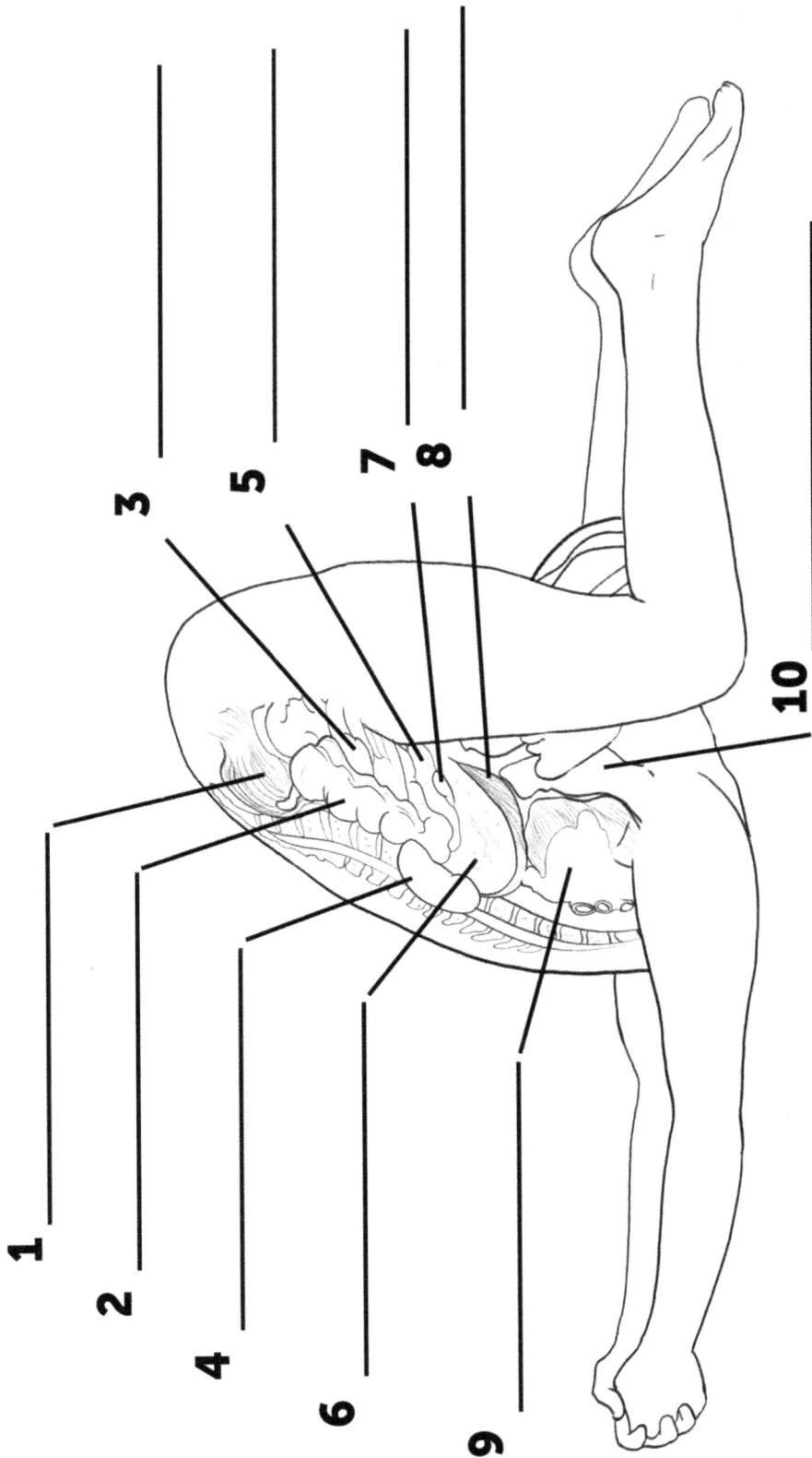

100. KNIE-AN-OHR-HALTUNG

1. REKTUM

2. AUFSTEIGENDER DICKDARM

3. WINDUNGEN DES DÜNNDARMS

4. NIERE

5. MAGEN

6. LEBER

7. GALLENBLASE

8. ZWERCHFELL

9. HERZ

10. LUNGE

101. HALBMOND-HALTUNG

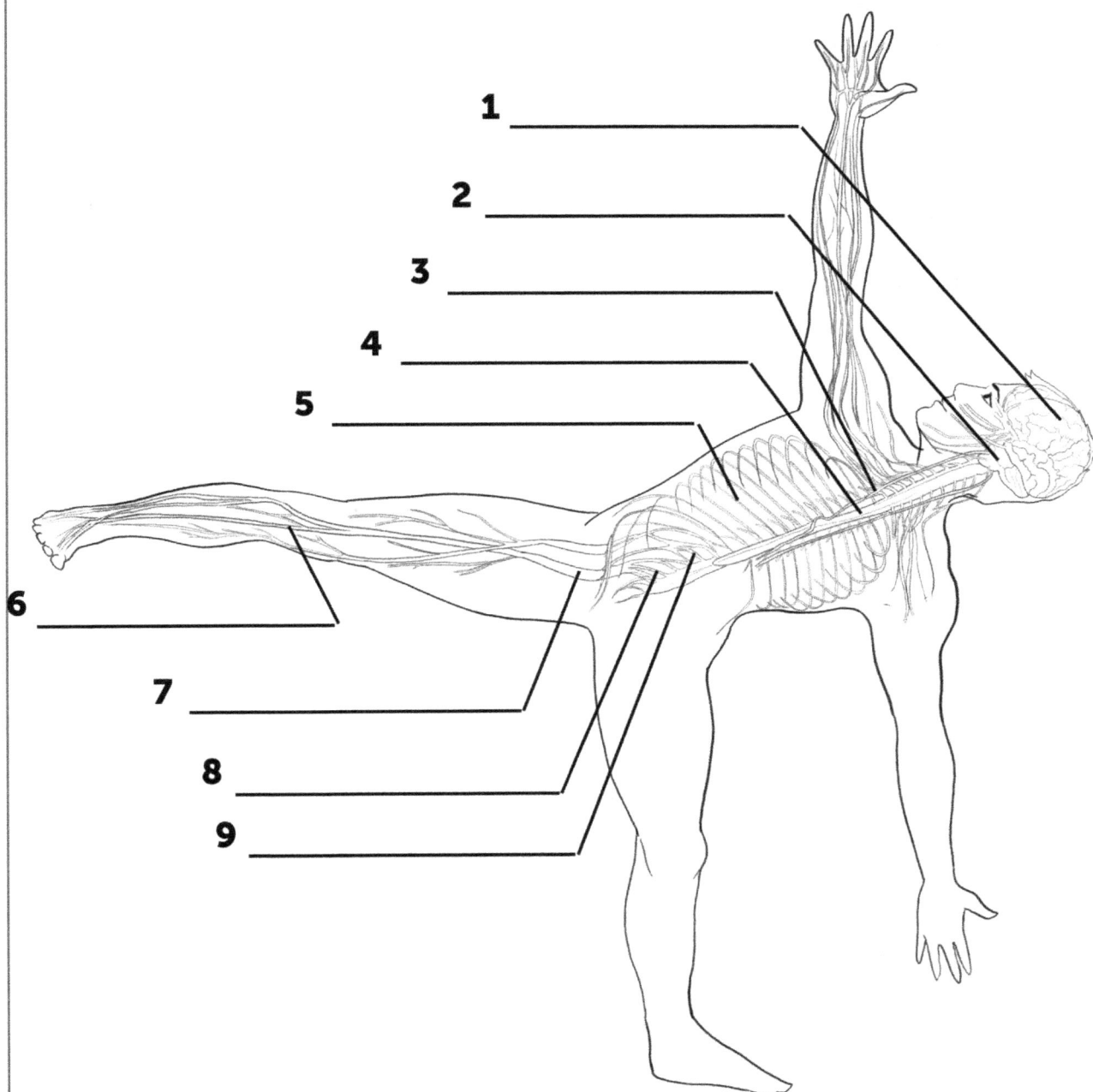

1 _____

2 _____

3 _____

4 _____

5 _____

6 _____

7 _____

8 _____

9 _____

101. HALBMOND-HALTUNG

1. GROßHIRN

2. HIRNSTAMM

3. PLEXUS BRACHIALIS

4. RÜCKENMARK

5. ZWISCHENRIPPEN

6. SCHIENBEIN

7. ISCHIAS

8. SAKRALPLEXUS

9. LUMBALER PLEXUS

102. KOMPASS HALTUNG

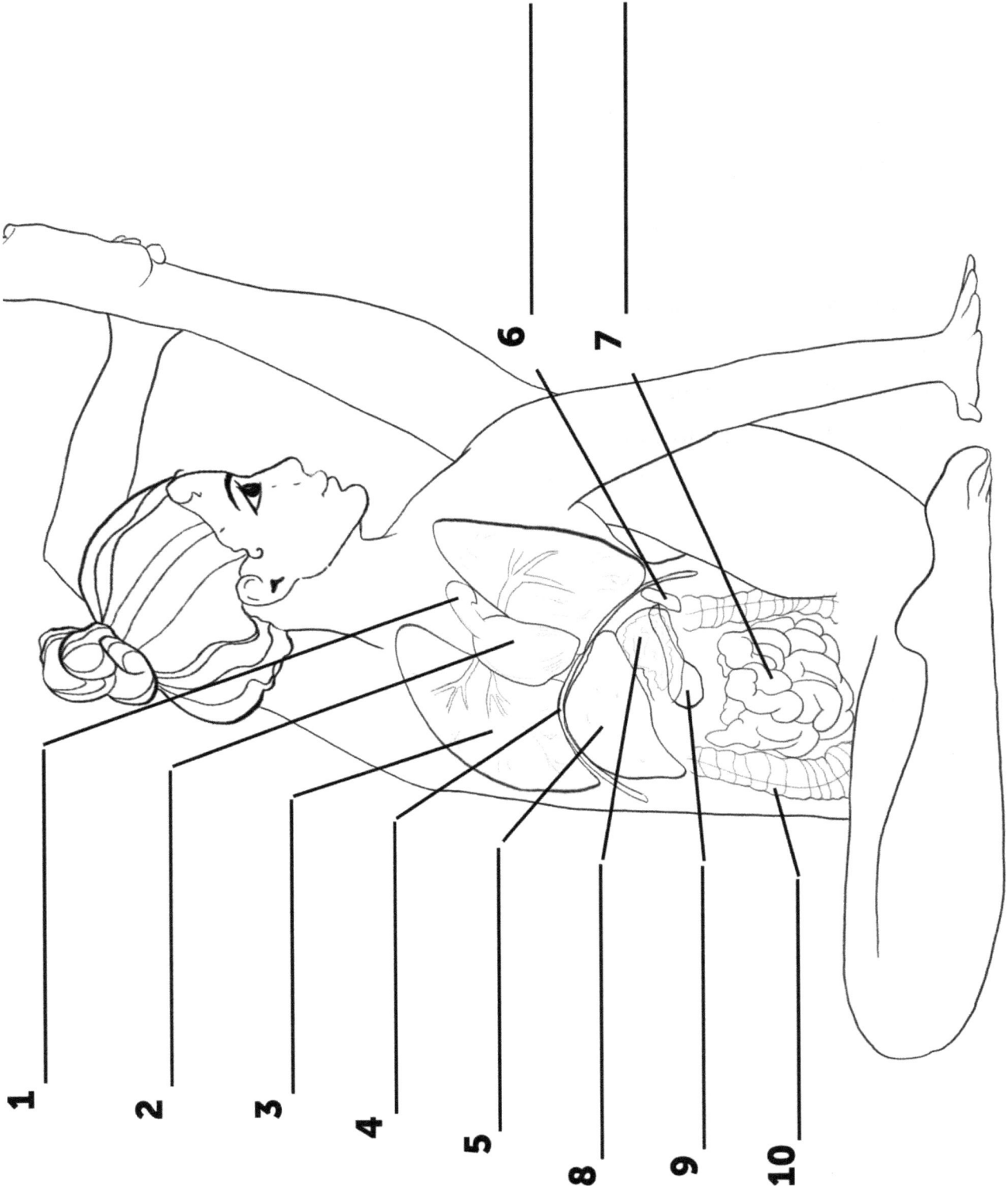

1

2

3

4

5

6

7

8

9

10

102. KOMPASS HALTUNG

1. AORTA
2. HERZ
3. LUNGE
4. ZWERCHFELL
5. LEBER
6. MILZ
7. WINDUNGEN DES DÜNNDARMS
8. MAGEN
9. BAUCHSPEICHELDRÜSE
10. AUFSTEIGENDER DICKDARM

103. VERDREHTE KOPF-ZU-KNIE-HALTUNG

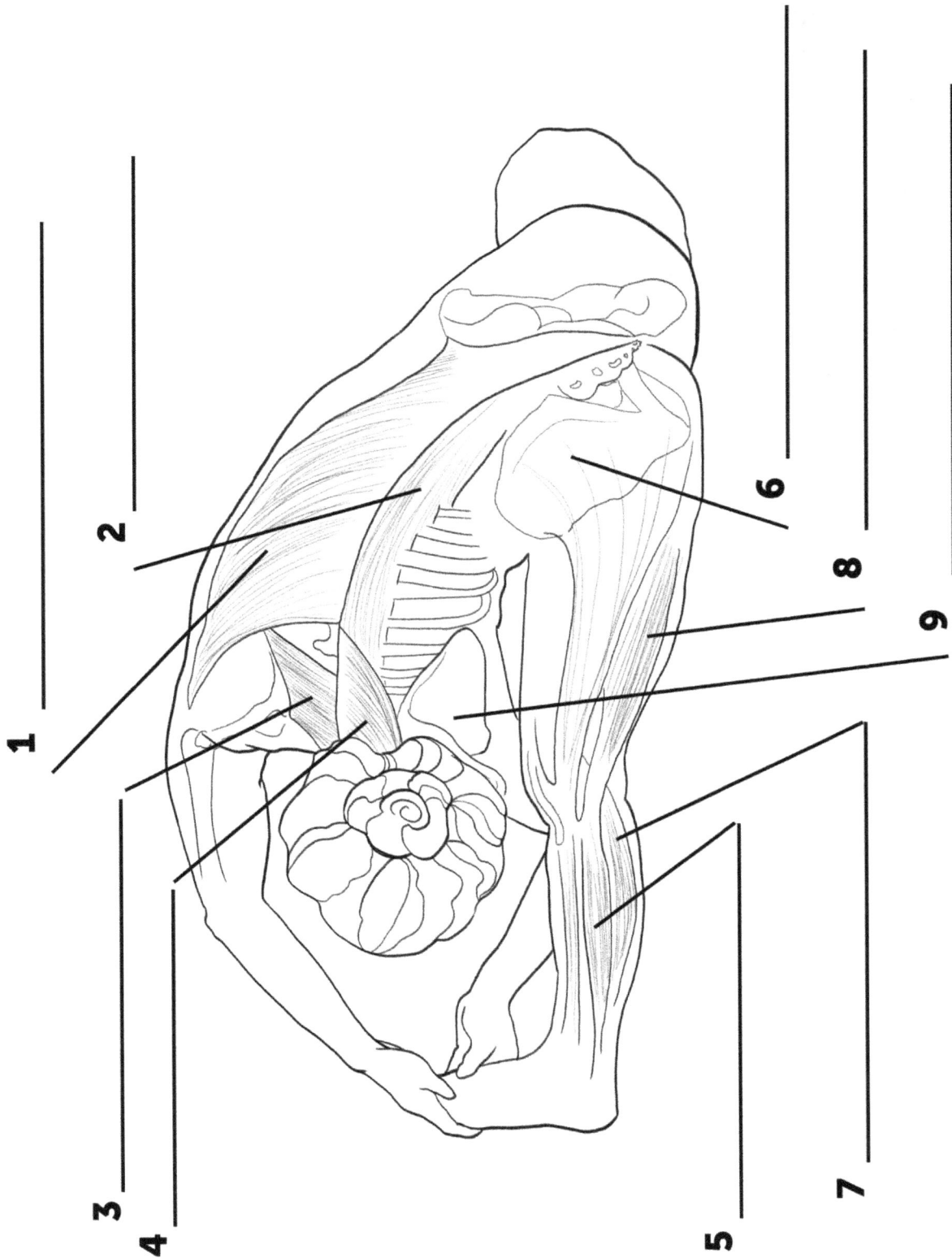

1

2

3

4

5

6

7

8

9

103. VERDREHTE KOPF-ZU-KNIE-HALTUNG

1. LATISSIMUS DORSI

2. EREKTOR SPINAE

3. RHOMBOIDEN

4. TRAPEZIUS

5. SOLEUS

6. BECKEN

7. GASTROCNEMIUS

8. HAMSTRINGS

9. SCHULTERBLATT

104. STEHENDE GETEILTE HALTUNG

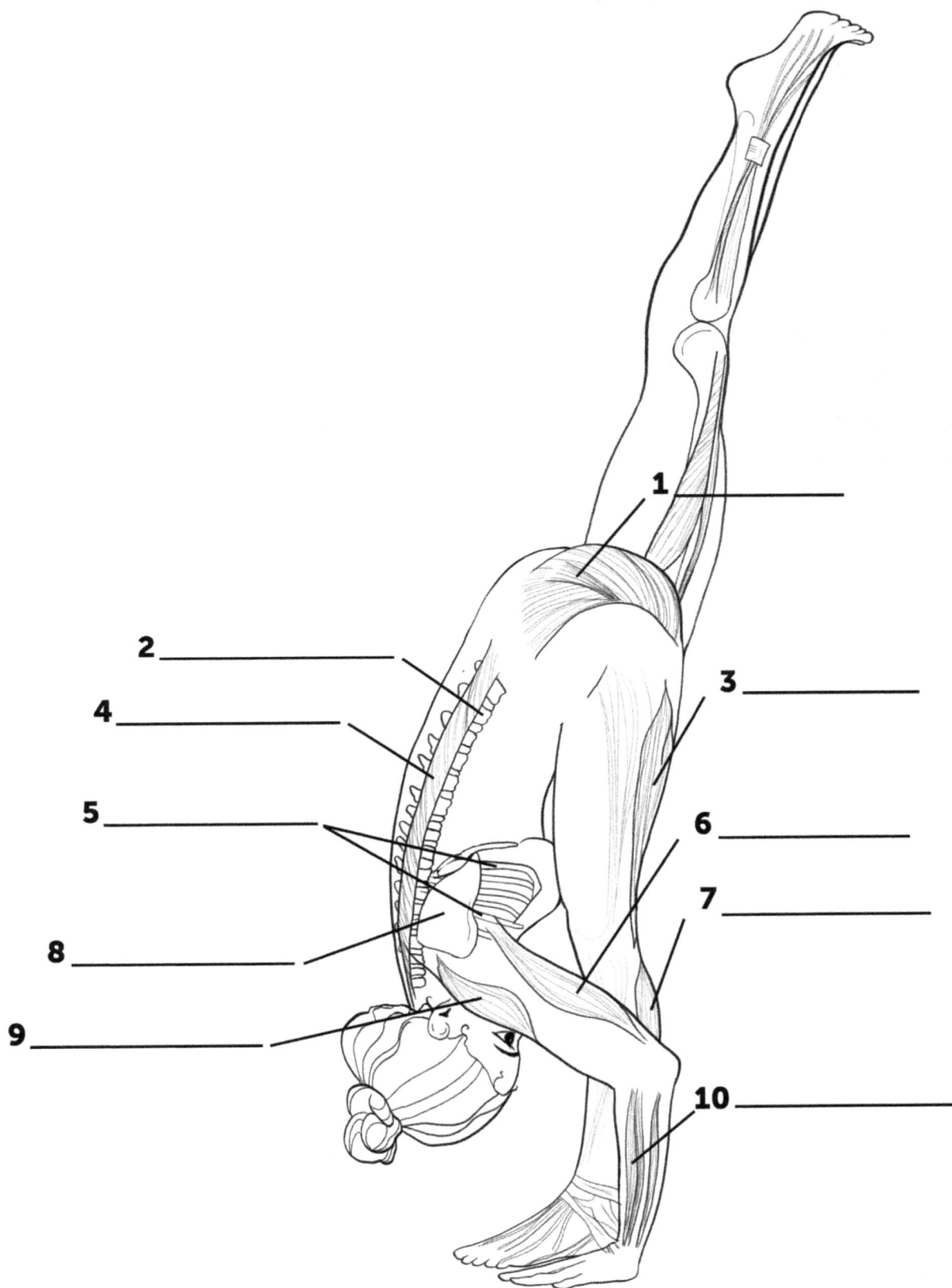

1 _____

2 _____

3 _____

4 _____

5 _____

6 _____

7 _____

8 _____

9 _____

10 _____

104. STEHENDE GETEILTE HALTUNG

1. PIRIFORMIS
2. WIRBELSÄULE
3. HAMSTRINGS
4. EREKTOR SPINAE
5. RIPPEN
6. TRIZEPS BRACHII
7. GASTROCNEMIUS
8. SCHULTERBLATT
9. DELTAMUSKEL
10. PRONATOREN

105. BOGENSCHÜTZEN-POSE

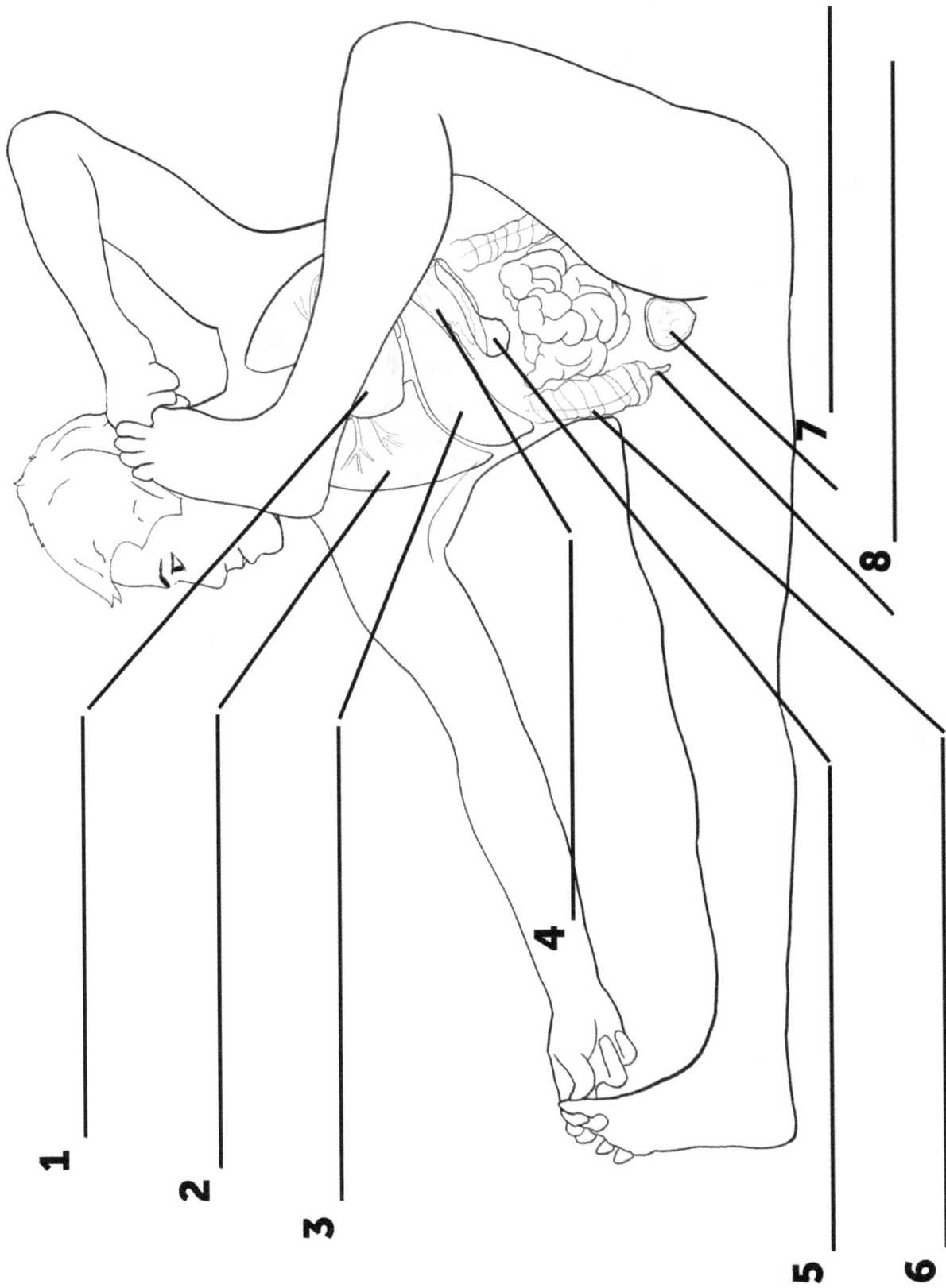

1

2

3

4

5

6

7

8

105. BOGENSCHÜTZEN-POSE

1. HERZ
2. LUNGE
3. LEBER
4. MAGEN
5. BAUCHSPEICHELDRÜSE
6. AUFSTEIGENDER DICKDARM
7. HARNBLASE
8. BLINDDARM

106. YOGA HANDSTAND POSE

1 _____

2 _____

3 _____

4 _____

5 _____

6 _____

7 _____

8 _____

9 _____

10 _____

106. YOGA HANDSTAND POSE

1. OBERFLÄCHLICHER PERONEUS
2. TIEFES PERONAEUS
3. GEMEINSAMES PERONAEUS
4. SCHIENBEIN
5. SAPHENA
6. INTERKOSTAL
7. PLEXUS BRACHIALIS
8. RADIAL
9. MEDIAN
10. ULNAR

107. ELEFANTENRÜSSEL-HALTUNG

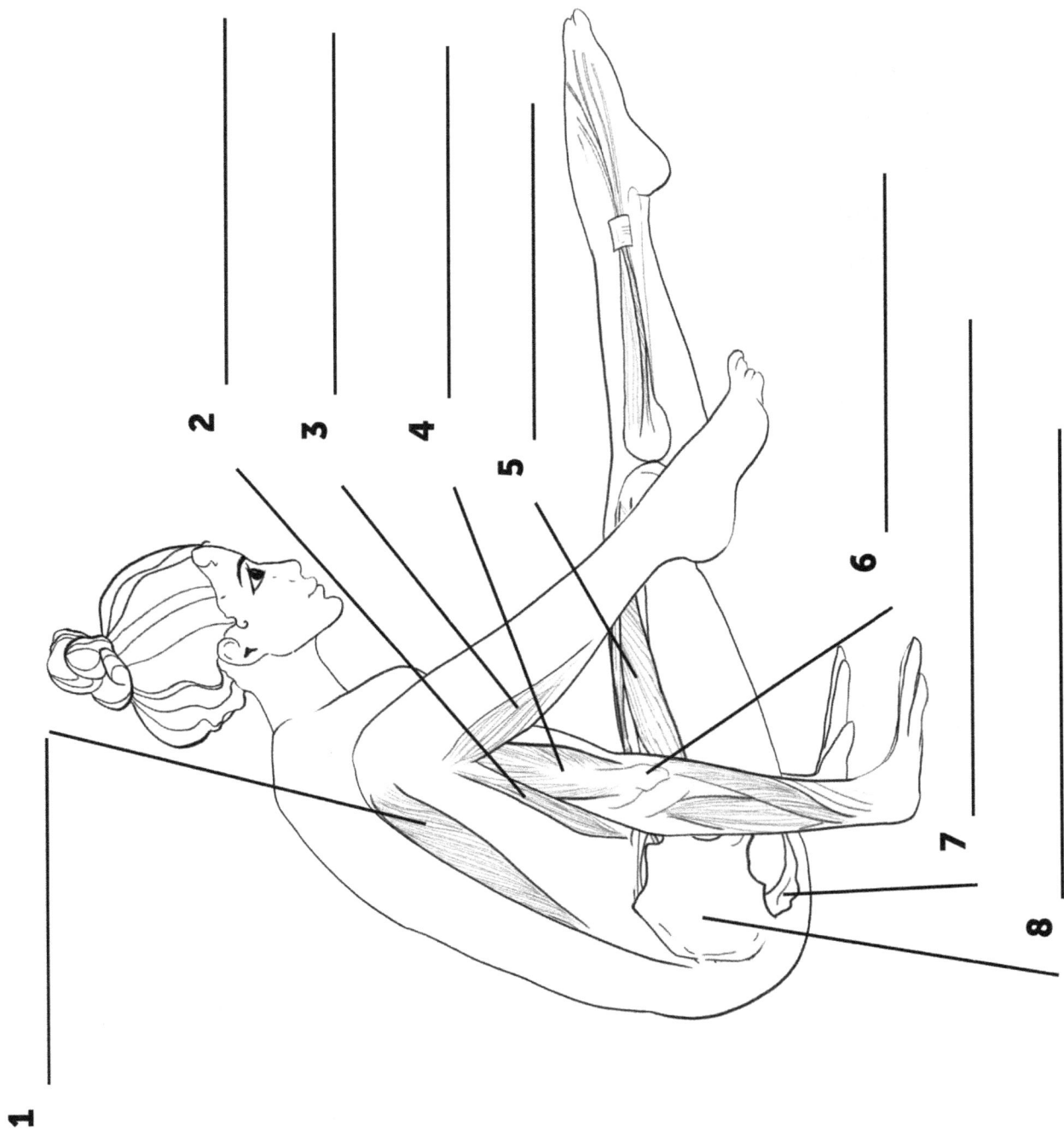

1

2

3

4

5

6

7

8

107. ELEFANTENRÜSSEL-HALTUNG

1. RECTUS FEMORIS
2. HAMSTRINGS
3. GASTROCNEMIUS
4. TRIZEPS BRACHII
5. QUADRIZEPS
6. ELLENBOGEN
7. KREUZBEIN
8. BECKEN

YOGA-POSEN FÜR EXPERTEN
108. VOLLE HERR DER FISCHE-POSE

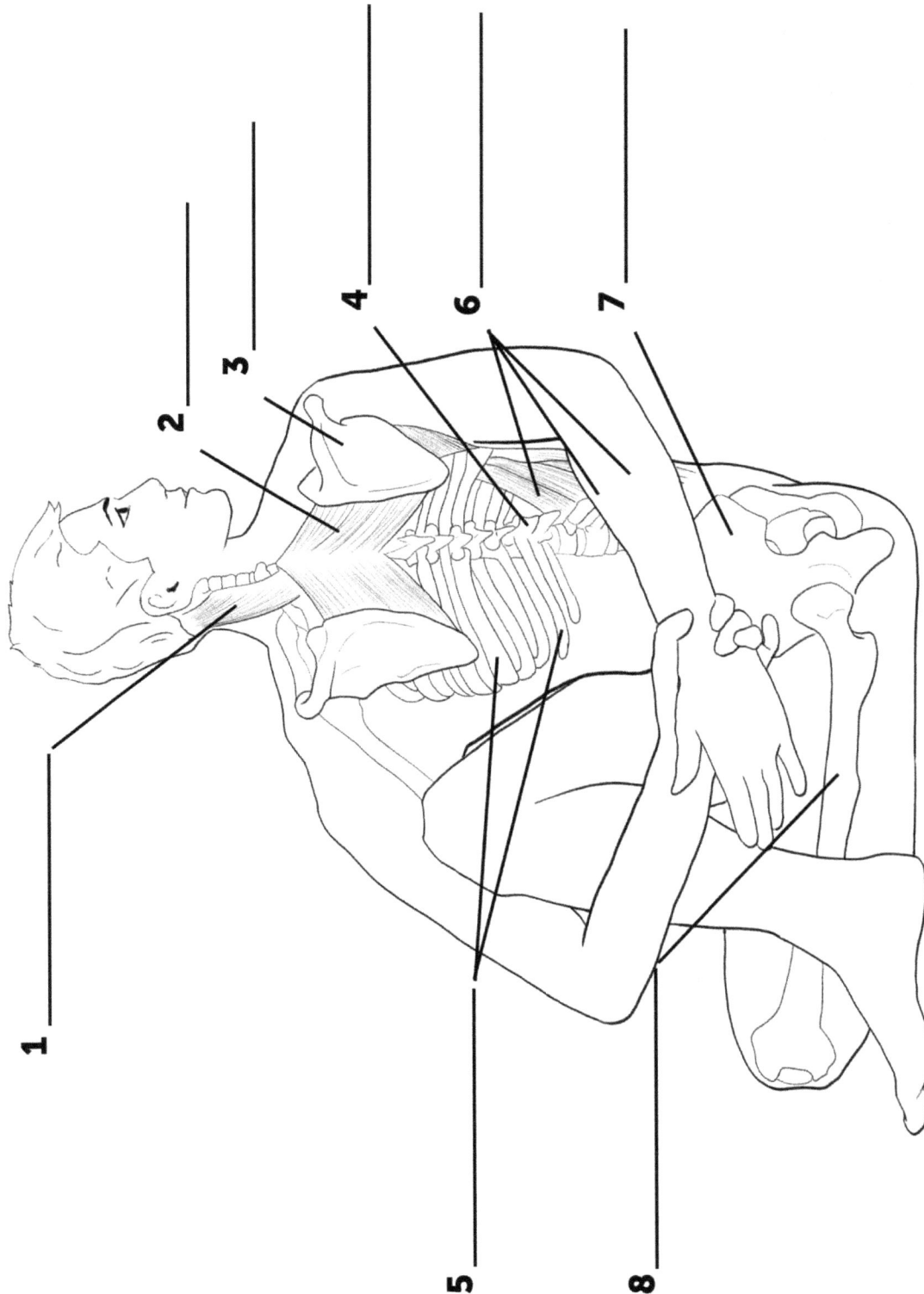

1

2

3

4

6

7

5

8

108. VOLLE HERR DER FISCHE-POSE

1. KEILBEINHÖCKER
2. RHOMBOIDEN
3. SCHULTERBLATT
4. WIRBELSÄULE
5. RIPPEN
6. ERECTOR SPINAE
7. BECKEN
8. OBERSCHENKELKNOCHEN

109. FLIEGENDE KRÄHE HALTUNG

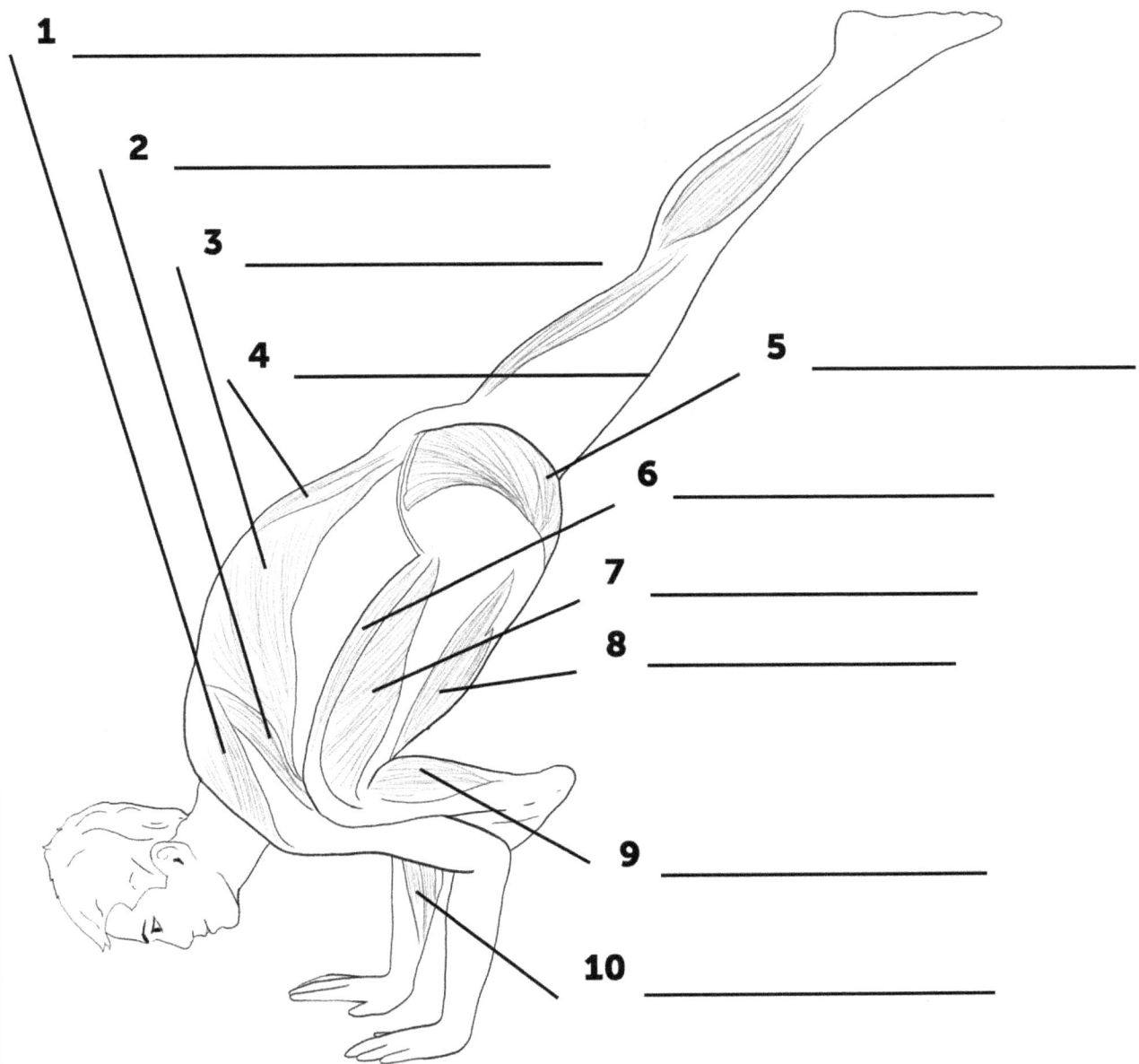

1 _____

2 _____

3 _____

4 _____

5 _____

6 _____

7 _____

8 _____

9 _____

10 _____

109. FLIEGENDE KRÄHE HALTUNG

1. DELTAMUSKEL
2. TRIZEPS BRACHII
3. LATISSIMUS DORSI
4. EREKTOR SPINAE
5. GROßER GESÄßMUSKEL
6. RECTUS FEMORIS (OBERSCHENKELMUSKEL)
7. VASTUS LATERALIS
8. HAMSTRINGS
9. GASTROCNEMIUS
10. PRONATOREN

110. SKORPION-HALTUNG

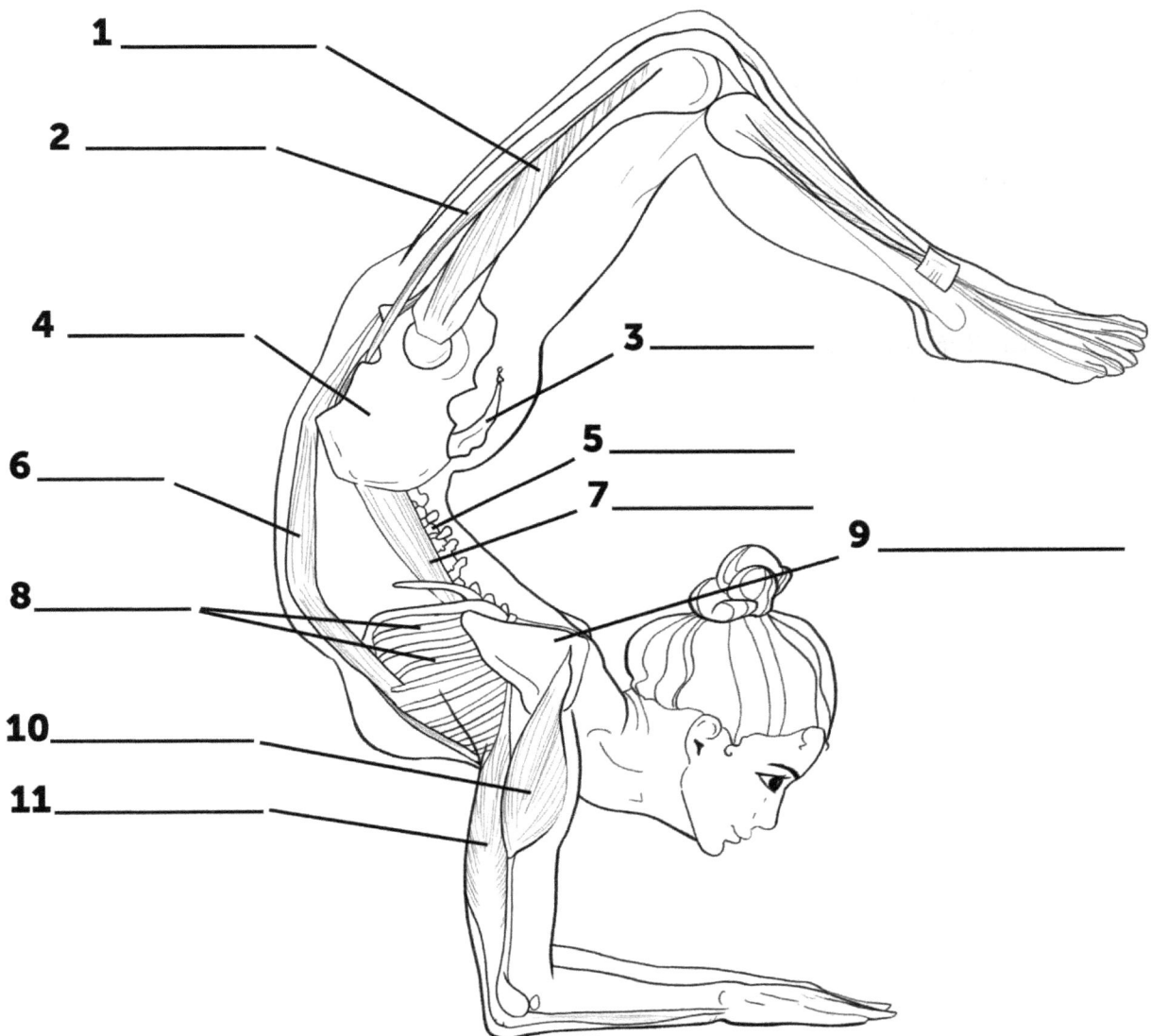

1 _____

2 _____

4 _____

3 _____

6 _____

5 _____

7 _____

9 _____

8 _____

10 _____

11 _____

110. SKORPION-HALTUNG

1. VASTUS LATERALIS

2. RECTUS FEMORIS (OBERSCHENKELMUSKEL)

3. KREUZBEIN

4. BECKEN

5. WIRBELSÄULE

6. RECTUS ABDOMINIS

7. PSOAS MAJOR

8. RIPPEN

9. SCHULTERBLATT

10. DELTAMUSKEL

11. TRIZEPS BRACHII

111. GLÜHWÜRMCHEN-POSE

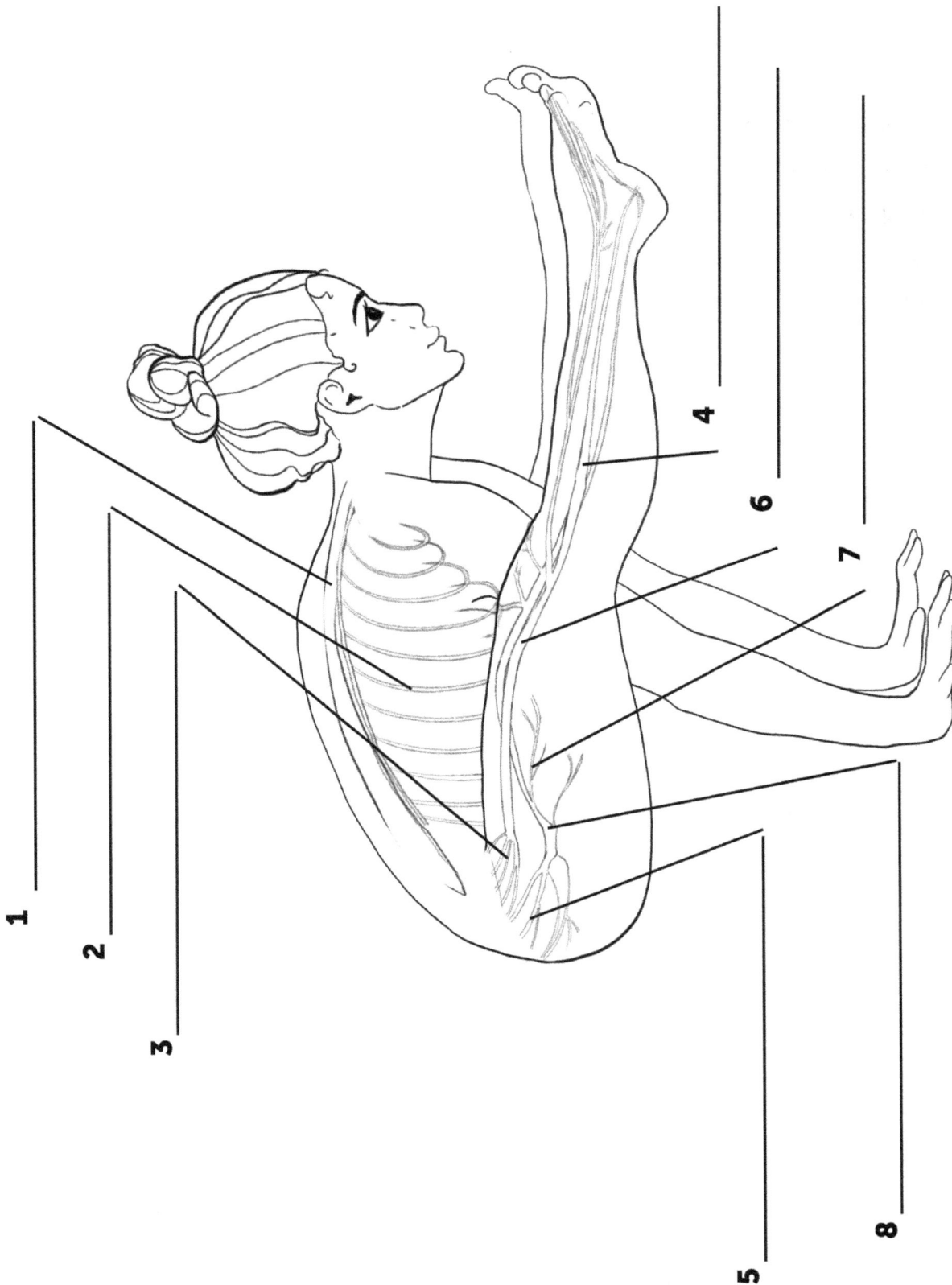

1

2

3

4

5

6

7

8

111. GLÜHWÜRMCHEN-POSE

1. RÜCKENMARK
2. INTERKOSTAL
3. SAKRALPLEXUS
4. SCHIENBEIN
5. LUMBALER PLEXUS
6. ISCHIAS
7. MUSKULÄRE ÄSTE DES FEMURS
8. OBERSCHENKEL

112. PARADIESVOGEL-POSE

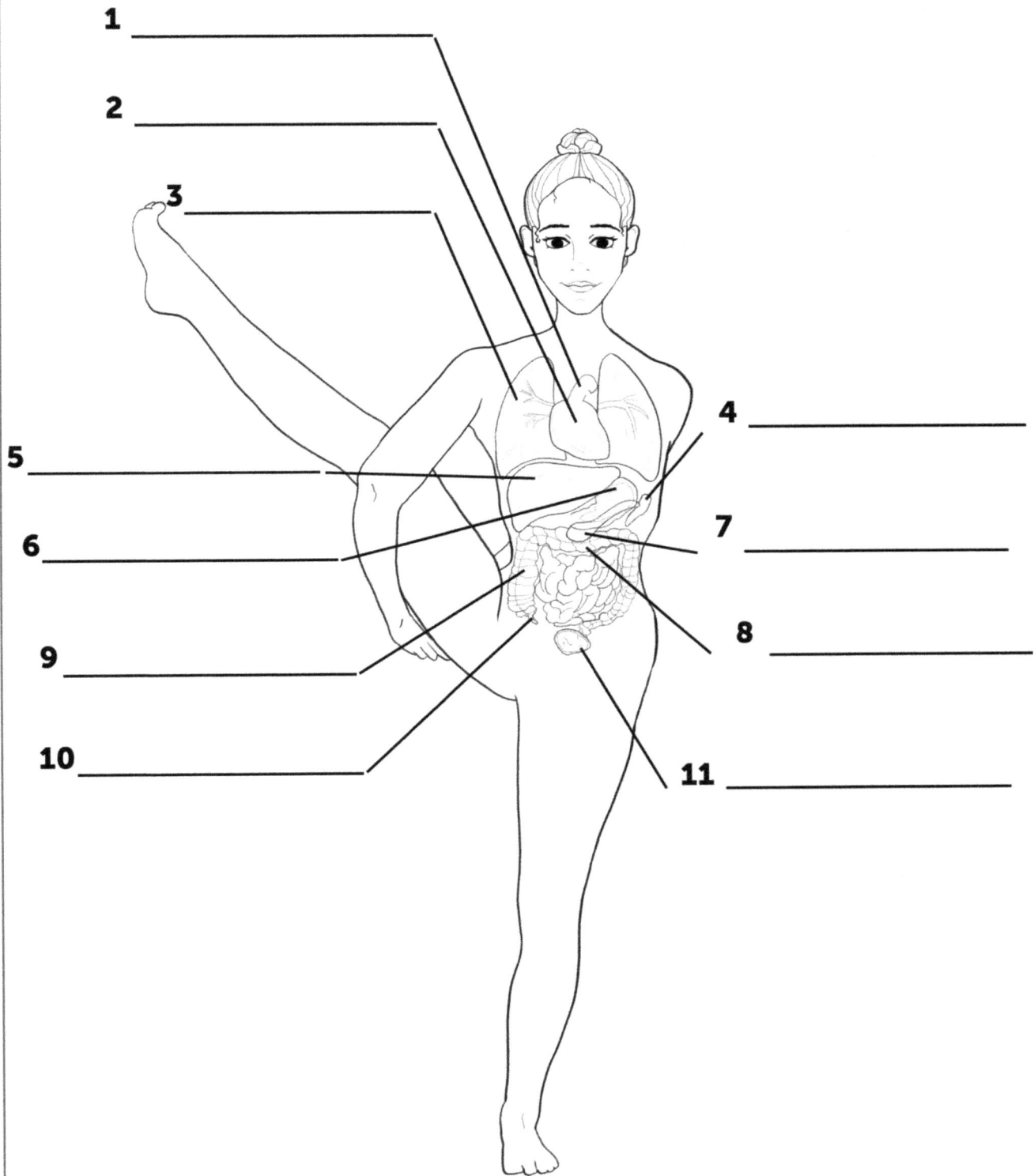

1 _____

2 _____

3 _____

4 _____

5 _____

6 _____

7 _____

8 _____

9 _____

10 _____

11 _____

112. PARADIESVOGEL-POSE

1. AORTA
2. HERZ
3. LUNGE
4. MILZ
5. LEBER
6. MAGEN
7. BAUCHSPEICHELDRÜSE
8. QUERKOLON
9. AUFSTEIGENDER DICKDARM
10. BLINDDARM
11. HARNBLASE

113. PFAU HALTUNG

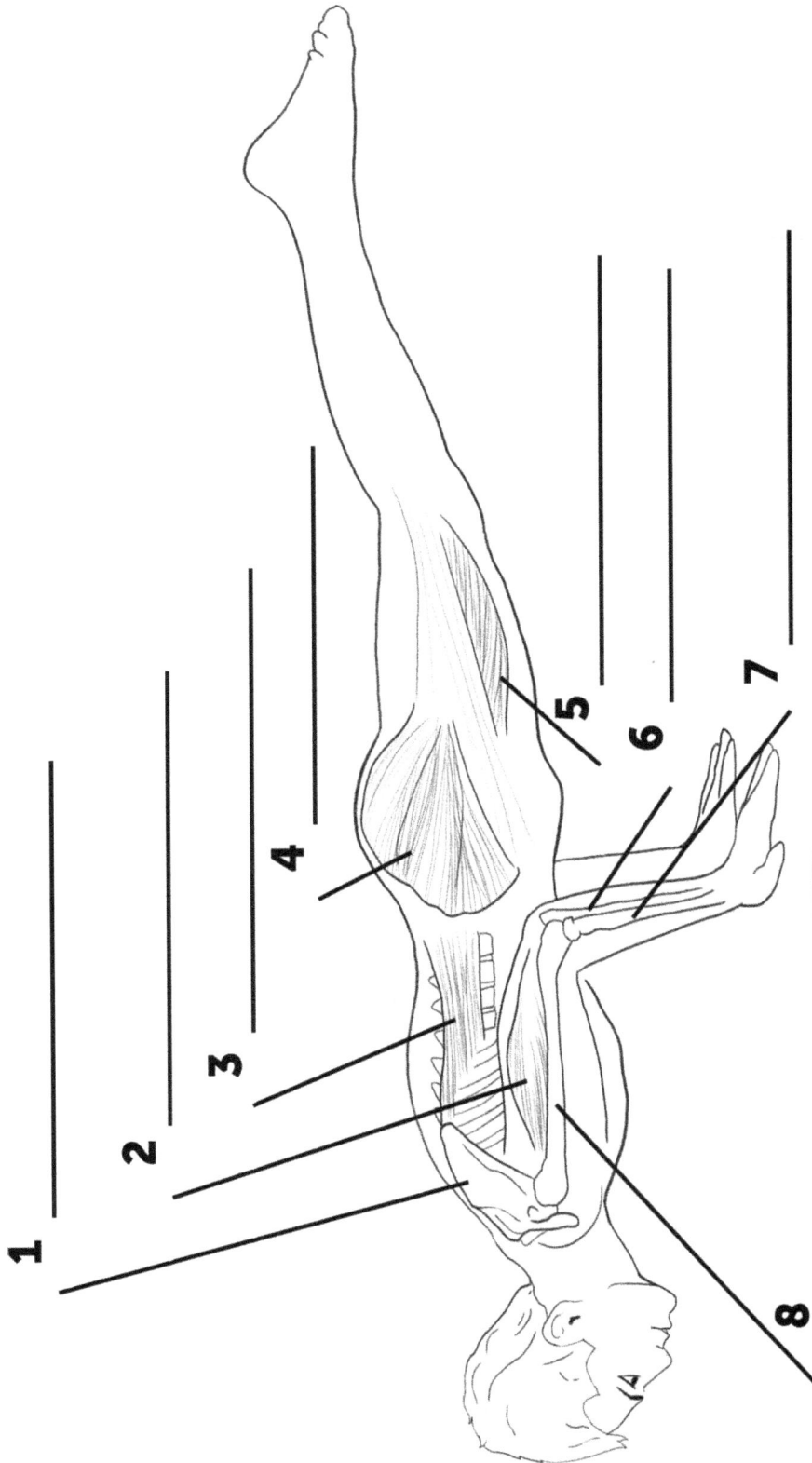

113. PFAU HALTUNG

1. SCHULTERBLATT

2. TRICEPS BRACHII

3. ERECTOR SPINAE

4. GESÄßMUSKEL MAXIMUS

5. QUADRIZEPS

6. ELLE

7. RADIUS

8. OBERARMKNOCHEN

114. EINBEINIGE KING PIGEON POSE II

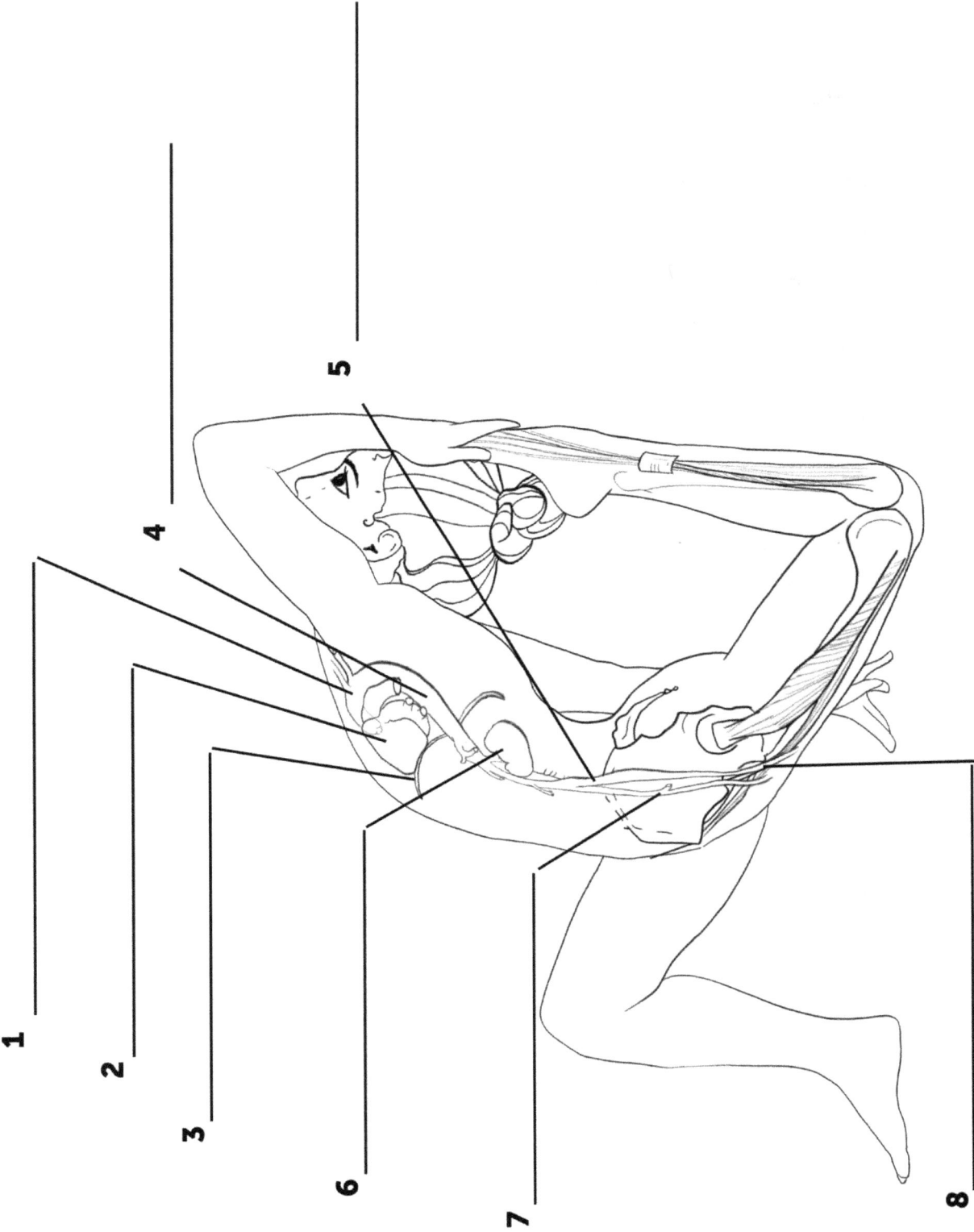

1

2

3

4

5

6

7

8

114. EINBEINIGE KING PIGEON POSE II

1.   AUFSTEIGENDE THORAKALE AORTA

2.   HERZ

3.   ZWERCHFELL

4.   ABSTEIGENDE THORAKALE AORTA

5.   ABDOMINAL AORTA

6.   NIERE

7.   ARTERIA ILIACA COMMUNIS

8.   OBERSCHENKELARTERIE

115. KLEINE THUNDERBOLT POSE

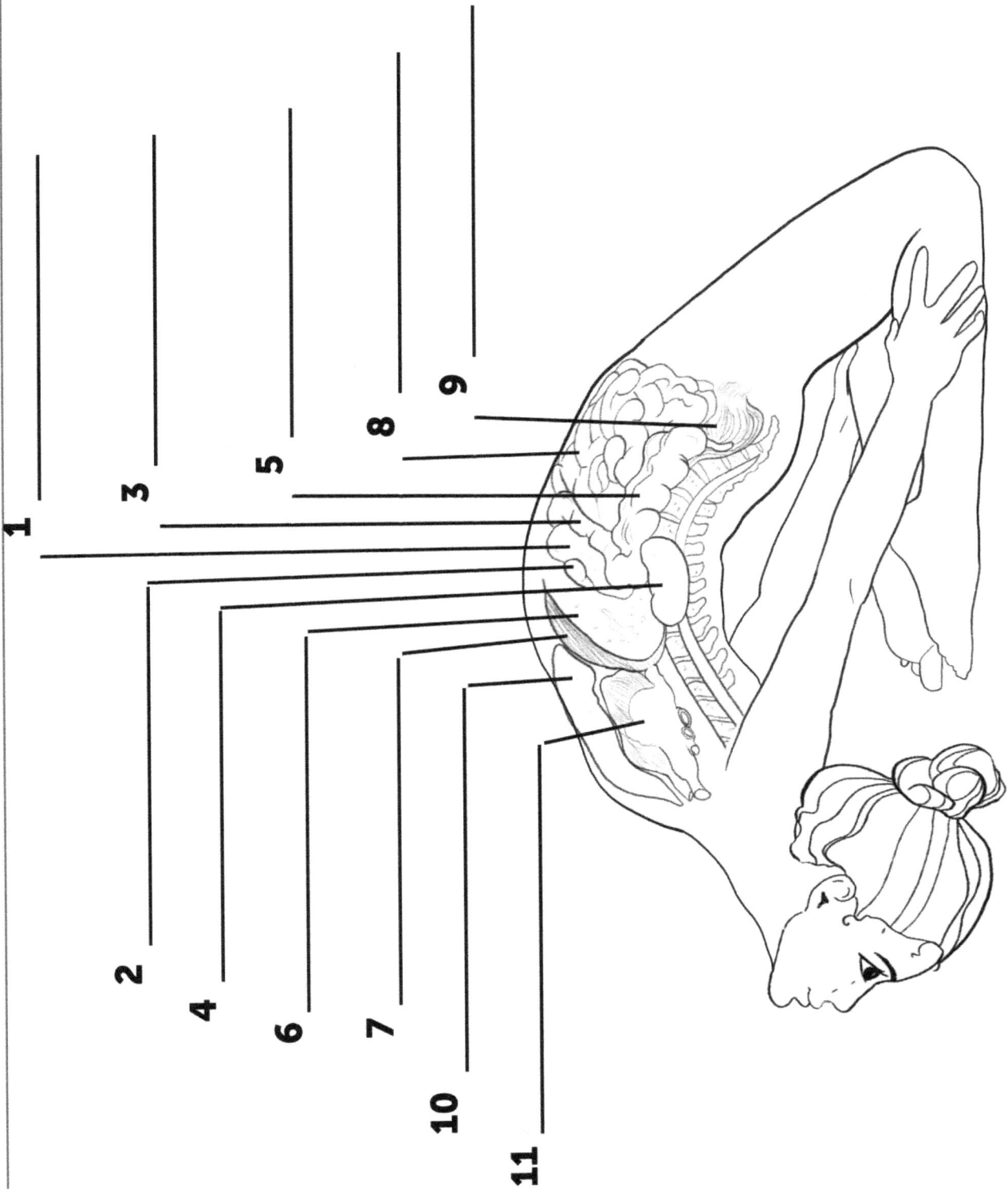

1

2

3

4

5

6

7

8

9

10

11

115. KLEINE THUNDERBOLT POSE

1. MAGEN
2. GALLENBLASE
3. QUERKOLON
4. NIERE
5. AUFSTEIGENDER DICKDARM
6. LEBER
7. ZWERCHFELL
8. DÜNNDARMWINDUNGEN
9. REKTUM
10. LUNGE
11. HERZ

116. TORHALTUNG

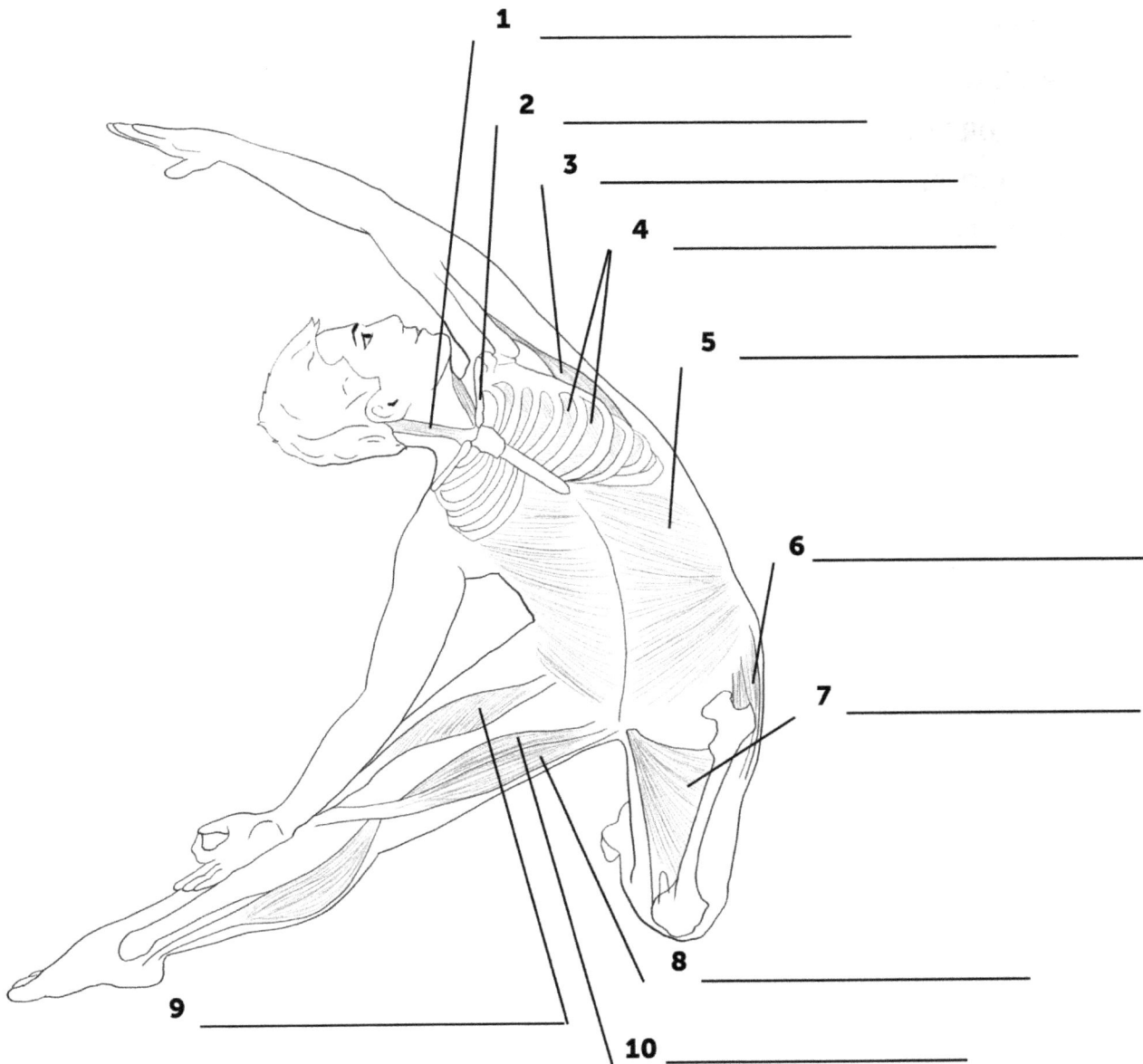

1 _____

2 _____

3 _____

4 _____

5 _____

6 _____

7 _____

8 _____

9 _____

10 _____

116. TORHALTUNG

1. MILZ (SPLENIUS CAPITIS)
2. SCHLÜSSELBEIN
3. LATISSIMUS DORSI
4. INTERKOSTALE
5. SCHRÄG NACH AUßEN
6. TENSOR FASCIAE LATAE
7. ADDUCTOR LONGUS
8. GRACILIS
9. RECTUS FEMORIS
10. ADDUKTOR MAGNUS

117. SALBEI KOUNDIYA I HALTUNG

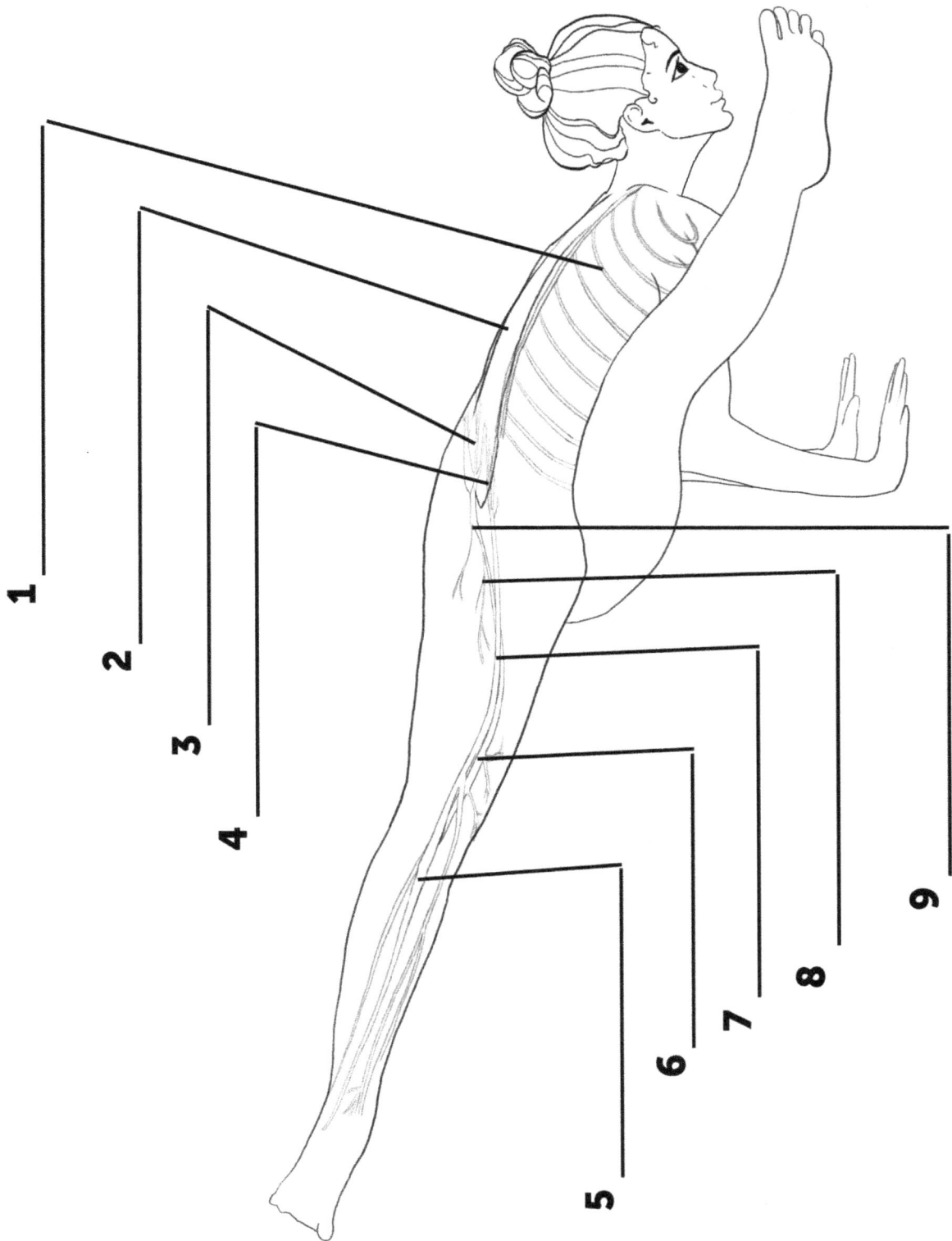

1

2

3

4

5

6

7

8

9

117. SALBEI KOUNDIYA I HALTUNG

1. INTERKOSTAL

2. RÜCKENMARK

3. LUMBALER PLEXUS

4. SAKRALGEFLECHT

5. SCHIENBEIN

6. SAPHENA

7. ISCHIAS

8. MUSKULÄRE ÄSTE DES FEMURS

9. OBERSCHENKEL

118. SALBEI KOUNDIYA II HALTUNG

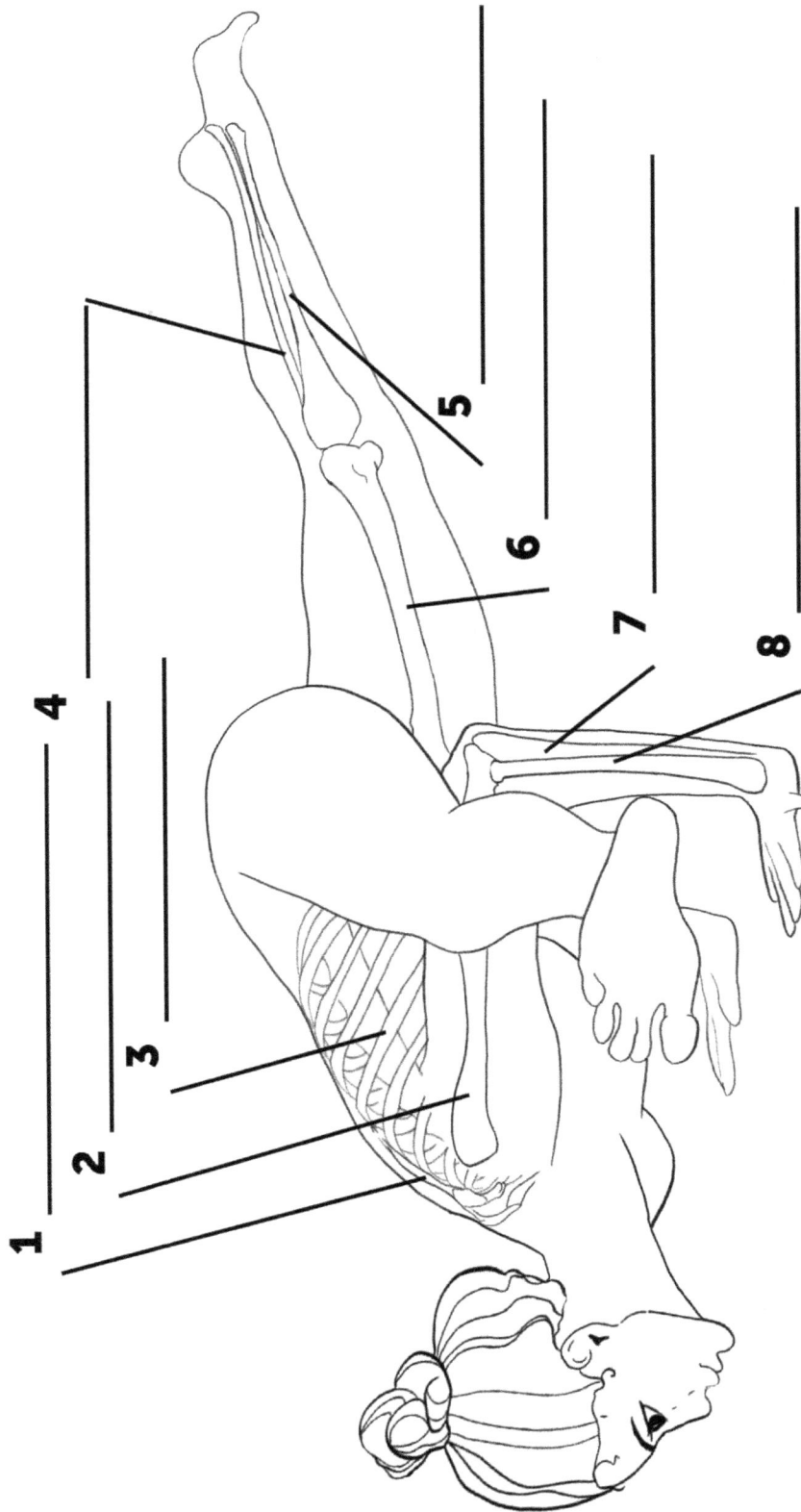

1
2
3
4
5
6
7
8

118. SALBEI KOUNDIYA II HALTUNG

1. SCHULTERBLATT

2. OBERARMKNOCHEN

3. RIPPEN

4. WADENBEIN

5. SCHIENBEIN

6. OBERSCHENKELKNOCHEN

7. ELLE

8. RADIUS

119. KOPF-ZU-FUß-POSE

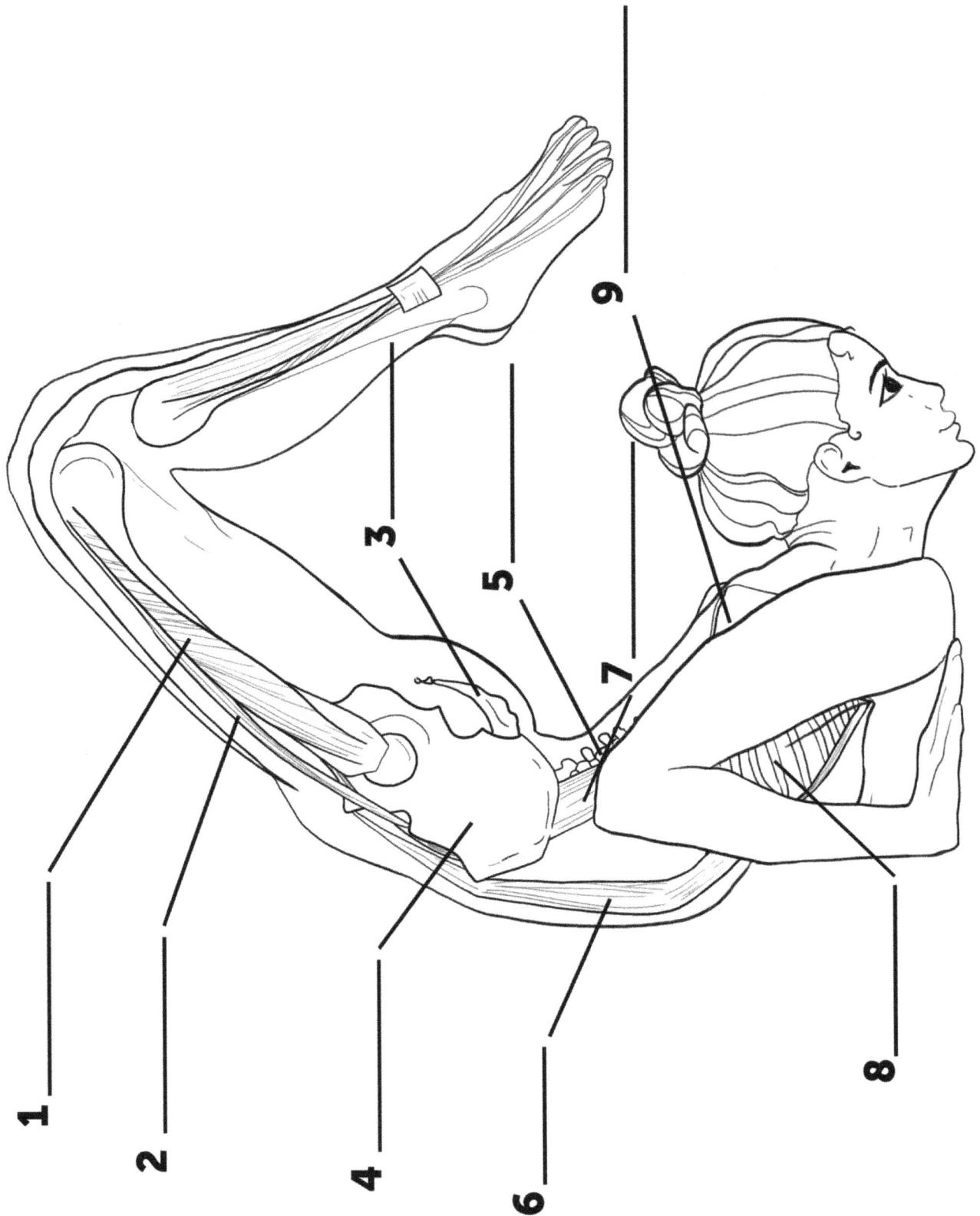

1

2

3

4

5

6

7

8

9

119. KOPF-ZU-FUß-POSE

1. VASTUS LATERALIS
2. RECTUS FEMORIS (OBERSCHENKELMUSKEL)
3. KREUZBEIN
4. BECKEN
5. WIRBELSÄULE
6. RECTUS ABDOMINIS
7. EREKTOR SPINAE
8. RIPPEN
9. SCHULTERBLATT

120. MEISTER BABY GRASHÜPFER POSE

1

2

3

4

5

6

7

8

120. MEISTER BABY GRASHÜPFER POSE

1. QUADRIZEPS

2. TRIZEPS BRACHII

3. BIZEPS BRACHII

4. TRAPEZIUS

5. DELTAMUSKEL

6. TIBIALIS ANTERIOR

7. GASTROCNEMIUS

8. PRONATOREN

121. ZWEI-FUß-STAB-POSE MIT BLICK NACH OBEN

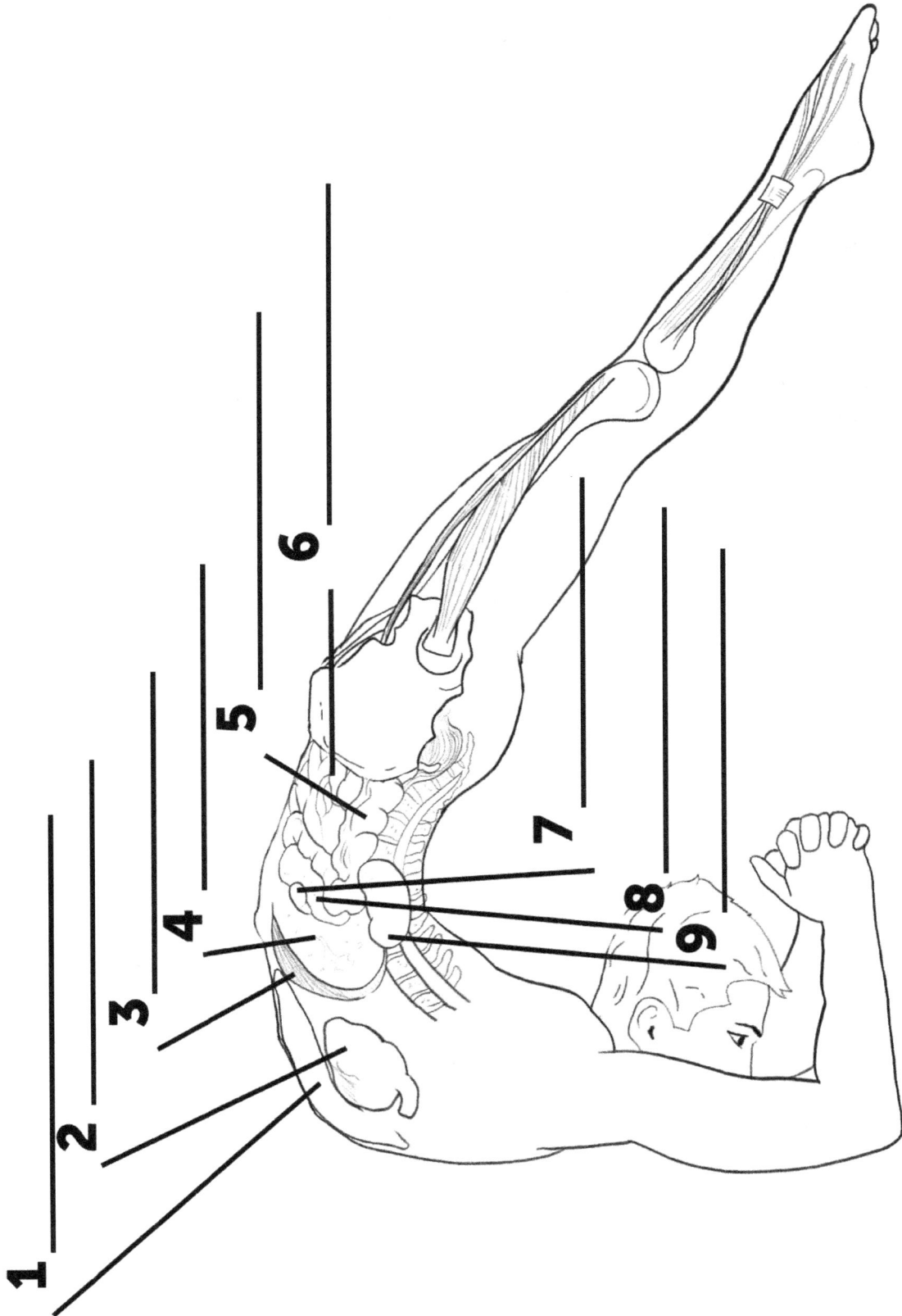

121. ZWEI-FUß-STAB-POSE MIT BLICK NACH OBEN

1. LUNGE
2. HERZ
3. ZWERCHFELL
4. LEBER
5. AUFSTEIGENDER DICKDARM
6. WINDUNGEN DES DÜNNDARMS
7. GALLENBLASE
8. MAGEN
9. NIERE

122. BHARADVAJAS DREHUNG

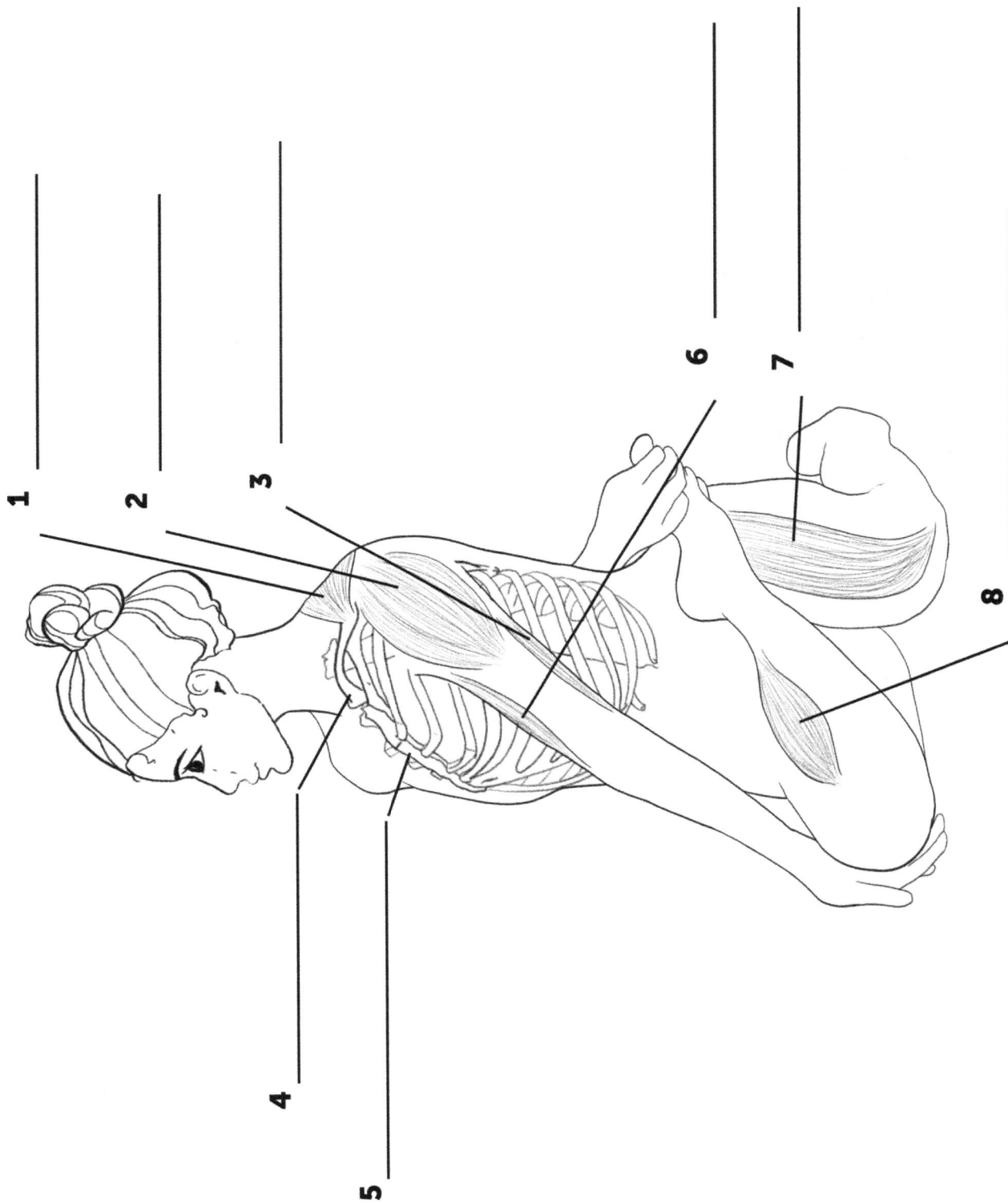

1

2

3

4

5

6

7

8

122. BHARADVAJAS DREHUNG

1. TRAPEZIUS
2. DELTAMUSKEL
3. TRIZEPS BRACHII
4. SCHLÜSSELBEIN
5. STERNUM
6. BIZEPS BRACHII
7. QUADRIZEPS
8. GASTROCNEMIUS

123. ACHT-WINKEL-HALTUNG

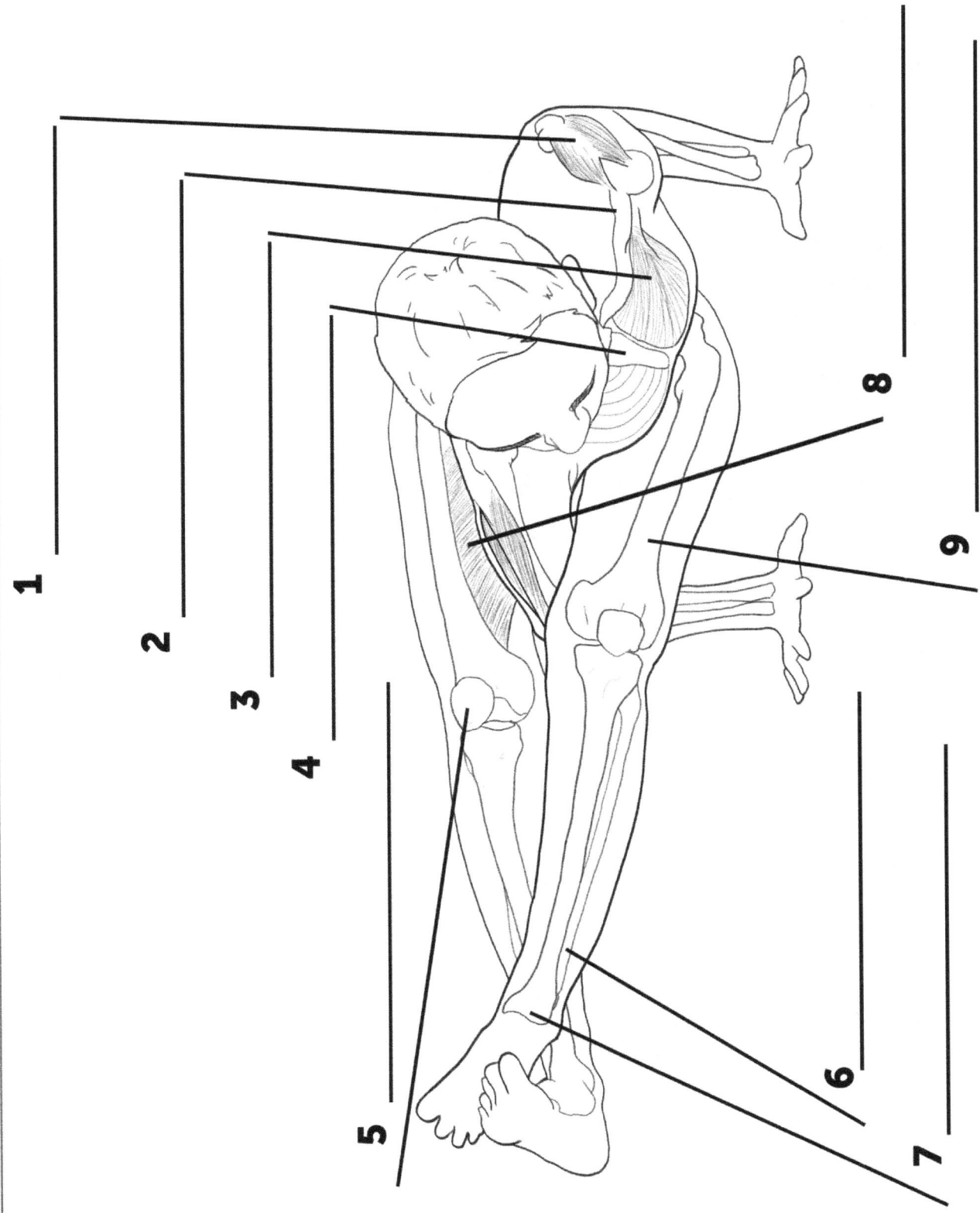

1

2

3

4

5

6

7

8

9

123. ACHT-WINKEL-HALTUNG

1. TRIZEPS BRACHII

2. SCHLÜSSELBEIN

3. PECTORALIS MAJOR

4. STERNUM

5. KNIESCHEIBE

6. WADENBEIN

7. SCHIENBEIN

8. ADDUKTOREN

9. OBERSCHENKELKNOCHEN

124. SALBEI HALBGEBUNDENE LOTUS-POSE

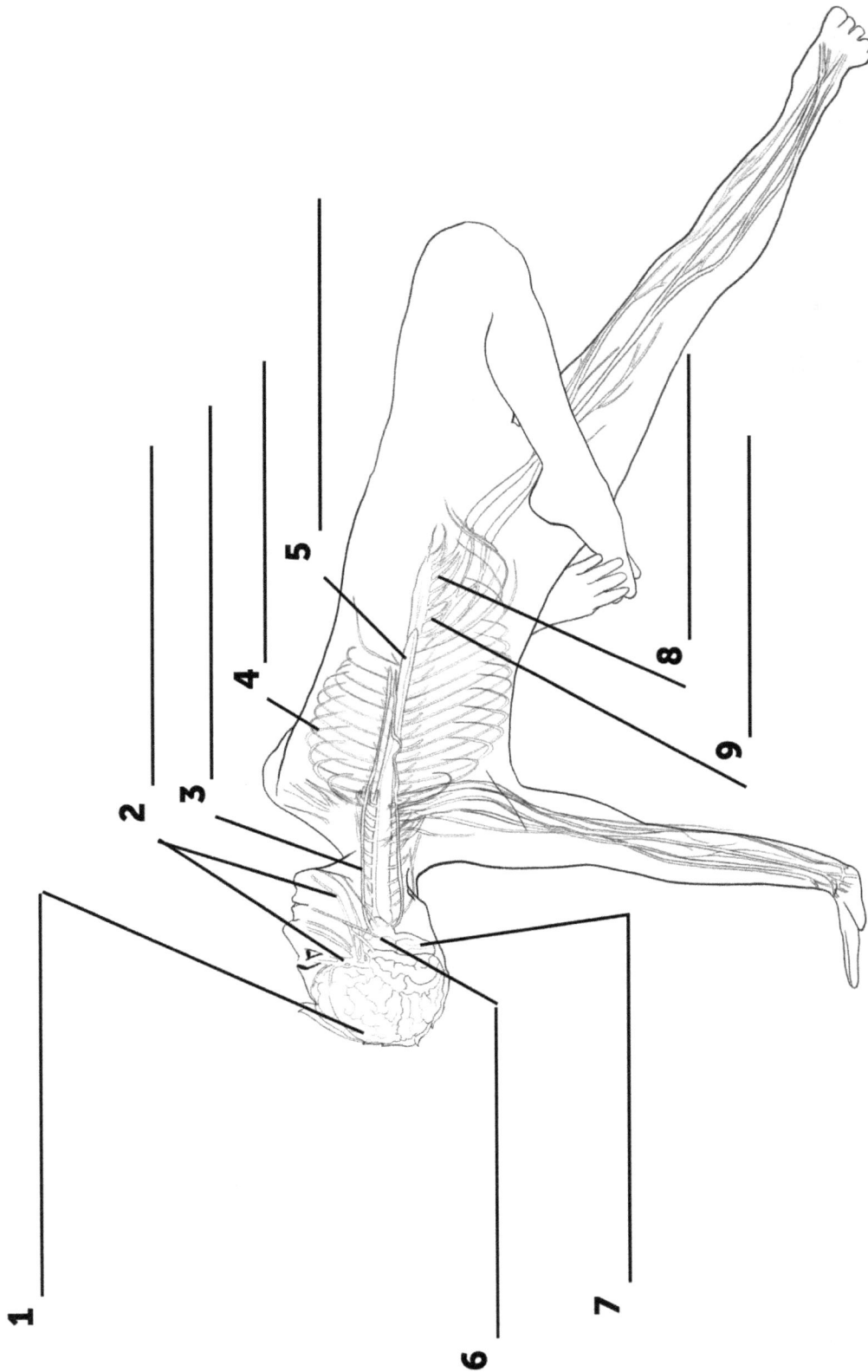

1

2

3

4

5

6

7

8

9

124. SALBEI HALBGEBUNDENE LOTUS-POSE

1. GROßHIRN
2. HIRNNERVEN
3. VAGUS
4. INTERKOSTAL
5. RÜCKENMARK
6. HIRNSTAMM
7. KLEINHIRN
8. SAKRALPLEXUS
9. LUMBALER PLEXUS

125. SCHULTER PRESSING POSE

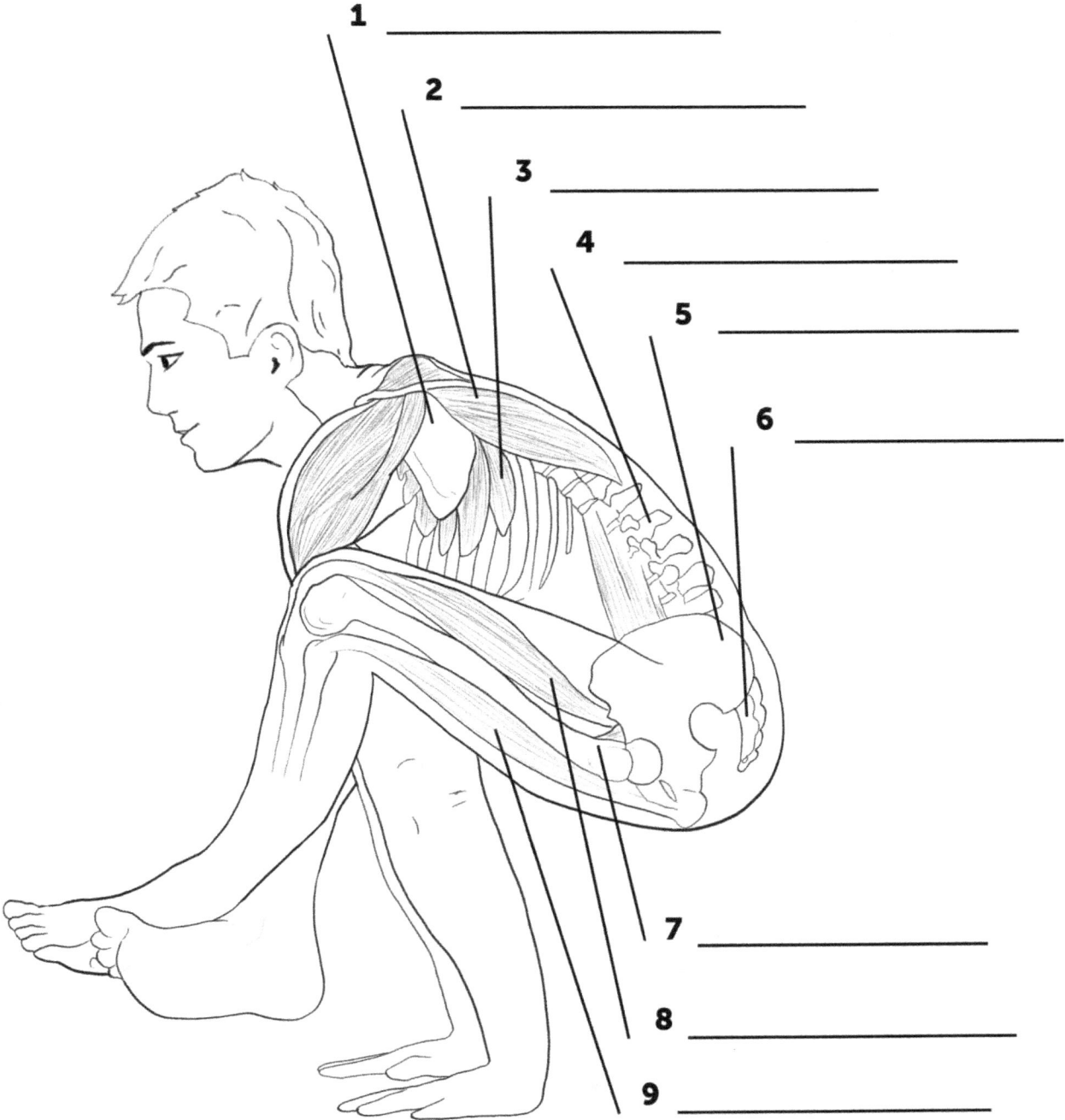

1 _____

2 _____

3 _____

4 _____

5 _____

6 _____

7 _____

8 _____

9 _____

125. SCHULTER PRESSING POSE

1. SCHULTERBLATT

2. RHOMBOIDEN

3. SERRATUS ANTERIOR

4. WIRBELSÄULE

5. BECKEN

6. KREUZBEIN

7. OBERSCHENKELKNOCHEN

8. QUADRIZEPS

9. ACHILLESSEHNEN

126. SUPERSOLDAT

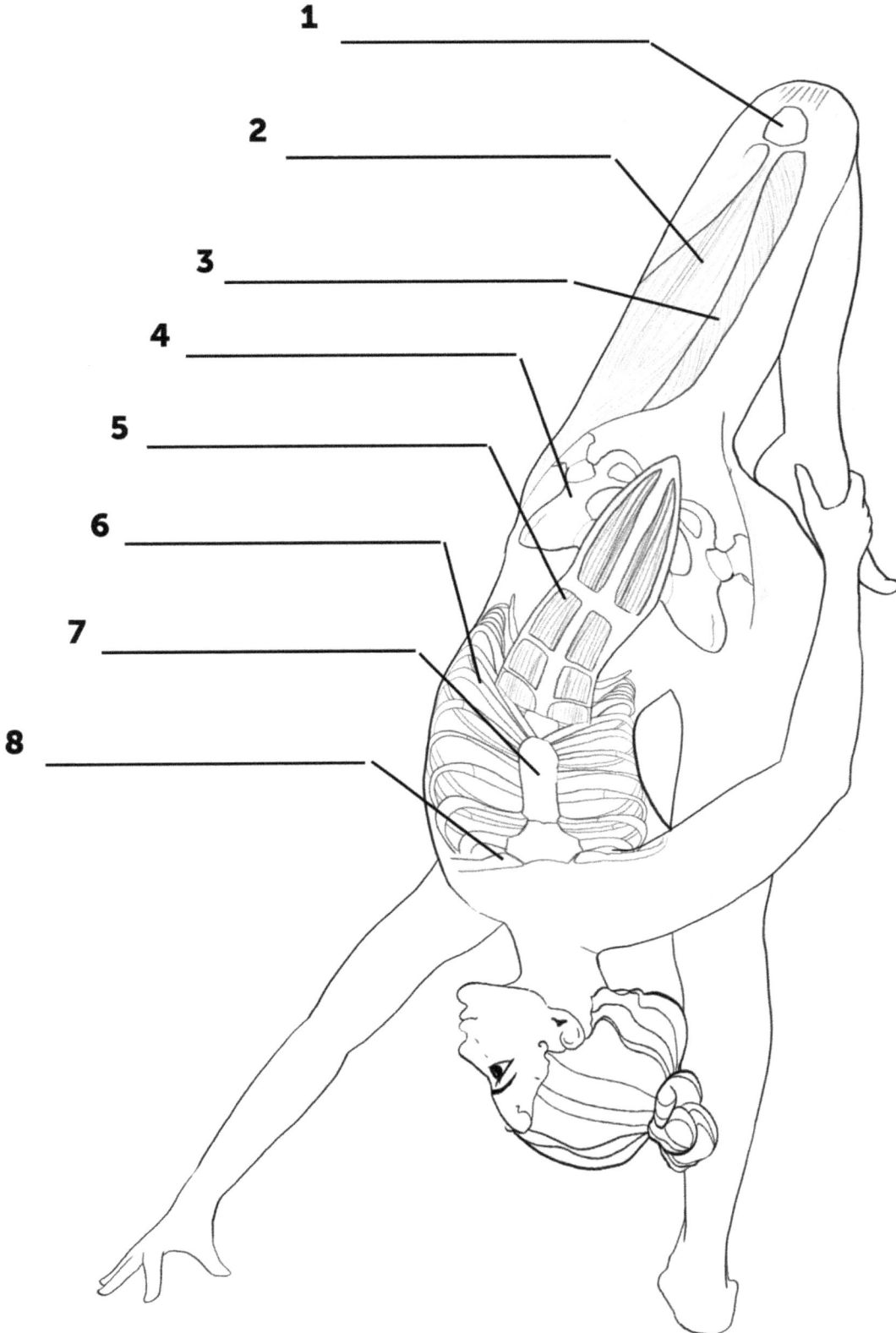

1 _____

2 _____

3 _____

4 _____

5 _____

6 _____

7 _____

8 _____

126. SUPERSOLDAT

1. PATELLA
2. RECTUS FEMORIS (OBERSCHENKELMUSKEL)
3. VASTUS MEDIALIS
4. BECKEN
5. RECTUS ABDOMINIS
6. RIPPEN
7. BRUSTBEIN
8. SCHLÜSSELBEIN

127. AFFENHALTUNG

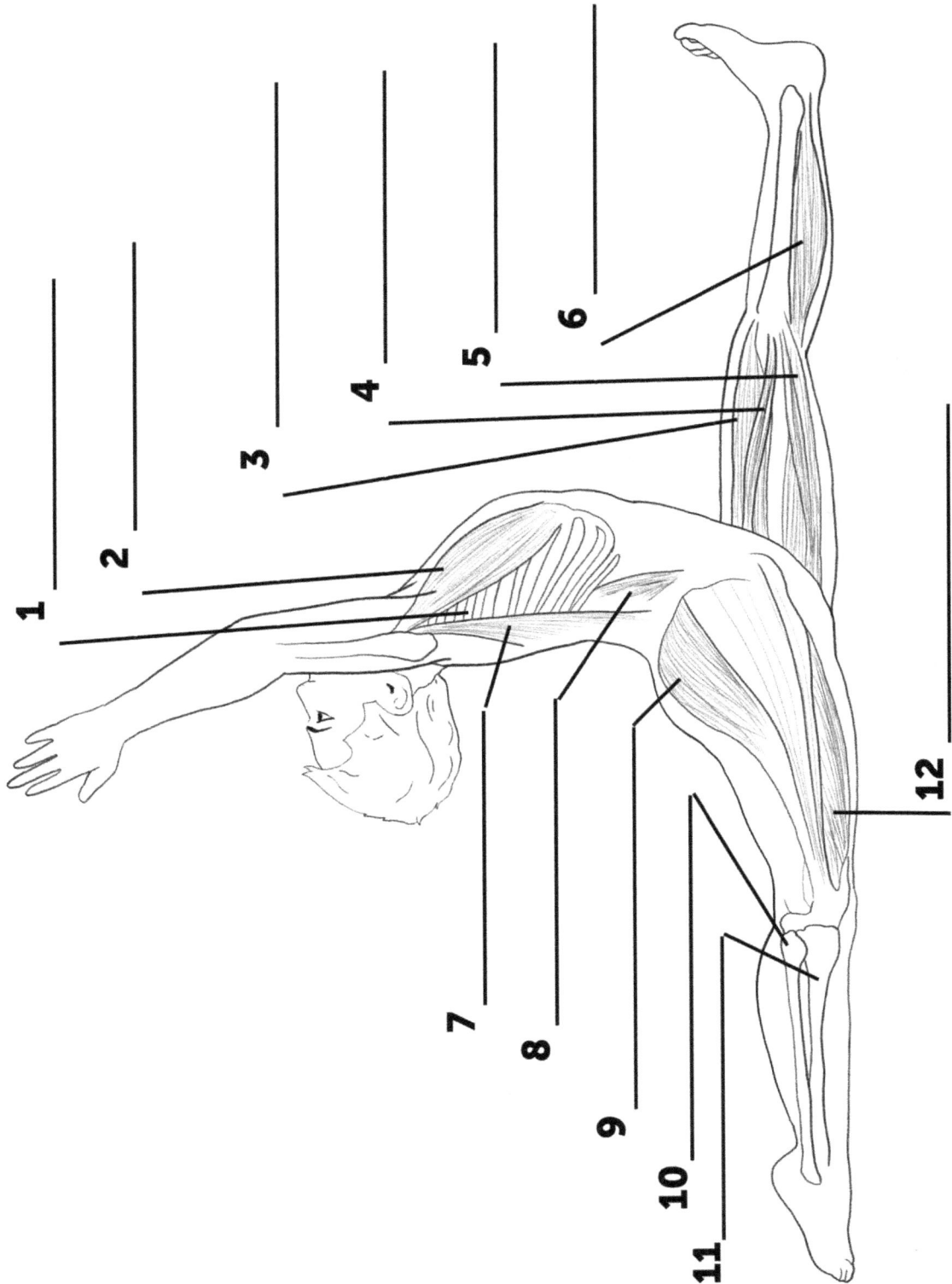

127. AFFENHALTUNG

1. RIBS
2. PECTORALIS MAJOR
3. RECTUS FEMORIS
4. SARTORIUS
5. HAMSTRINGS
6. GASTROCNEMIUS
7. LATISSIMUS DORSI
8. ERECTOR SPINAE
9. GLUTEUS MAXIMUS
10. FIBULA
11. TIBIA
12. QUADRICEPS

128. SITZENDE WEITWINKEL-POSE

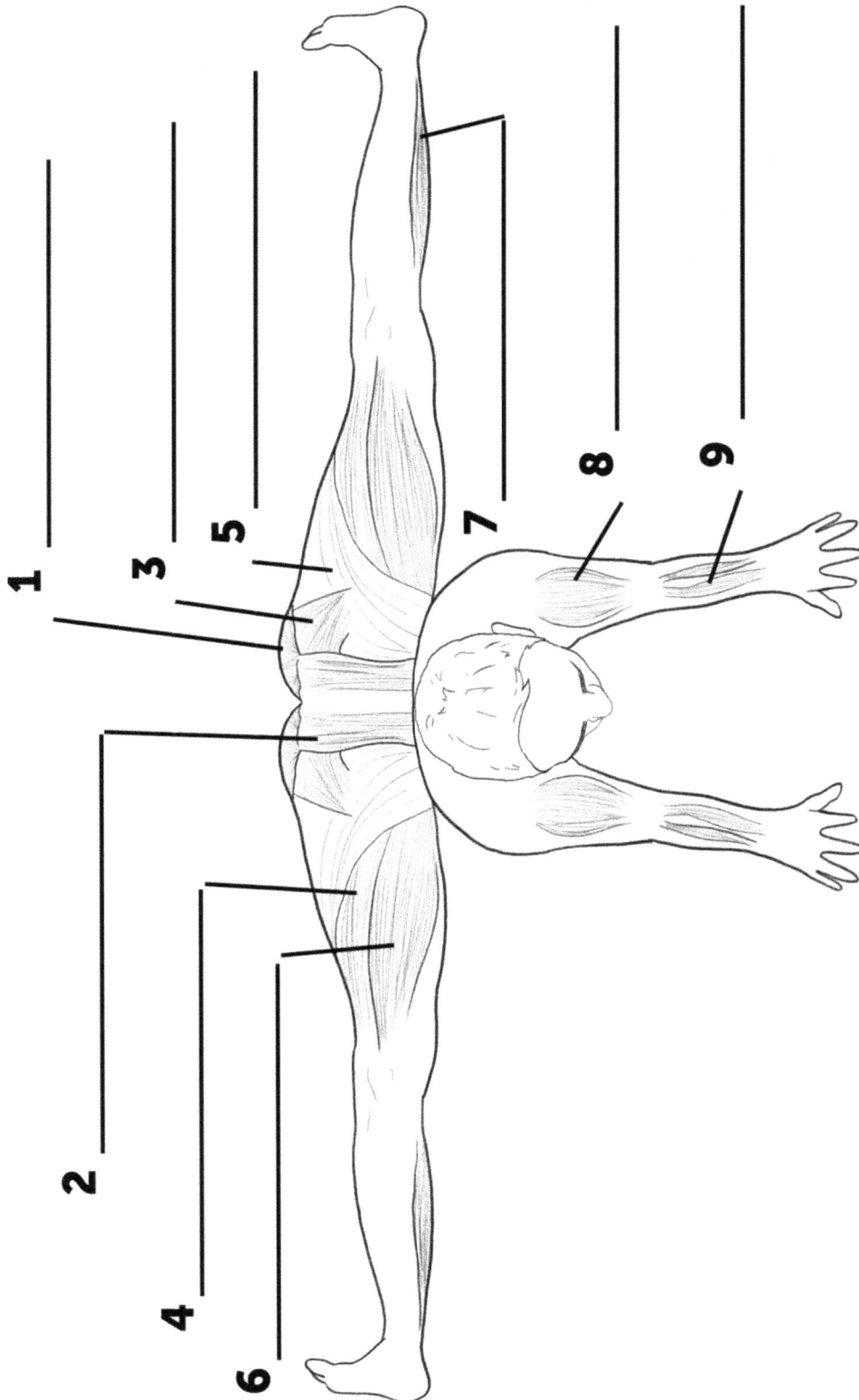

1

3

5

7

8

9

2

4

6

128. SITZENDE WEITWINKEL-POSE

1. GESÄßMUSKEL (GLUTEUS MAXIMUS)
2. ERECTOR SPINAE
3. GESÄßMUSKEL MEDIUS
4. VASTUS LATERALIS
5. ILIOTIBIALBAND
6. RECTUS FEMORIS
7. GASTROCNEMIUS
8. DELTAMUSKEL
9. PRONATOREN

129. ERWEITERTE AUSWUCHTEIDECHSE

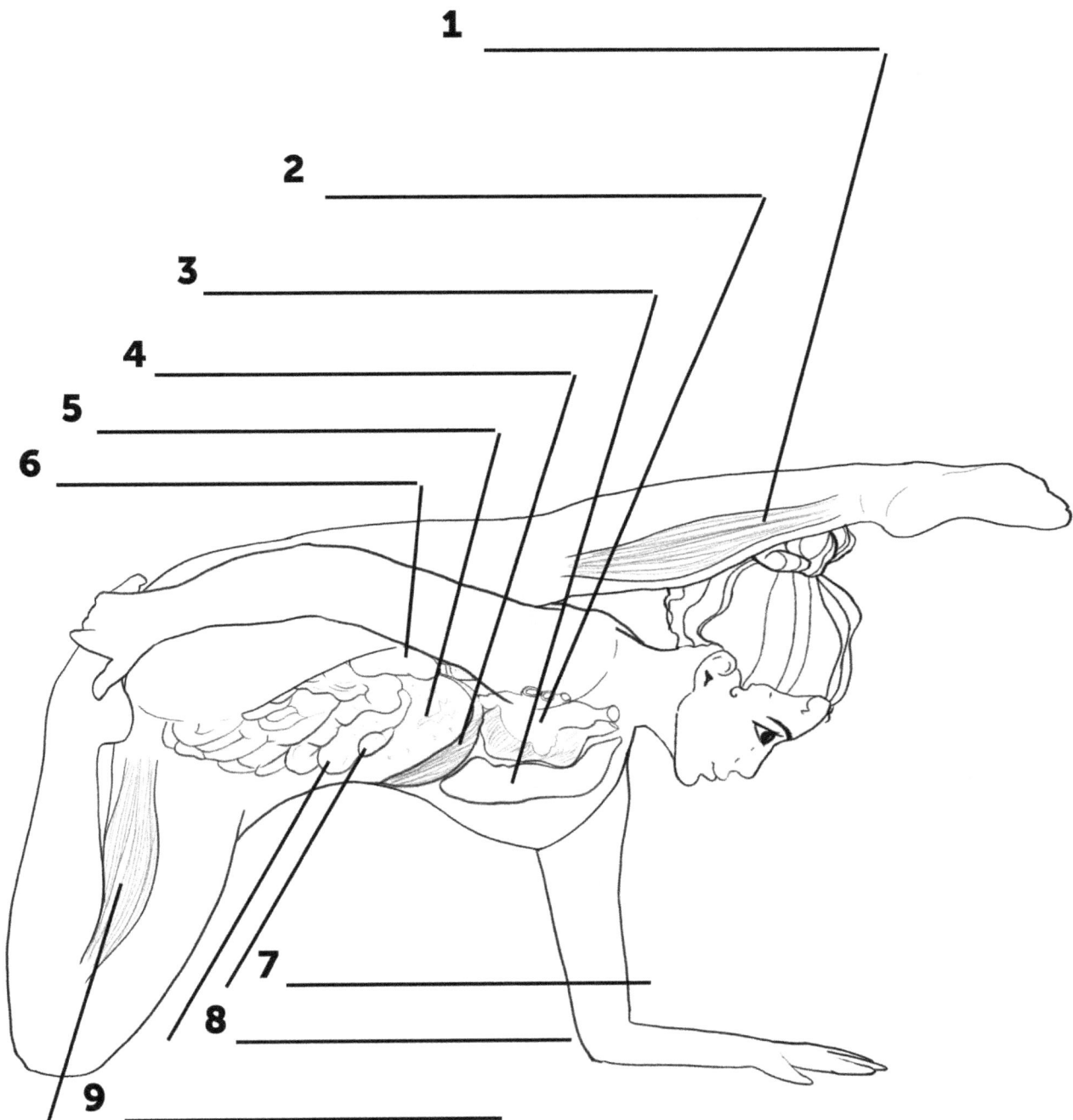

1 _____

2 _____

3 _____

4 _____

5 _____

6 _____

7 _____

8 _____

9 _____

129. ERWEITERTE AUSWUCHTEIDECHSE

1.   GASTROCNEMIUS

2.   HERZ

3.   LUNGE

4.   DIAPHRAGMA

5.   LEBER

6.   NIERE

7.   GALLENBLASE

8.   MAGEN

9.   HAMSTRINGS

130. KURMASANA

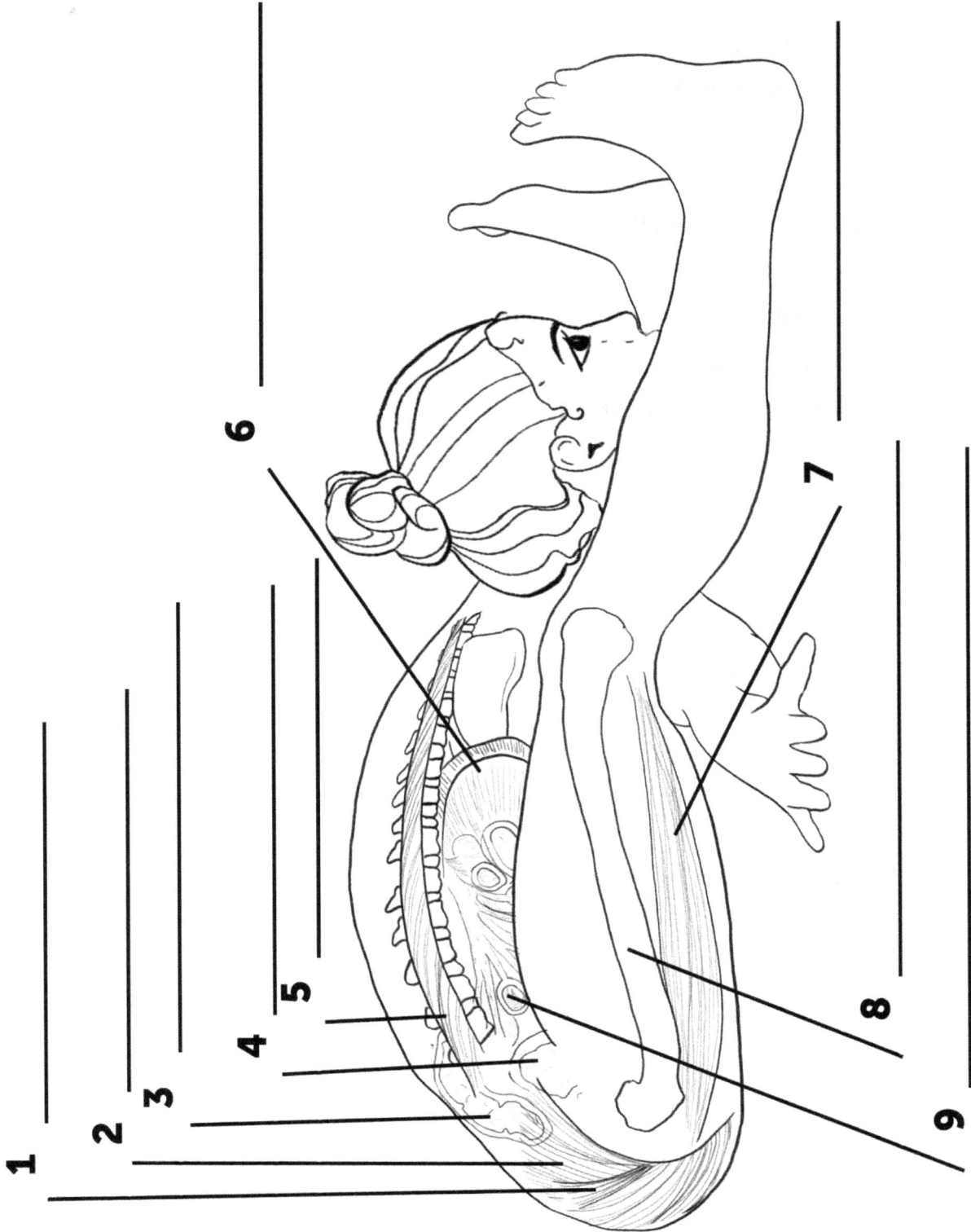

130. KURMASANA

1. PIRIFORMIS

2. GROßER GESÄßMUSKEL

3. REKTUM

4. HARNBLASE

5. WIRBELSÄULENMUSKELN

6. ZWERCHFELL

7. HAMSTRINGS

8. OBERSCHENKELKNOCHEN

9. WINDUNGEN DES DÜNNDARMS

131. VIPARITA SALABHASANA

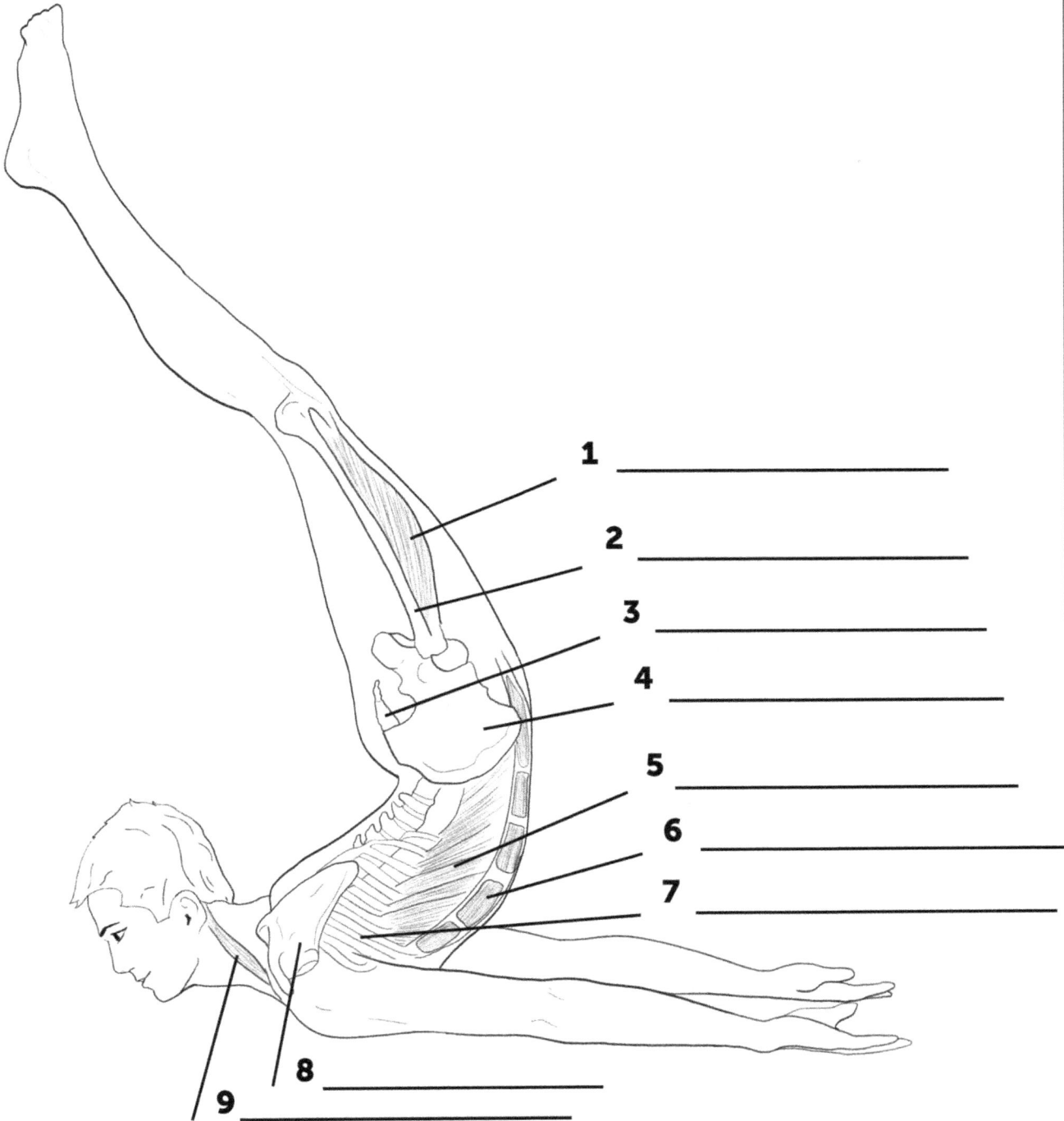

1 _____

2 _____

3 _____

4 _____

5 _____

6 _____

7 _____

8 _____

9 _____

131. VIPARITA SALABHASANA

1. QUADRIZEPS
2. OBERSCHENKEL
3. KREUZBEIN
4. BECKEN
5. SCHRÄG NACH AUßEN
6. RECTUS ABDOMINIS
7. RIPPEN
8. SCHULTE

132. SCHLAFENDE YOGI-HALTUNG

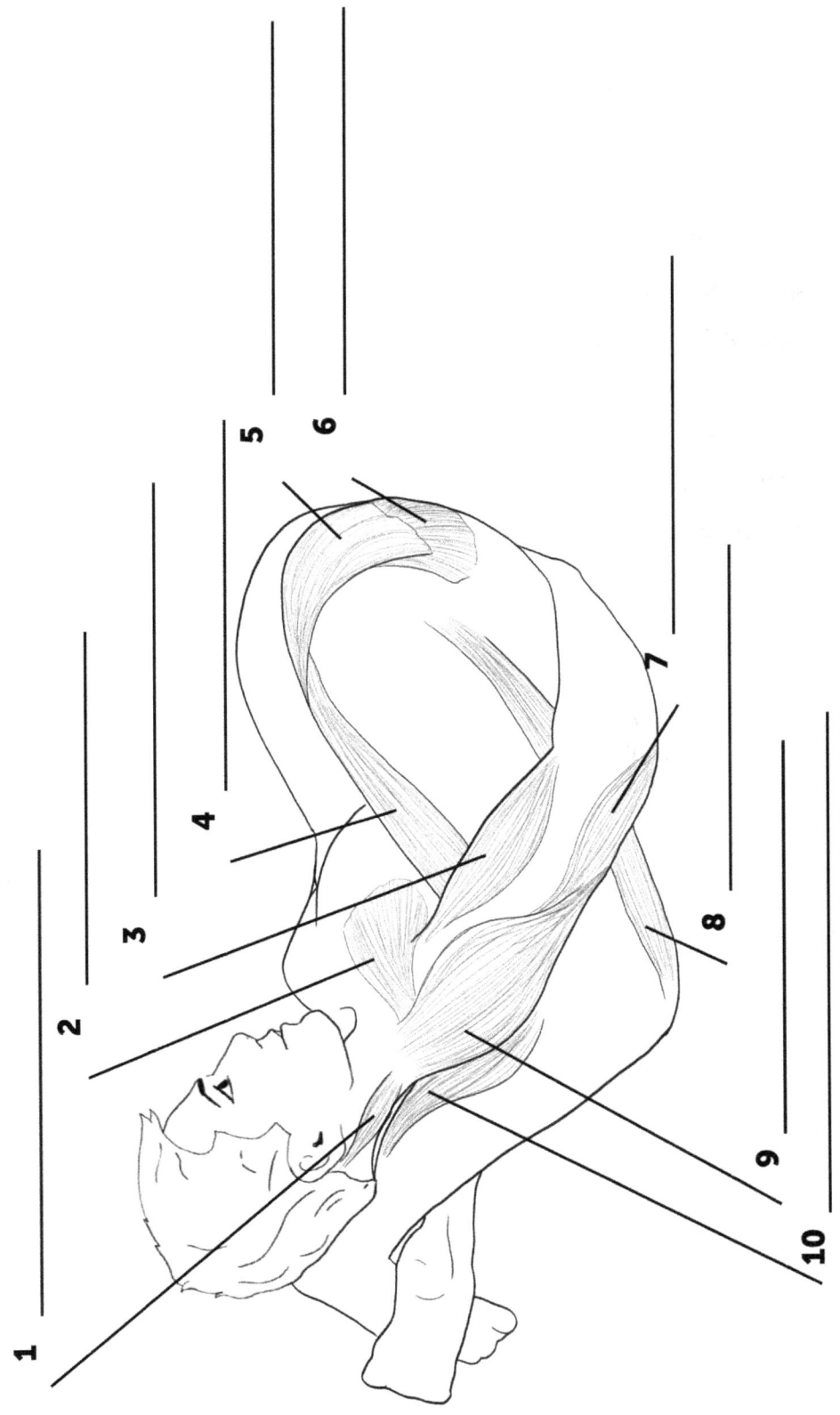

132. SCHLAFENDE YOGI-HALTUNG

1. M. STERNOCLEIDOMASTOIDEUS
2. PECTORALIS MAJOR
3. BIZEPS BRACHII
4. ACHILLESSEHNEN
5. GLUTEUS MAXIMUS
6. GESÄßMUSKEL MEDIUS
7. TRIZEPS BRACHII
8. QUADRIZEPS
9. DELTAMUSKEL
10. GASTROCNEMIUS

133. TAUBENHALTUNG

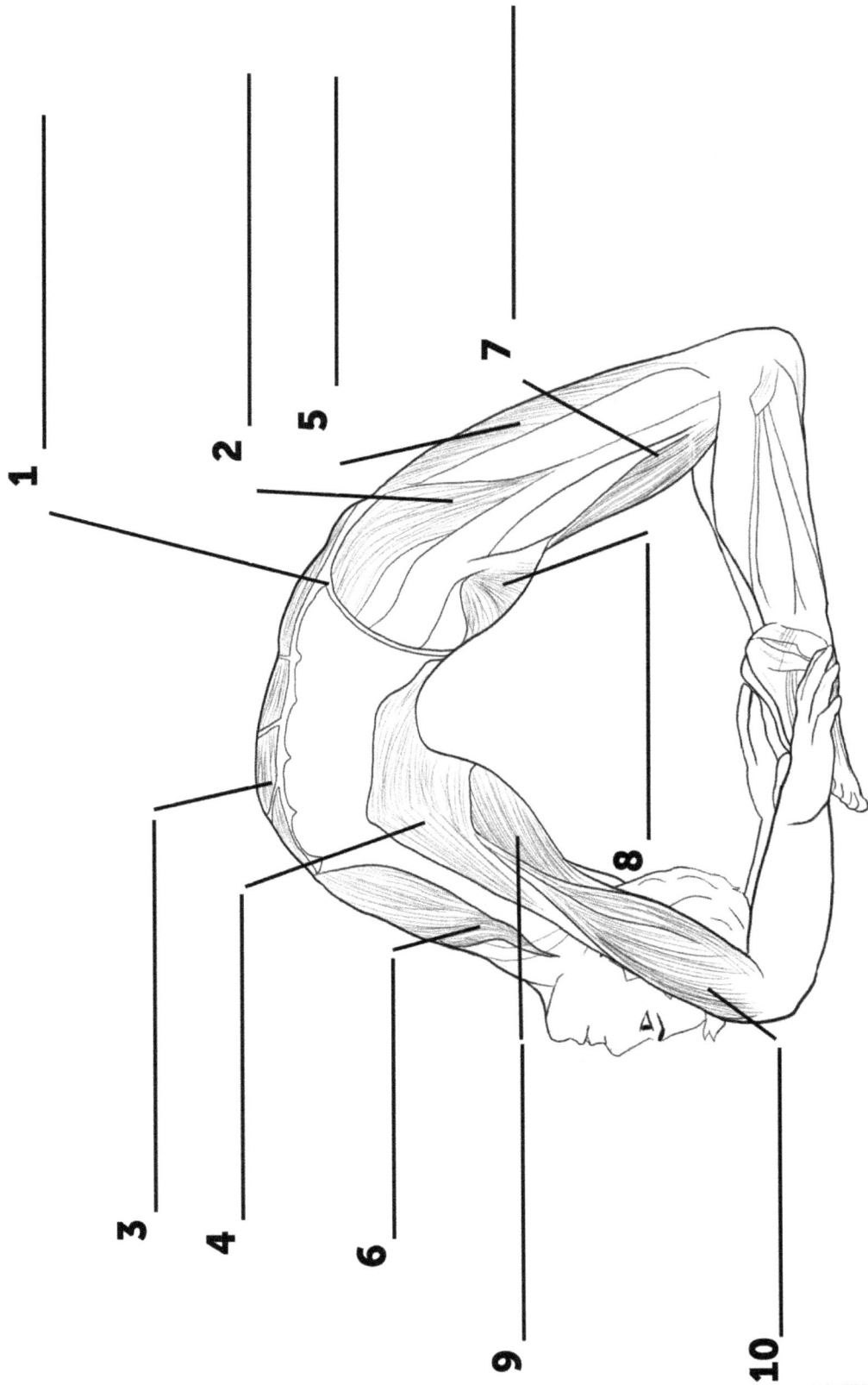

1

2

5

7

3

4

6

8

9

10

133. TAUBENHALTUNG

1. ILIOPSOAS

2. TENSOR FASCIA LATA

3. RECTUS ABDOMINIS

4. LATISSIMUS DORSI

5. QUADRIZEPS

6. PECTORALIS MAJOR

7. ACHILLESSEHNEN

8. GROßER GESÄßMUSKEL

9. EREKTOR SPINAE

10. TRIZEPS BRACHII

134. GEBUNDENER WINKEL KOPFSTAND POSE

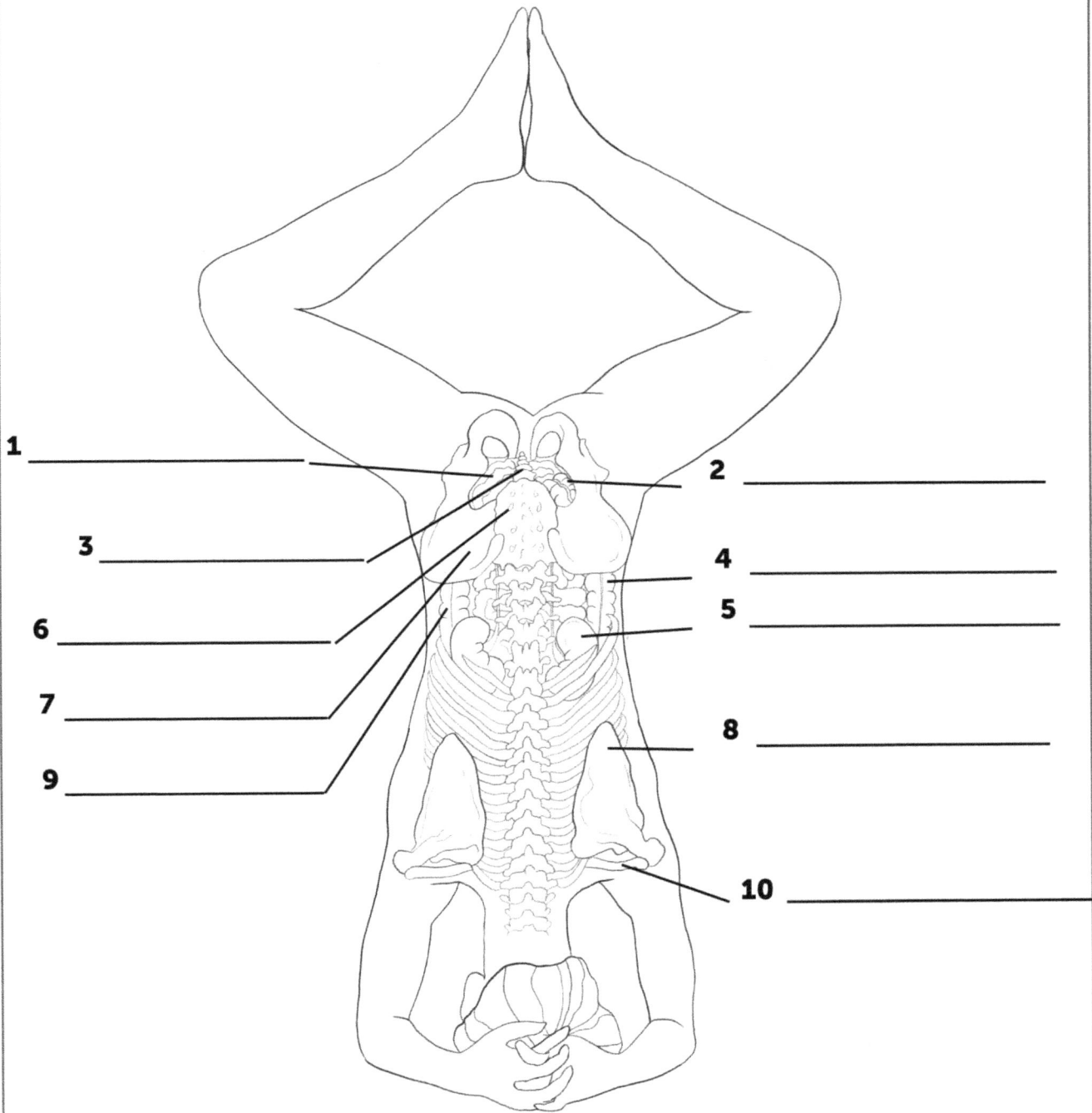

1 _____

2 _____

3 _____

4 _____

5 _____

6 _____

7 _____

8 _____

9 _____

10 _____

134. GEBUNDENER WINKEL KOPFSTAND POSE

1. DÜNNDARMSCHLINGEN

2. COLON SIGMOIDEUM

3. STEIßBEIN

4. ABSTEIGENDER DICKDARM

5. NIERE

6. KREUZBEIN

7. BECKEN

8. SCHULTERBLATT

9. AUFSTEIGENDER DICKDARM

10. SCHLÜSSELBEIN

135. VISHVAMITRASANA II

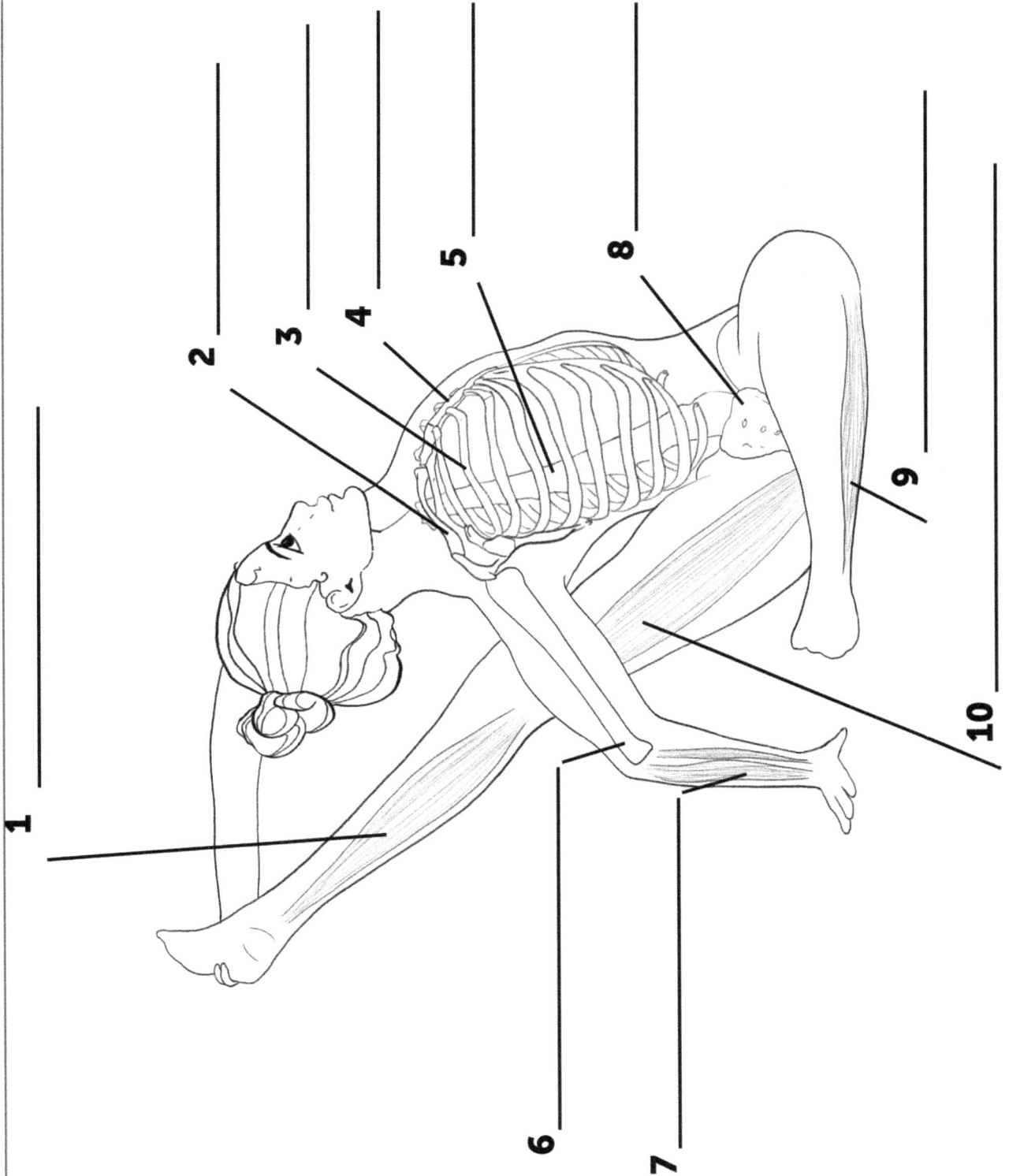

1

2

3

4

5

6

7

8

9

10

135. VISHVAMITRASANA II

1. GASTROCNEMIUS
2. SCHLÜSSELBEIN
3. RIPPEN
4. BRUSTBEIN
5. WIRBELSÄULE
6. OBERARMKNOCHEN
7. PRONATOREN
8. KREUZBEIN
9. TIBIALIS ANTERIOR
10. KNIESEHNEN

136. LOTUS IN SCHULTERSTAND-POSE

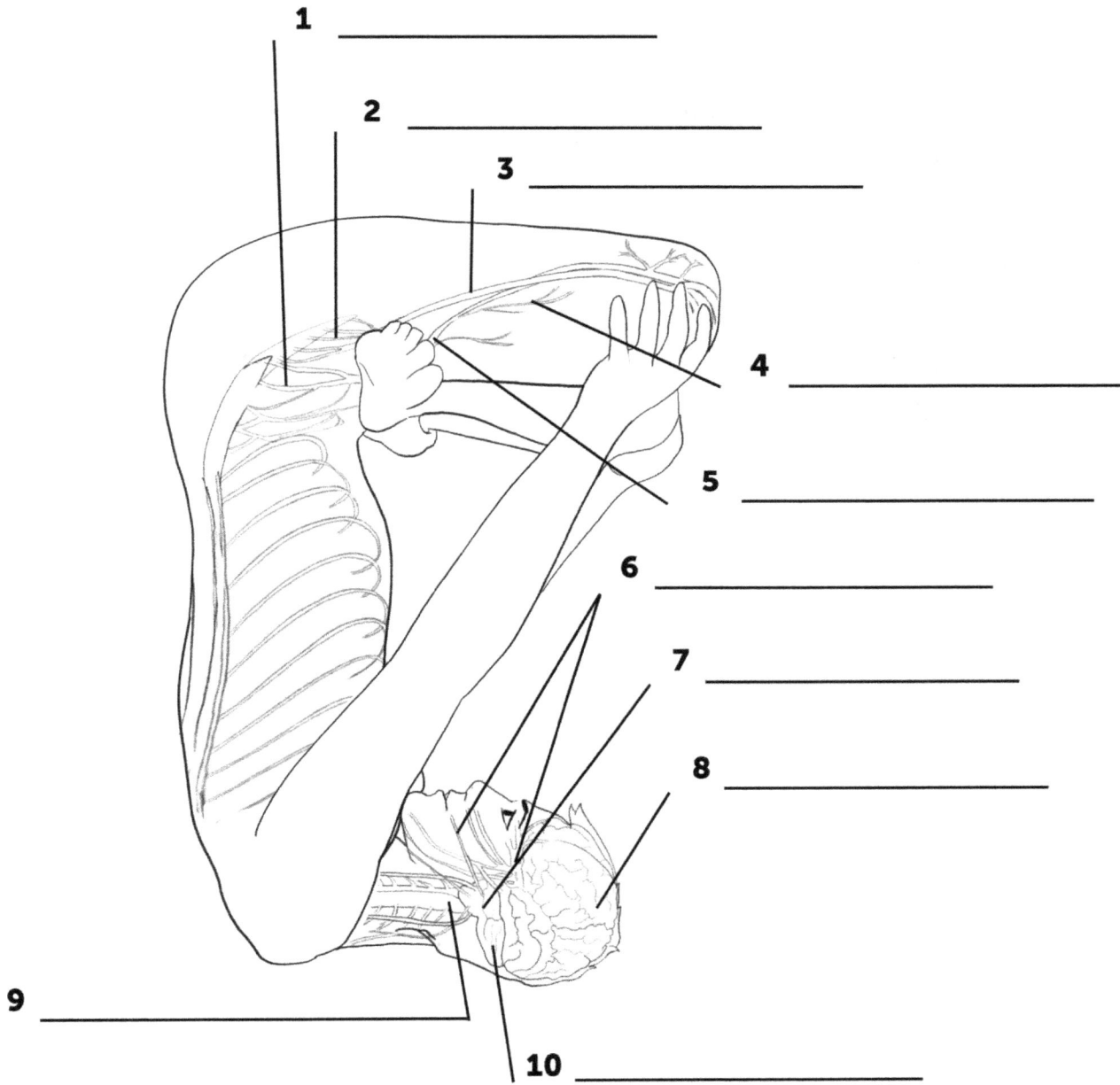

1 _____

2 _____

3 _____

4 _____

5 _____

6 _____

7 _____

8 _____

9 _____

10 _____

136. LOTUS IN SCHULTERSTAND-POSE

1. LUMBALPLEXUS

2. SAKRALGEFLECHT

3. ISCHIAS

4. MUSKULÄRE ÄSTE DES FEMURS

5. OBERSCHENKEL

6. HIRNNERVEN

7. HIRNSTAMM

8. GROßHIRN

9. RÜCKENMARK

10. KLEINHIRN

137. EINBEINIGE RADSTELLUNG

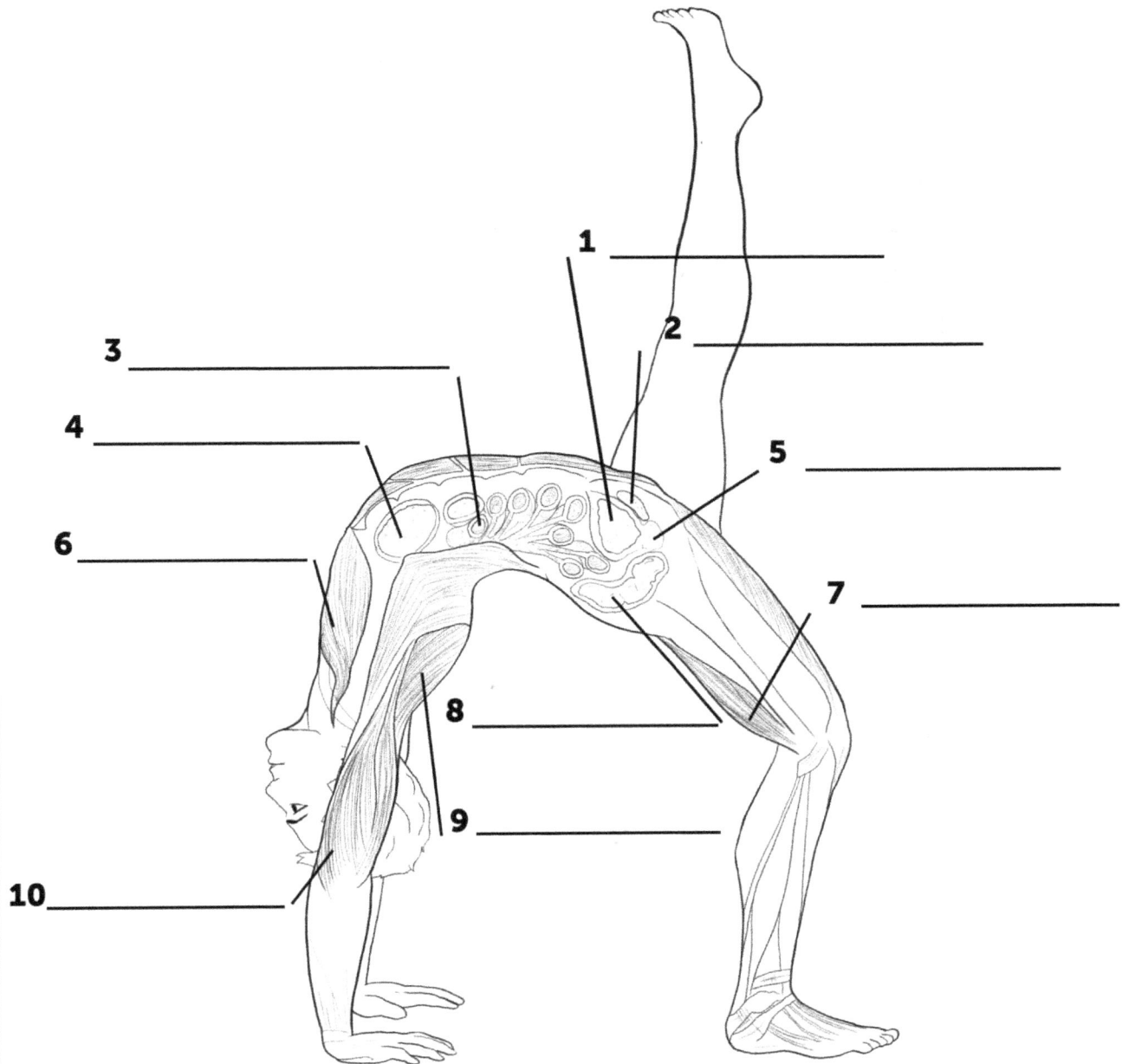

1 _____

2 _____

3 _____

4 _____

5 _____

6 _____

7 _____

8 _____

9 _____

10 _____

137. EINBEINIGE RADSTELLUNG

1. HARNBLASE
2. SCHAMBEIN
3. WINDUNGEN DES DÜNNDARMS
4. MAGEN
5. PROSTATA
6. GROßER BRUSTMUSKEL (PECTORALIS MAJOR)
7. HAMSTRINGS
8. REKTUM
9. ERECTOR SPINAE
10. TRICEPS BRACHII

138. EINBEINIGER KOPFSTAND

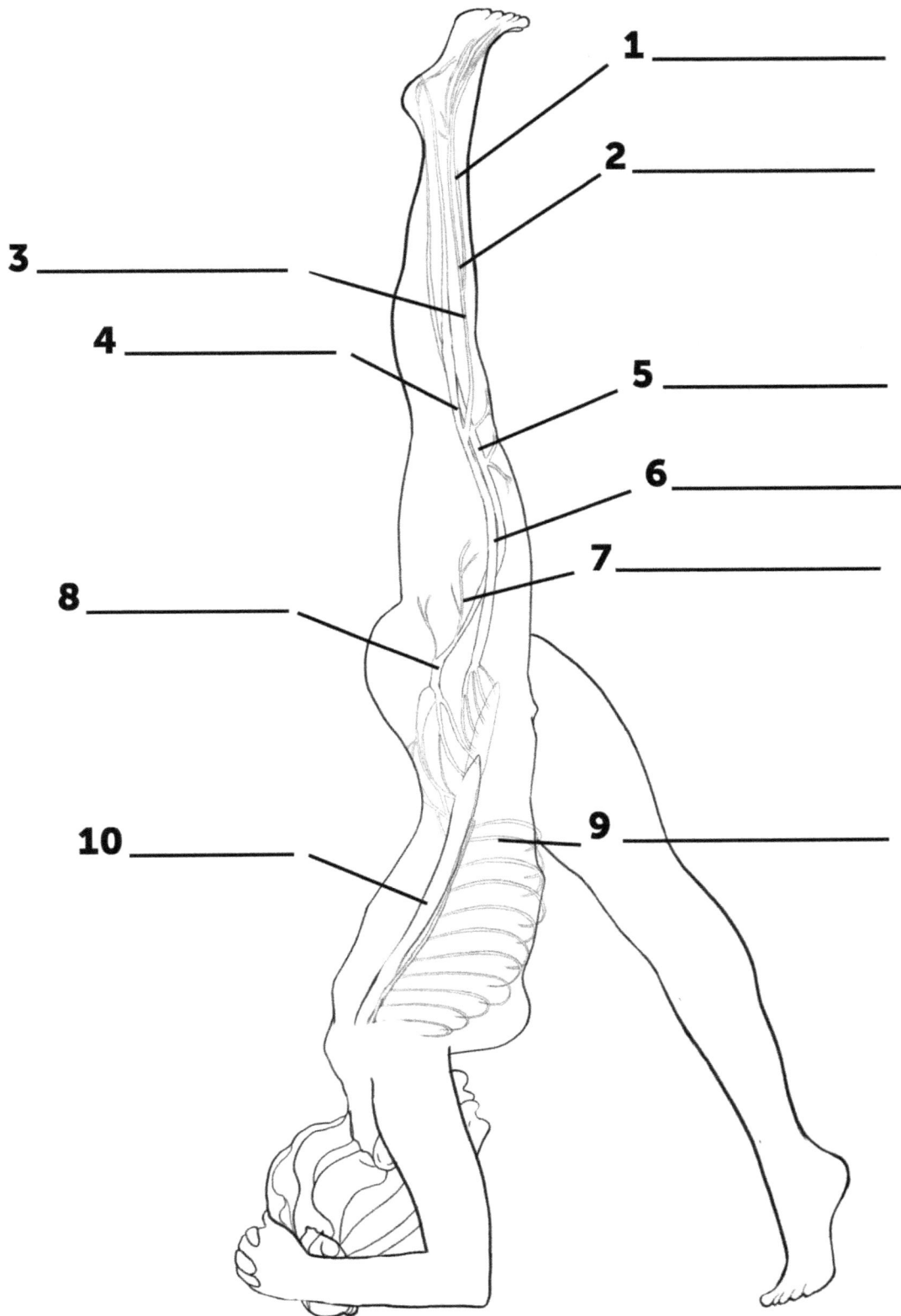

1 _____

2 _____

3 _____

4 _____

5 _____

6 _____

7 _____

8 _____

9 _____

10 _____

138. EINBEINIGER KOPFSTAND

1.   OBERFLÄCHLICHER PERONEUS

2.   TIEFES PERONAEUS

3.   GEMEINSAMES PERONAEUS

4.   SCHIENBEIN

5.   SAPHENA

6.   ISCHIAS

7.   MUSKULÄRE ÄSTE DES OBERSCHENKELS

8.   OBERSCHENKEL

9.   INTERKOSTAL

10. RÜCKENMARK

139. SUPTA VISVAMITRASANA

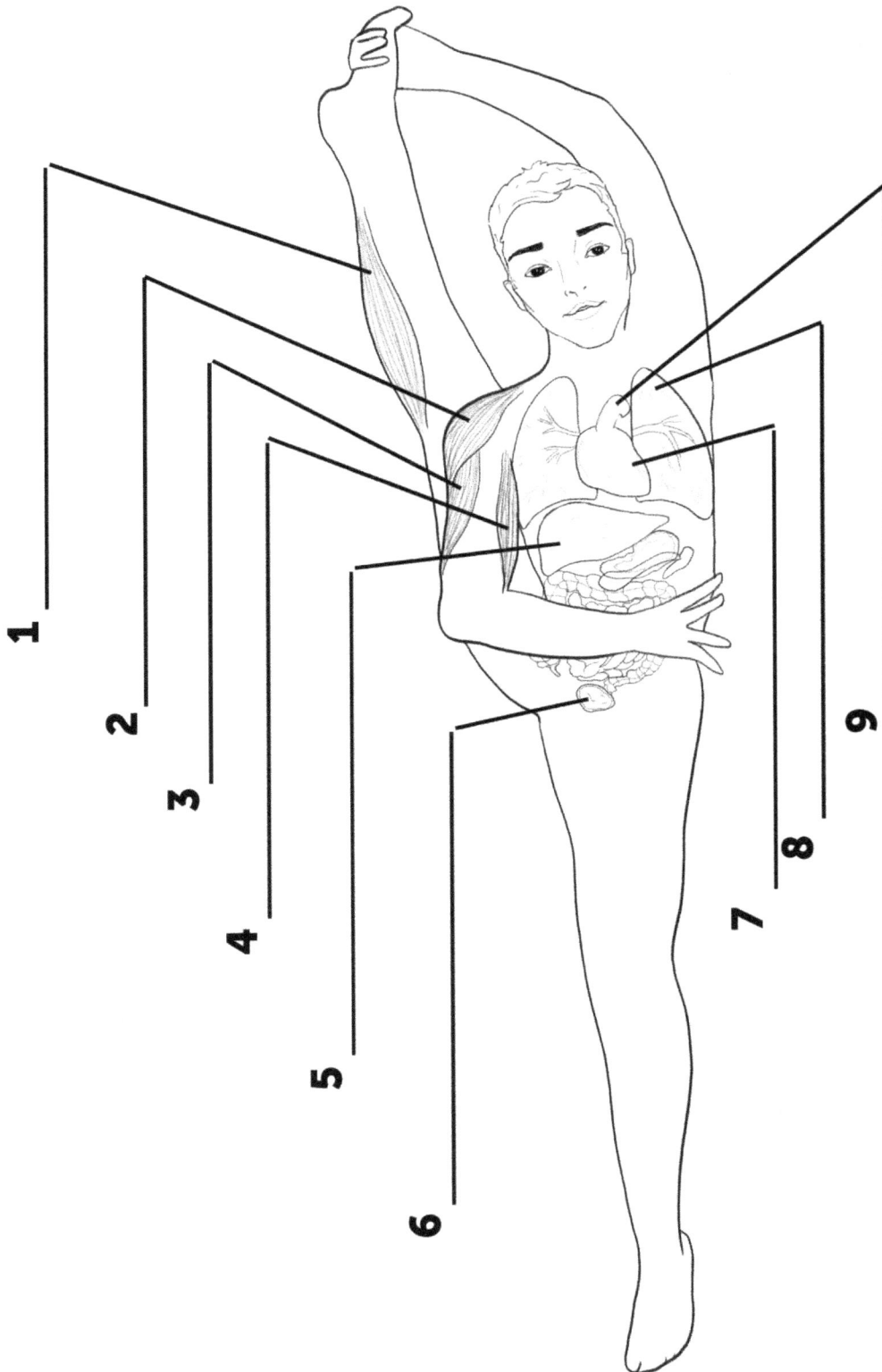

1

2

3

4

5

6

7

8

9

139. SUPTA VISVAMITRASANA

1. GASTROCNEMIUS
2. DELTAMUSKEL
3. TRIZEPS BRACHII
4. BIZEPS BRACHII
5. LEBER
6. HARNBLASE
7. HERZ
8. LUNGE
9. AORTA

140. AUFWÄRTS GERICHTETE VORWÄRTSBEUGE-POSE

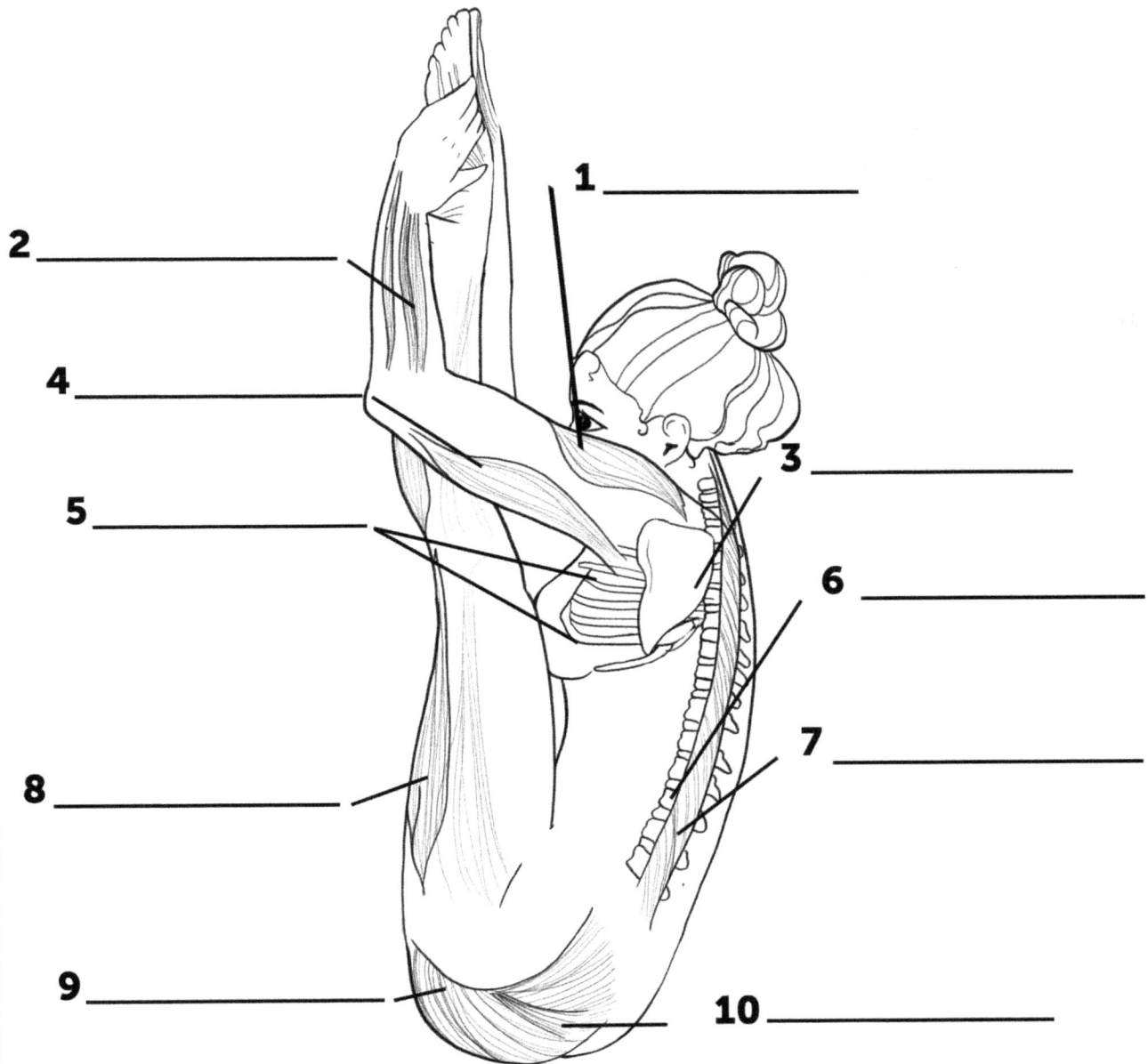

1 _____

2 _____

4 _____

5 _____

3 _____

6 _____

8 _____

7 _____

9 _____

10 _____

140. AUFWÄRTS GERICHTETE VORWÄRTSBEUGE-POSE

1. DELTAMUSKEL

2. PRONATOREN

3. SCHULTERBLATT

4. TRIZEPS BRACHII

5. RIPPEN

6. WIRBELSÄULE

7. WIRBELSÄULEN-MUSKELN

8. HAMSTRINGS

9. GROẞER GESÄẞMUSKEL

10. PIRIFORMIS

141. NACH OBEN GERICHTETE, WEITWINKLIGE, SITZENDE POSE

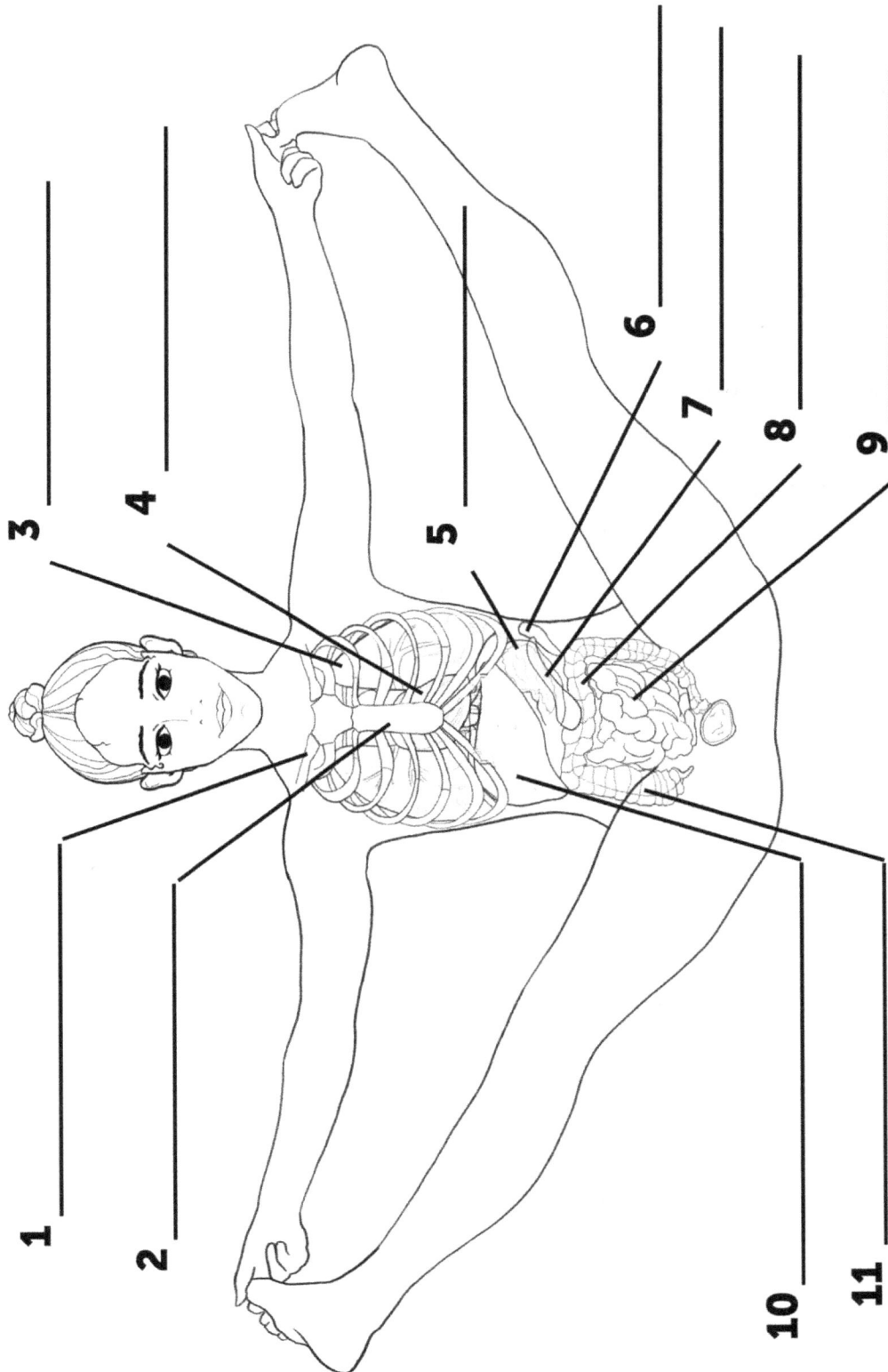

1

2

3

4

5

6

7

8

9

10

11

141. NACH OBEN GERICHTETE, WEITWINKLIGE, SITZENDE POSE

1. SCHLÜSSELBEIN

2. STERNUM

3. LUNGE

4. HERZ

5. MAGEN

6. MILZ

7. BAUCHSPEICHELDRÜSE

8. QUERKOLON

9. DÜNNDARMWINDUNGEN

10. LEBER

11. AUFSTEIGENDER DICKDARM

142. VISVAMITRASANA

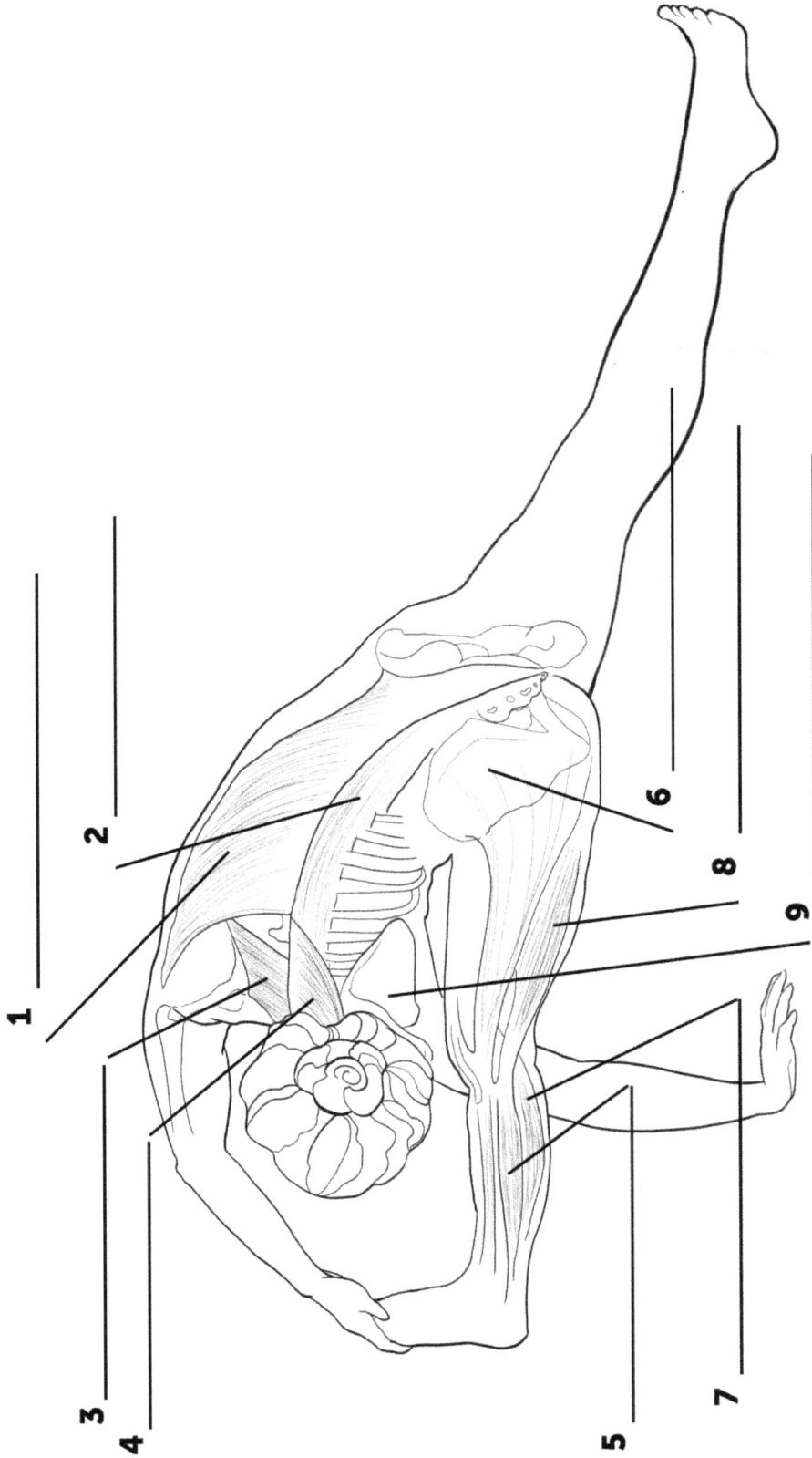

142. VISVAMITRASANA

1. LATISSIMUS DORSI
2. EREKTOR SPINAE
3. RHOMBOIDEN
4. TRAPEZIUS
5. SOLEUS
6. BECKEN
7. GASTROCNEMIUS
8. HAMSTRINGS
9. SCHULTERBLATT

143. GEBUNDENE SKANDASANA

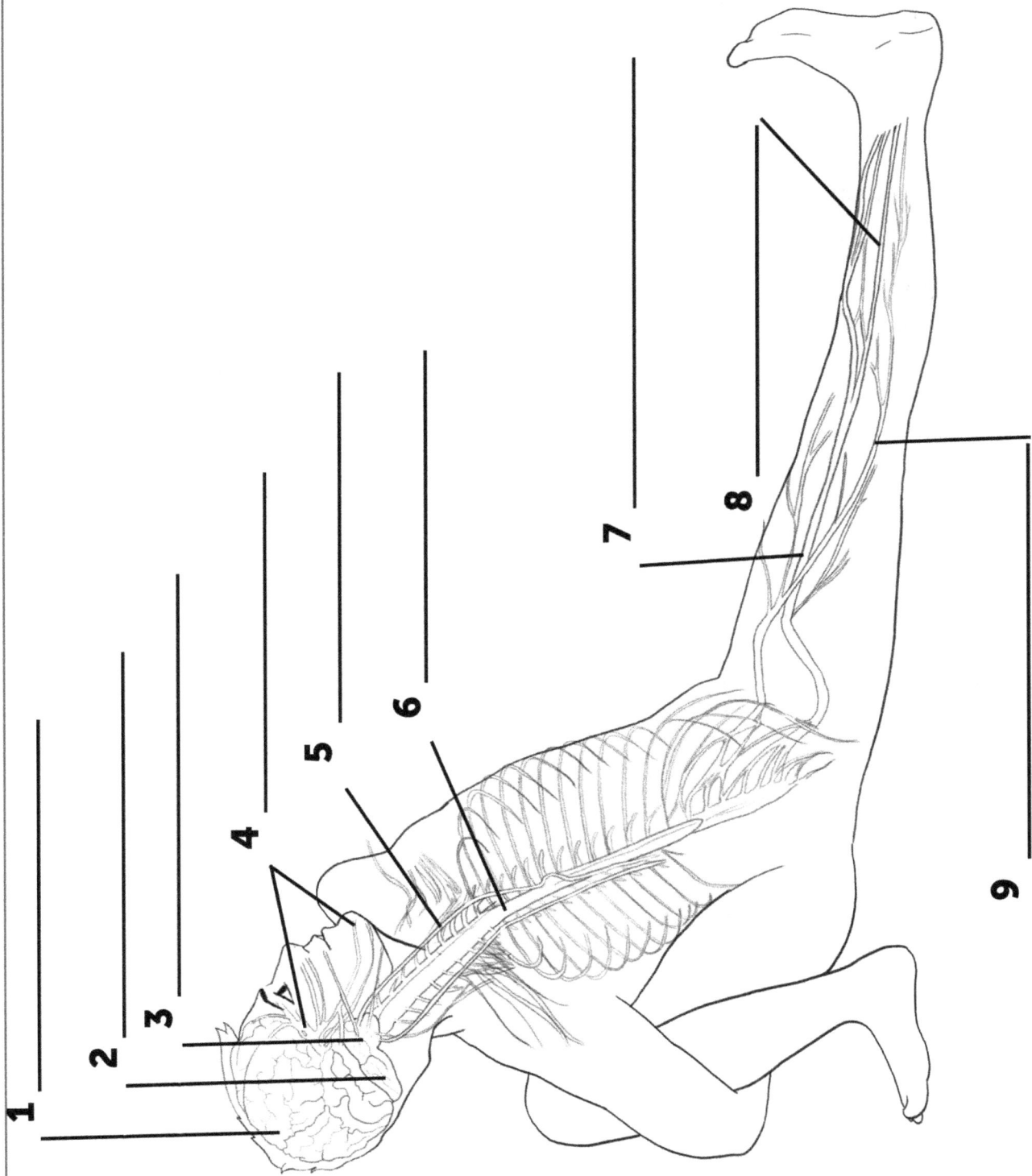

1

2

3

4

5

6

7

8

9

143 GEBUNDENE SKANDASANA

1. GROßHIRN

2. KLEINHIRN

3. HIRNSTAMM

4. HIRNNERVEN

5. VAGUS

6. RÜCKENMARK

7. ISCHIAS

8. TIBIA

9. SAPHENA

144. ANDÄCHTIGE KRIEGER-POSE

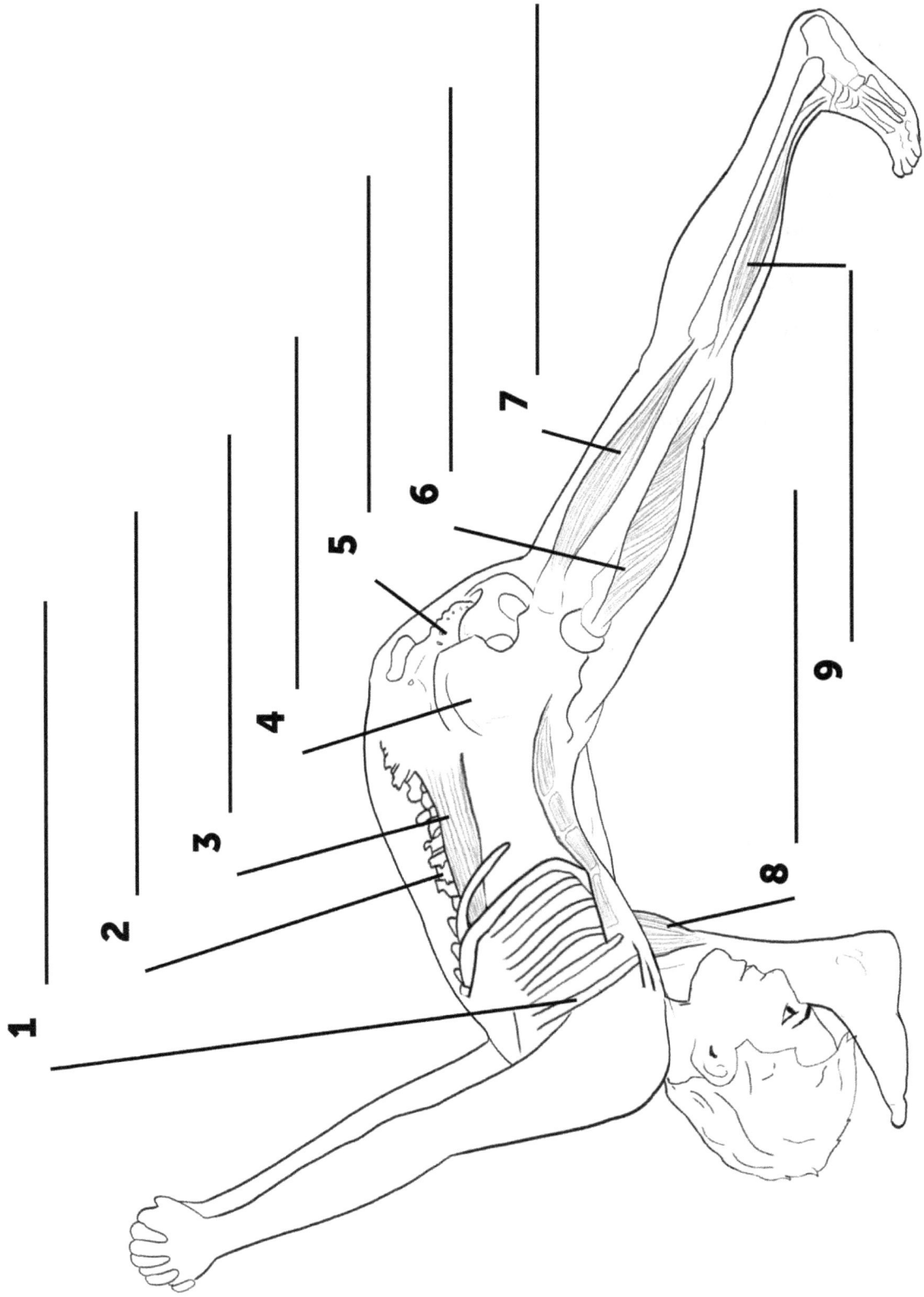

144. ANDÄCHTIGE KRIEGER-POSE

1.   RIPPEN

2.   WIRBELSÄULE

3.   EREKTOR SPINAE

4.   BECKEN

5.   KREUZBEIN

6.   QUADRIZEPS

7.   HAMSTRINGS

8.   GASTROCNEMIUS

9.   TIBIALIS ANTERIOR

145. GEBUNDENE EIDECHSE POSE

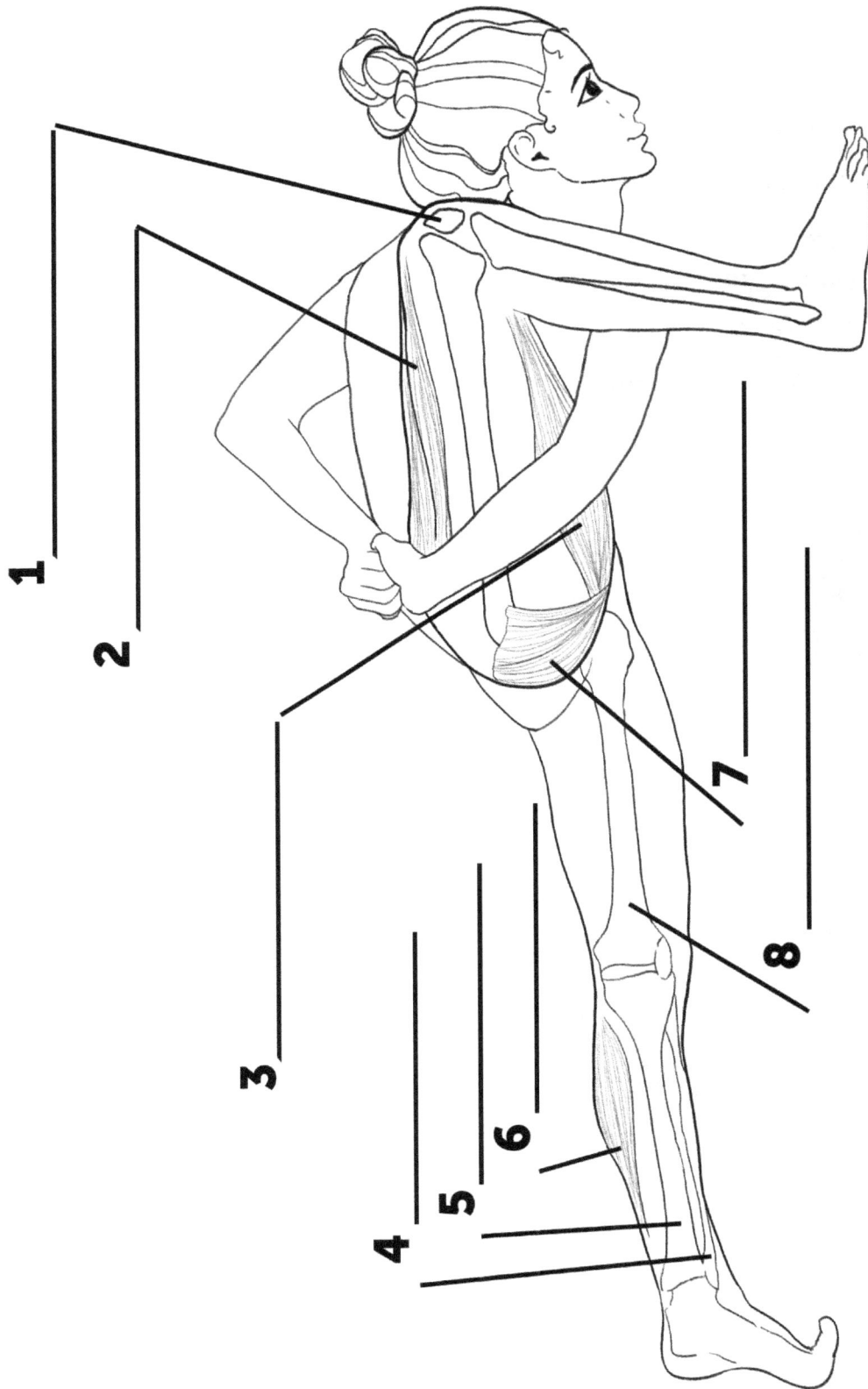

1

2

3

4

5

6

7

8

145. GEBUNDENE EIDECHSE POSE

1. PATELLA
2. QUADRIZEPS
3. HAMSTRINGS
4. WADENBEIN
5. SCHIENBEIN
6. GASTROCNEMIUS
7. GROßER GESÄßMUSKEL
8. OBERSCHENKELKNOCHEN

146. STEHEND GETEILT

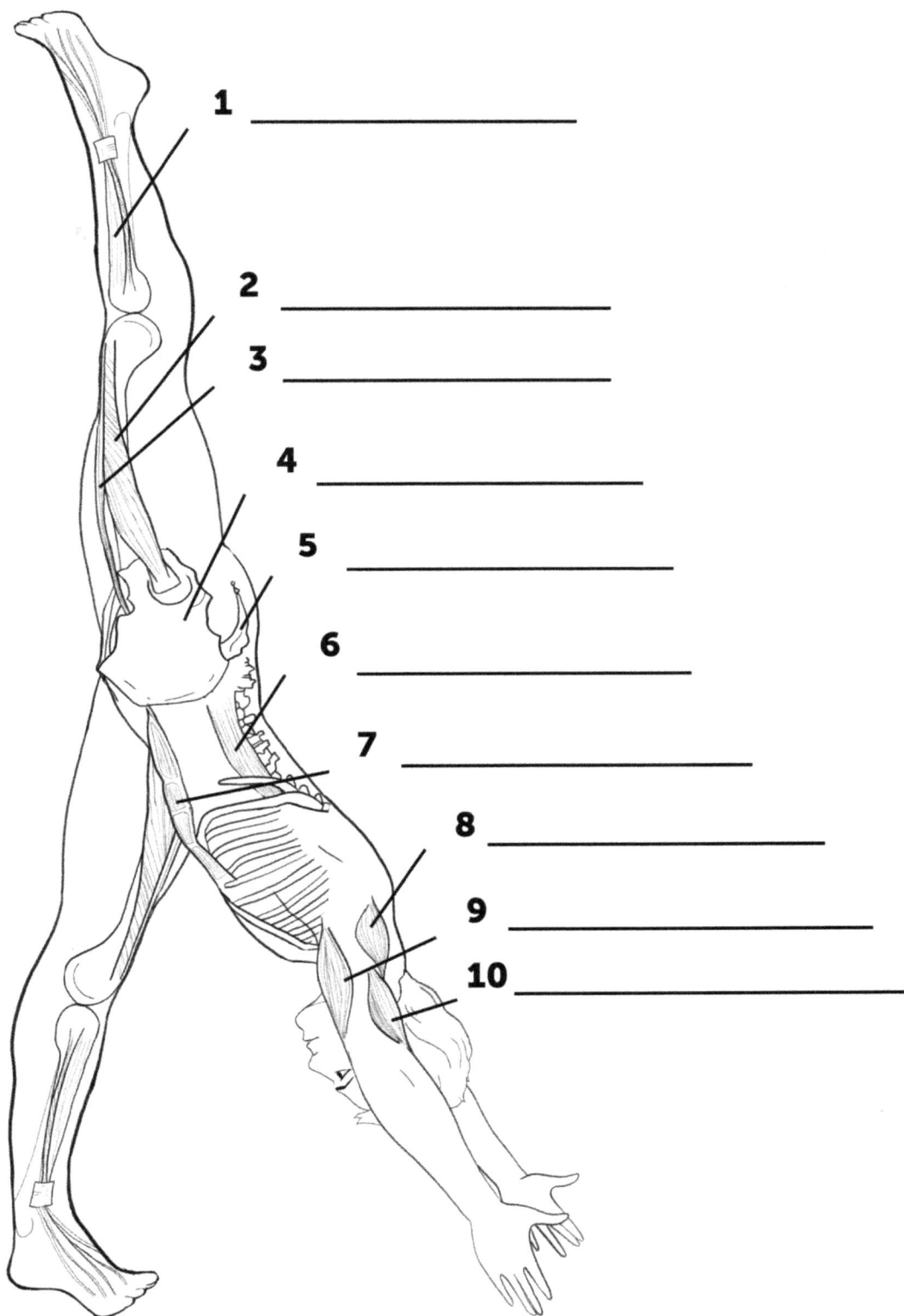

1 _____

2 _____

3 _____

4 _____

5 _____

6 _____

7 _____

8 _____

9 _____

10 _____

146. STEHEND GETEILT

1. TIBIALIS ANTERIOR
2. RECTUS FEMORIS (OBERSCHENKELMUSKEL)
3. SARTORIUS
4. BECKEN
5. KREUZBEIN
6. ERECTOR SPINAE
7. RECTUS ABDOMINIS
8. DELTAMUSKEL
9. BIZEPS BRACHII
10. TRIZEPS BRACHII

147. GEBUNDENE KRIEGERIN III

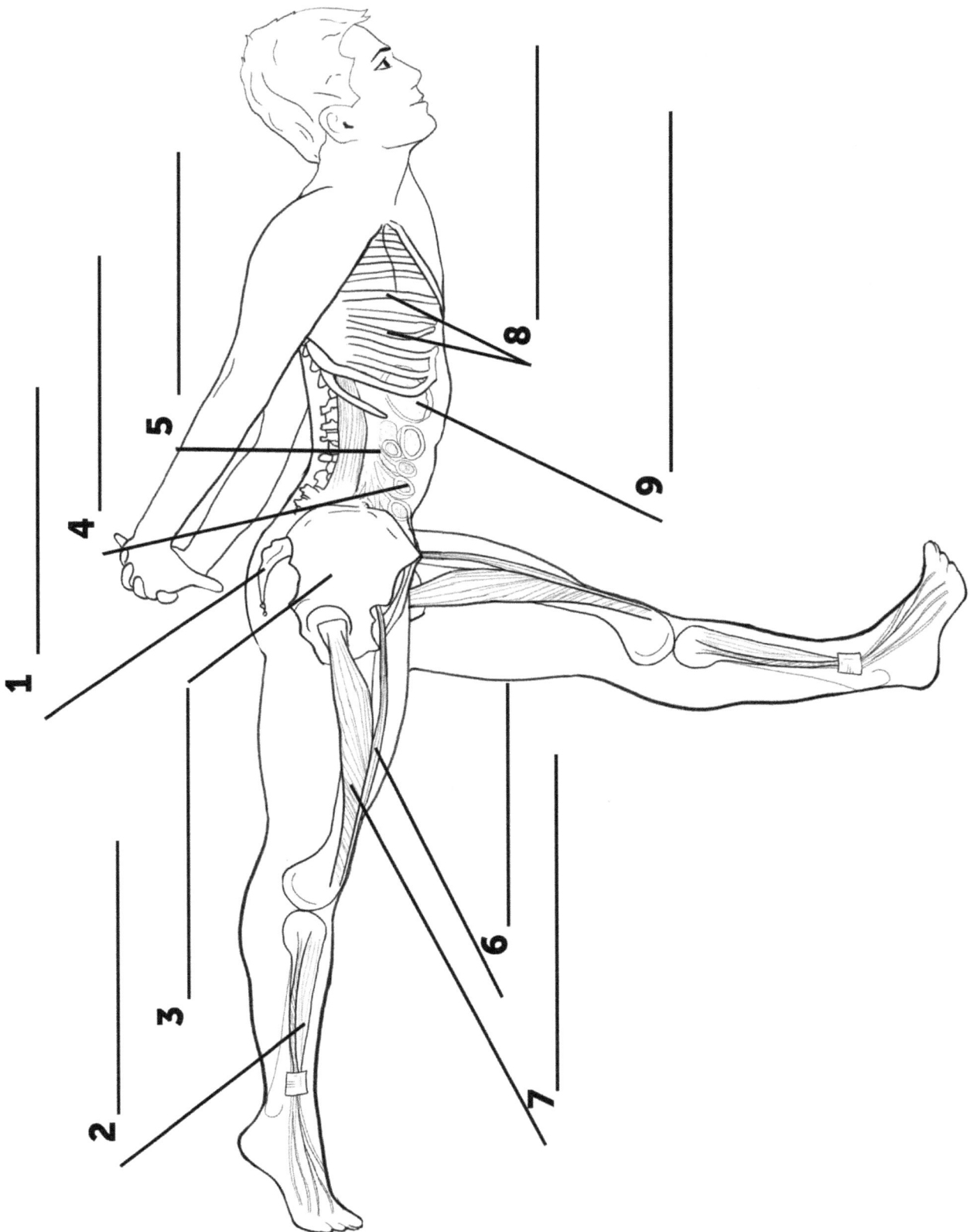

147. GEBUNDENE KRIEGERIN III

1. KREUZBEIN

2. TIBIALIS ANTERIOR

3. BECKEN

4. DÜNNDARMWINDUNGEN

5. MESENTERIUM DES DÜNNDARMS

6. SARTORIUS

7. RECTUS FEMORIS (OBERSCHENKELMUSKEL)

8. RIPPEN

9. MAGEN

148. GEBUNDENE VORWÄRTSFALTE

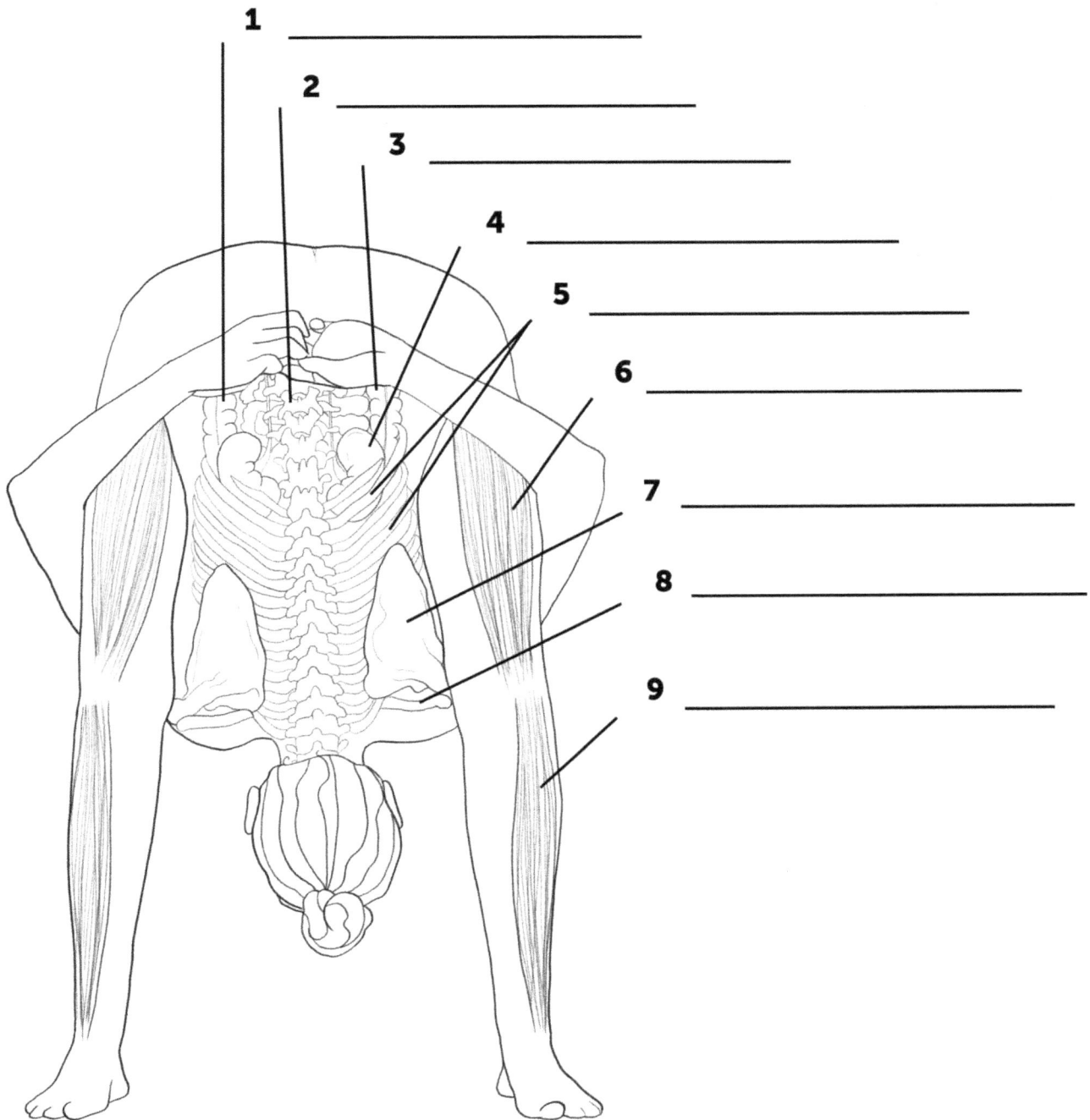

1 _____

2 _____

3 _____

4 _____

5 _____

6 _____

7 _____

8 _____

9 _____

148. GEBUNDENE VORWÄRTSFALTE

1. AUFSTEIGENDER DICKDARM

2. WIRBELSÄULE

3. ABSTEIGENDER DICKDARM

4. NIERE

5. RIPPEN

6. QUADRIZEPS

7. SCHULTERBLATT

8. SCHLÜSSELBEIN

9. TIBIALIS ANTERIOR

149. FLICKENPUPPEN-POSE

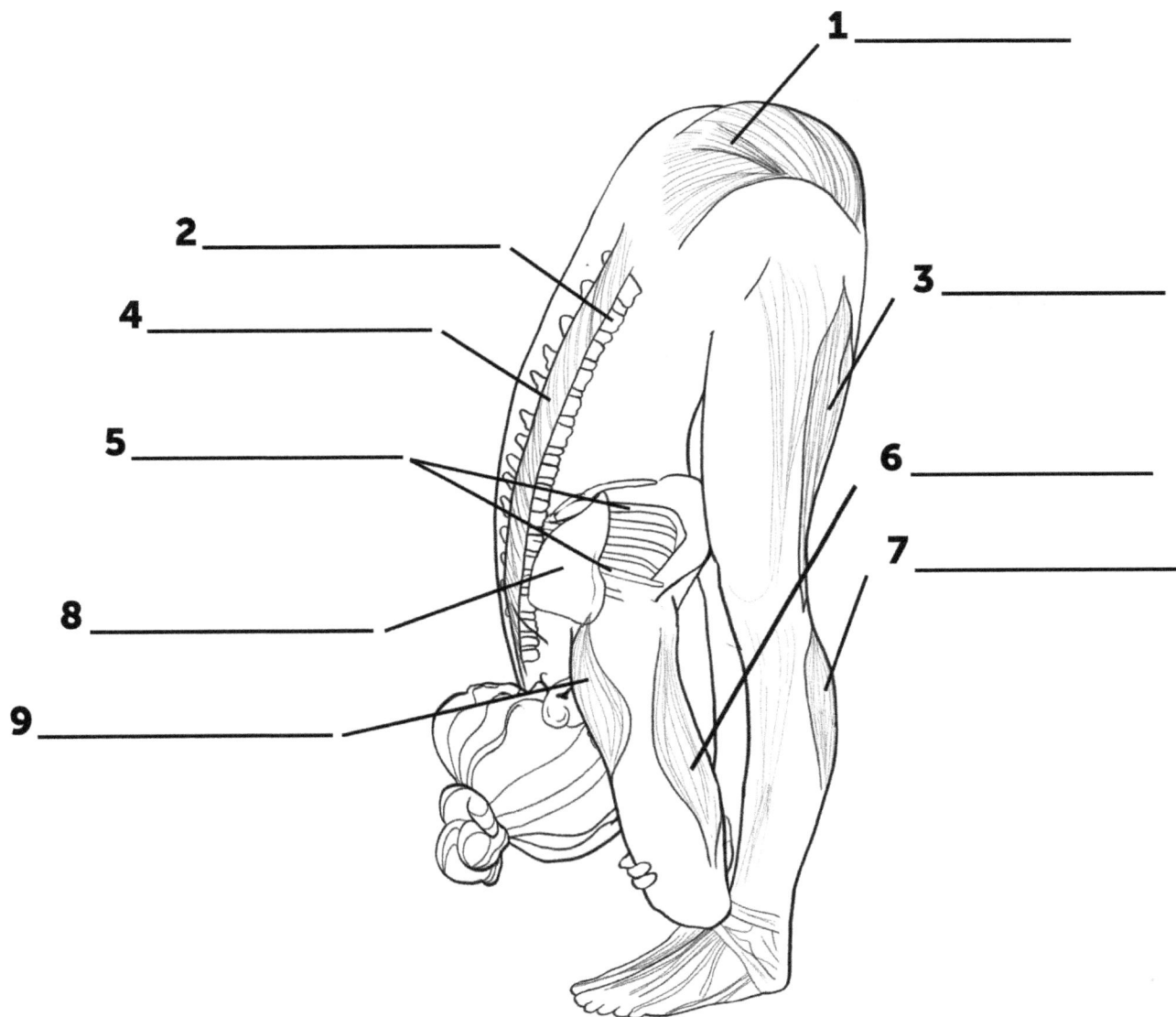

1 _____

2 _____

4 _____

3 _____

5 _____

6 _____

7 _____

8 _____

9 _____

149. FLICKENPUPPEN-POSE

1. PIRIFORMIS
2. WIRBELSÄULE
3. HAMSTRINGS
4. WIRBELSÄULENMUSKELN
5. RIPPEN
6. TRIZEPS BRACHII
7. GASTROCNEMIUS
8. SCHULTERBLATT
9. DELTAMUSKEL

150. AUSGERUHTE HALBE TAUBENHALTUNG

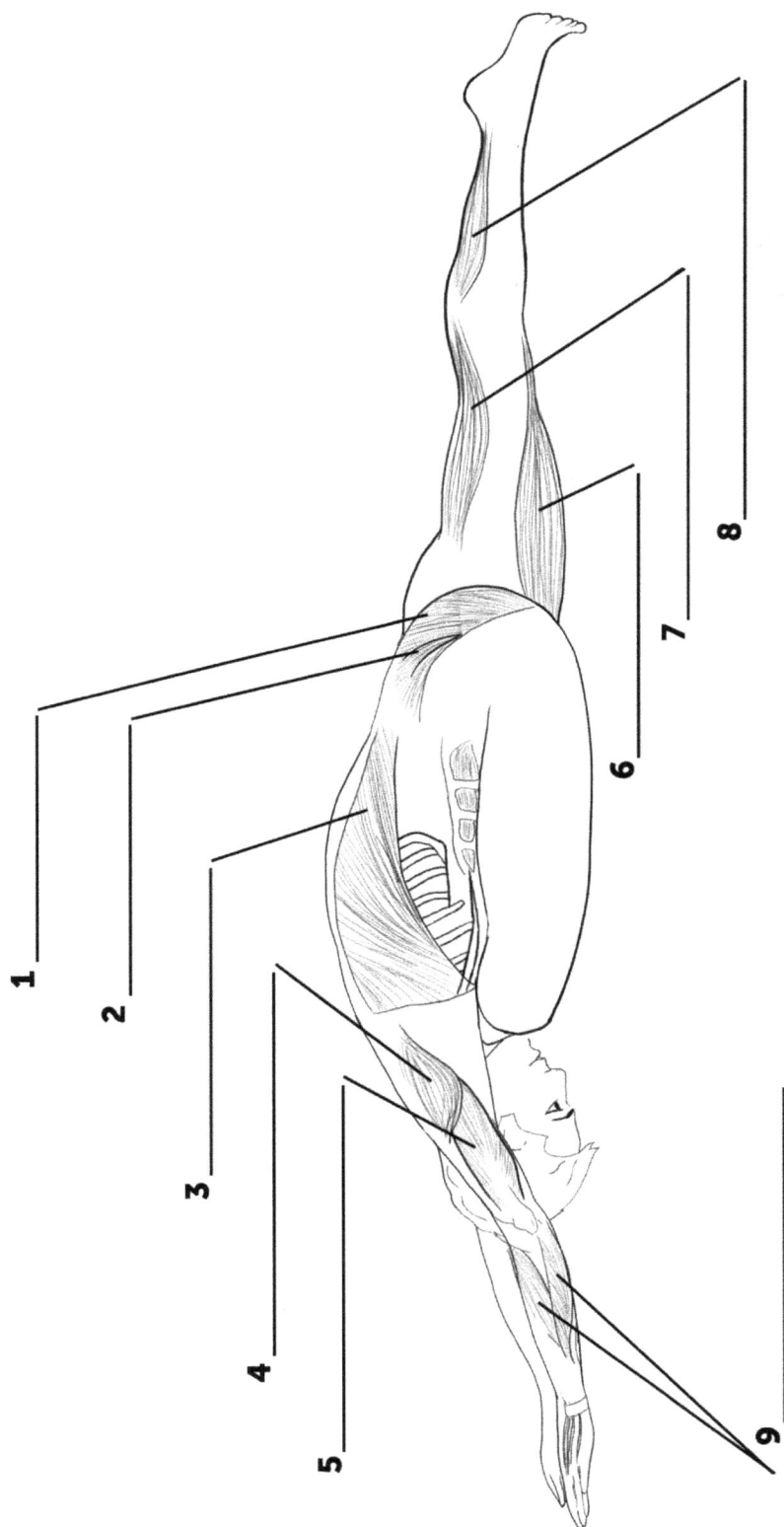

150. AUSGERUHTE HALBE TAUBENHALTUNG

1. GROßER GESÄßMUSKEL

2. PIRIFORMIS

3. LATISSIMUS DORSI

4. DELTAMUSKEL

5. TRIZEPS BRACHII

6. QUADRIZEPS

7. HAMSTRINGS

8. GASTROCNEMIUS

9. PRONATOREN

151. EINBEINIGER REVERSE-TISCH

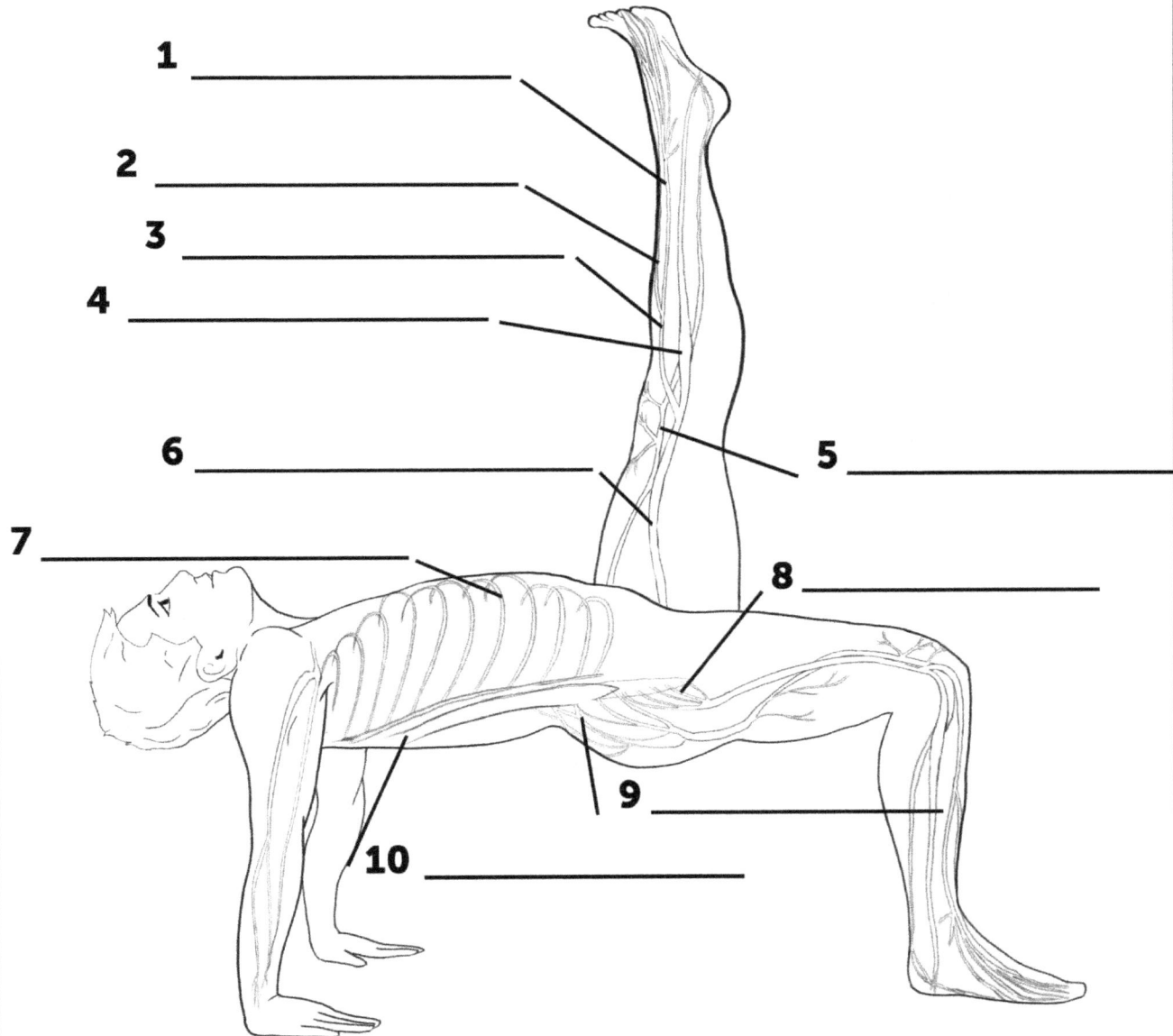

1 _____

2 _____

3 _____

4 _____

5 _____

6 _____

7 _____

8 _____

9 _____

10 _____

151. EINBEINIGER REVERSE-TISCH

1. TIEF PERONEAL

2. OBERFLÄCHLICHER PERONEUS

3. GEMEINSAMER PERONEUS

4. SCHIENBEIN

5. SAPHENA

6. ISCHIAS

7. INTERKOSTAL

8. SAKRALPLEXUS

9. LUMBALER PLEXUS

10. RÜCKENMARK

152. EINBEINIGE KRÄHE II

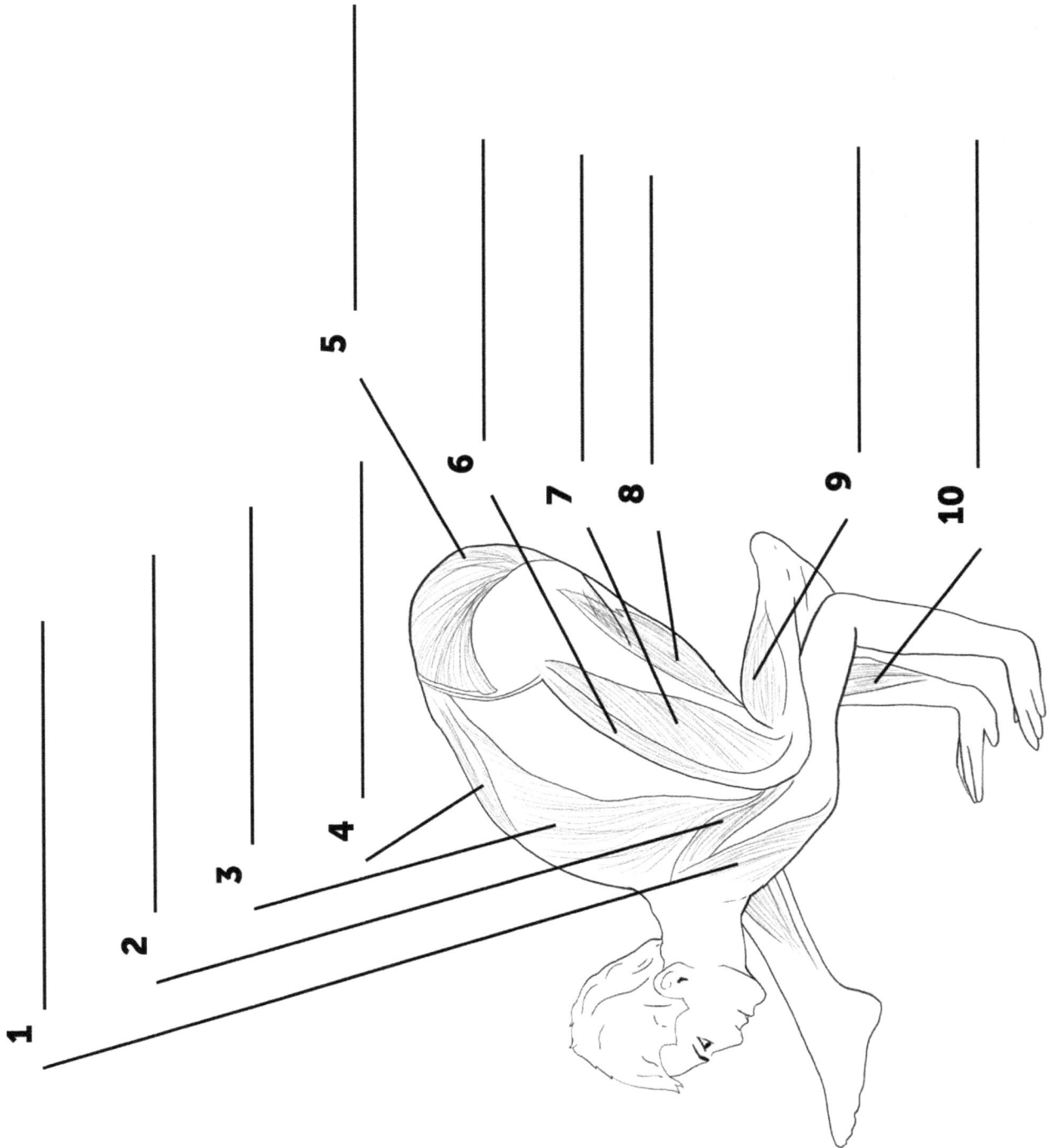

1

2

3

4

5

6

7

8

9

10

152. EINBEINIGE KRÄHE II

1. DELTAMUSKEL

2. TRIZEPS BRACHII

3. LATISSIMUS DORSI

4. EREKTOR SPINAE

5. GROßER GESÄßMUSKEL

6. OBERSCHENKELMUSKEL (RECTUS FEMORIS)

7. VASTUS LATERALIS

8. HAMSTRINGS

9. GASTROCNEMIUS

10. PRONATOREN

153. LIBELLE

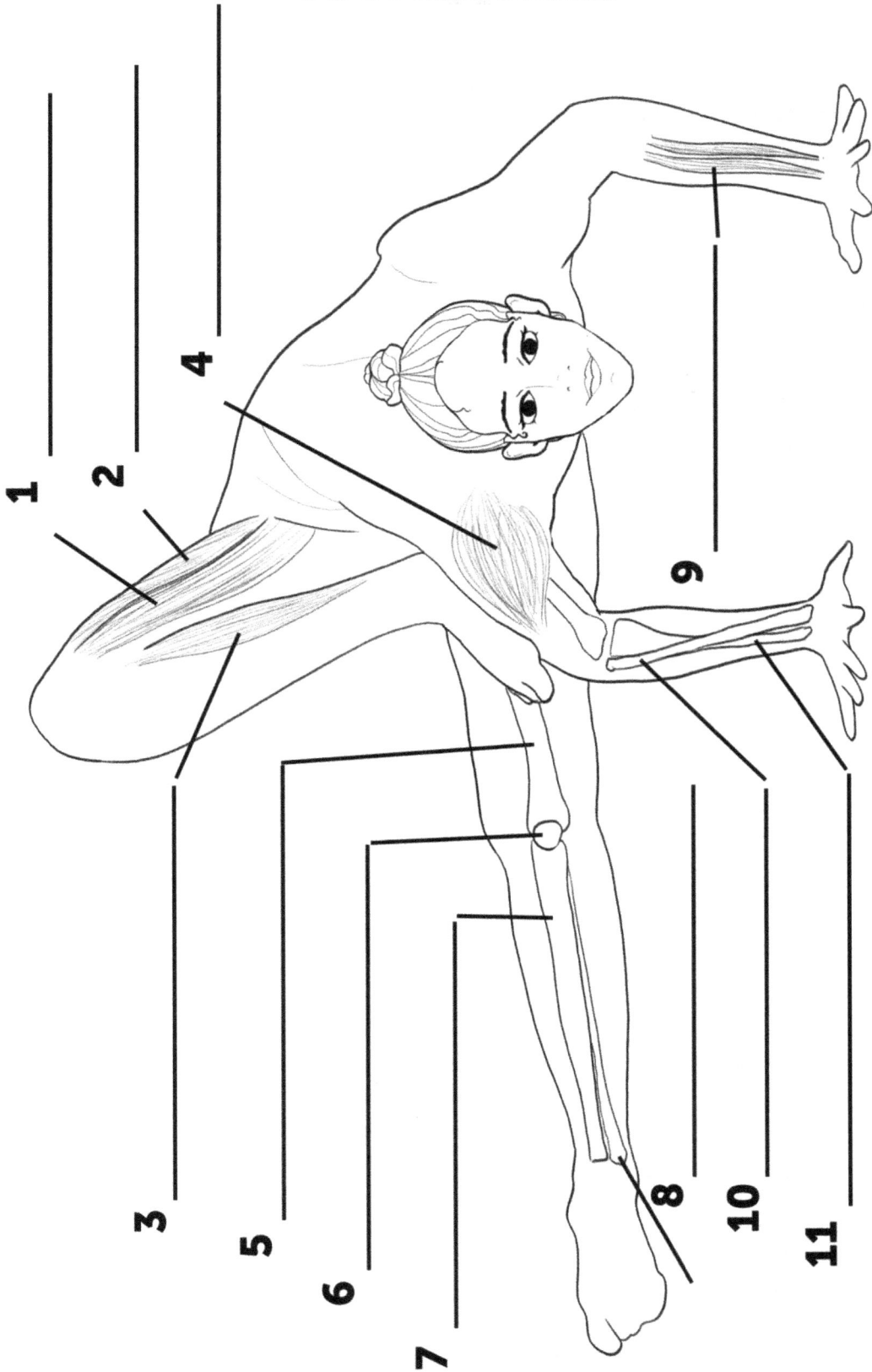

1

2

3

4

5

6

7

8

9

10

11

153. LIBELLE

1. VASTUS LATERALIS
2. RECTUS FEMORIS (OBERSCHENKELMUSKEL)
3. GASTROCNEMIUS
4. DELTAMUSKEL
5. OBERSCHENKELKNOCHEN
6. KNIESCHEIBE
7. SCHIENBEIN
8. WADENBEIN
9. PRONATOREN
10. RADIUS
11. ELLE

154. EINHÄNDIGE BAUM-POSE

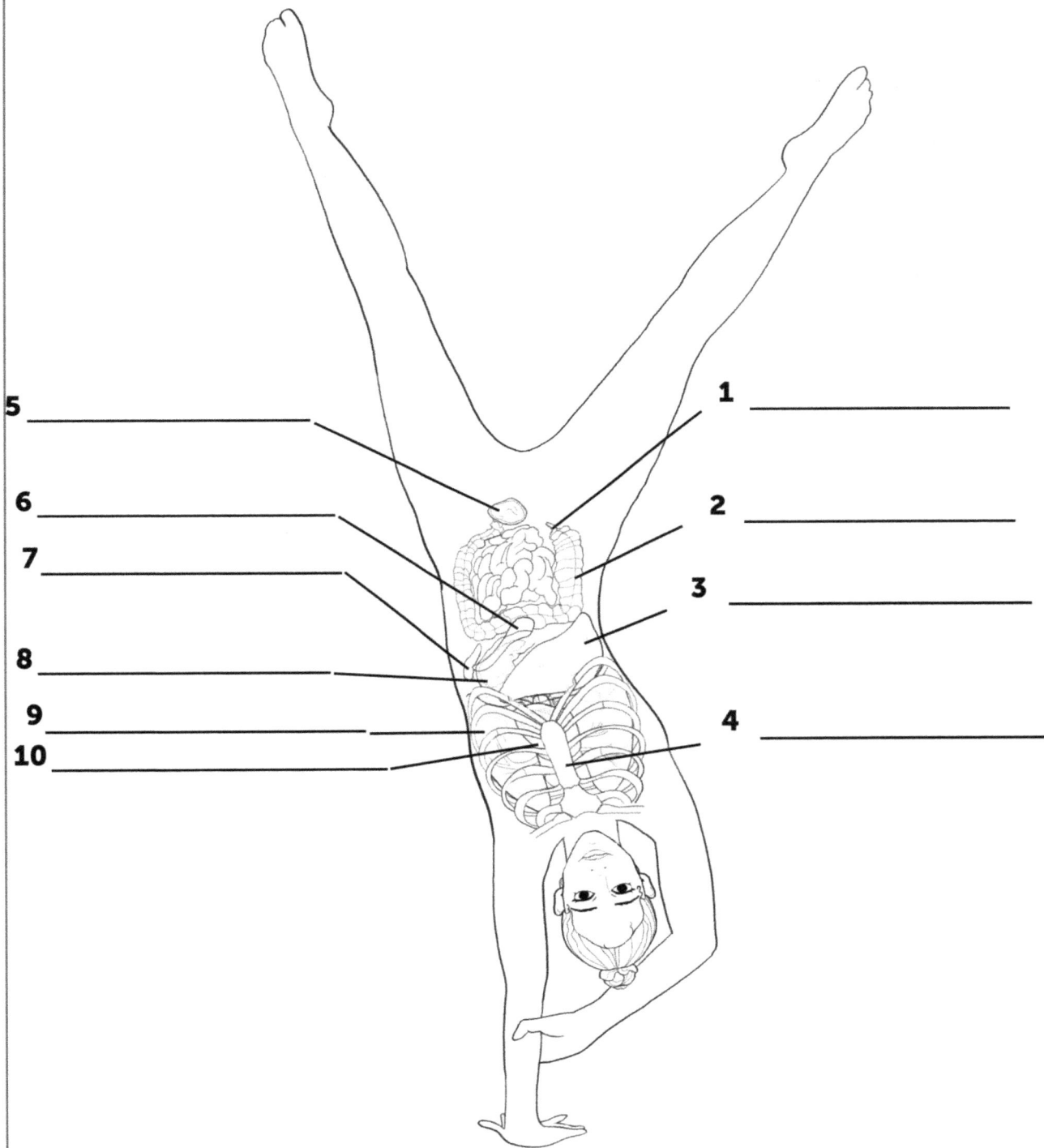

5 _____

6 _____

7 _____

8 _____

9 _____

10 _____

1 _____

2 _____

3 _____

4 _____

154. EINHÄNDIGE BAUM-POSE

1. BLINDDARM
2. AUFSTEIGENDER DICKDARM
3. LEBER
4. BRUSTBEIN
5. HARNBLASE
6. BAUCHSPEICHELDRÜSE
7. MILZ
8. MAGEN
9. LUNGE
10. HERZ

155. KÖNIGSKOBRA-POSE

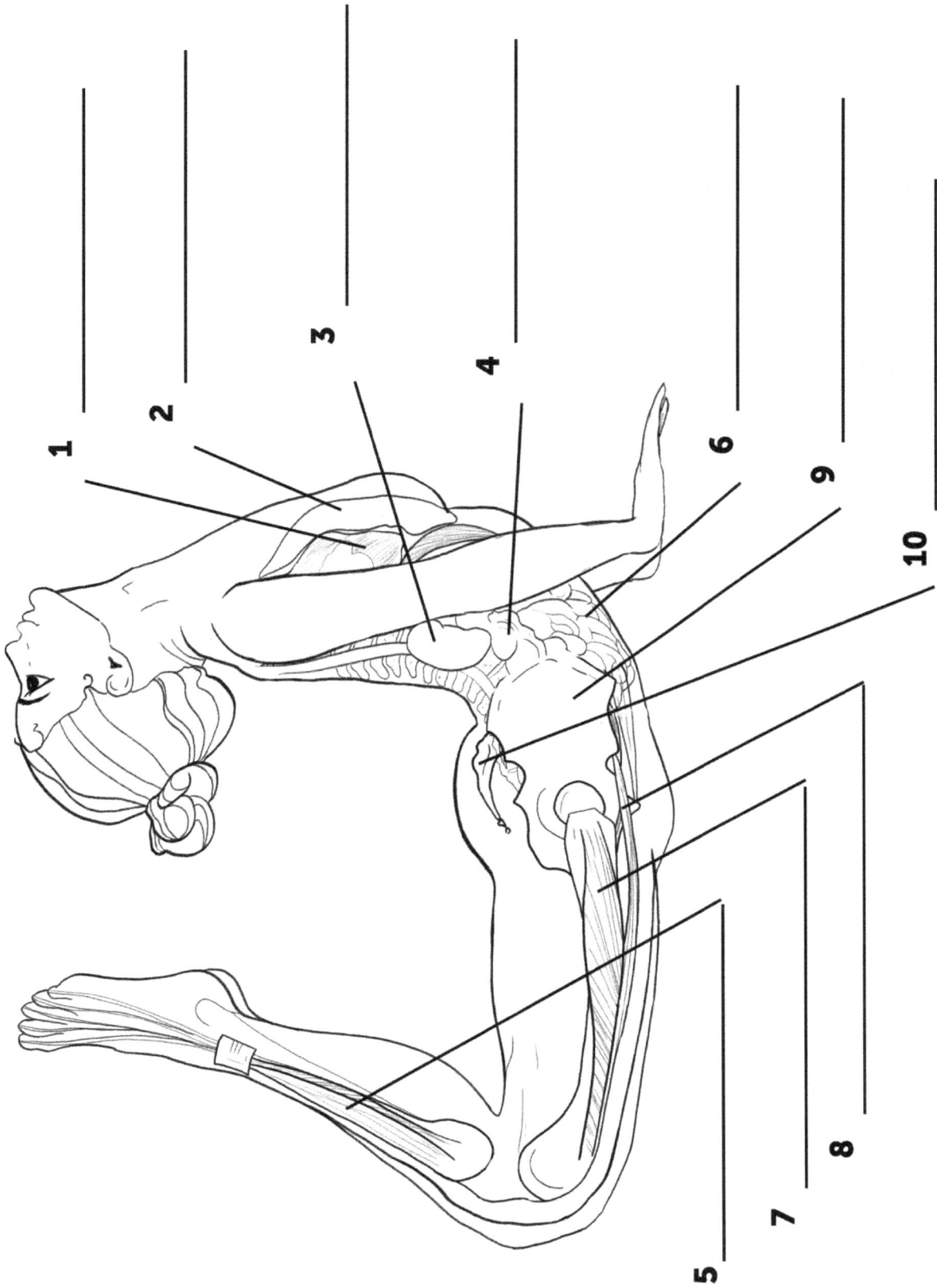

1

2

3

4

5

6

7

8

9

10

155. KÖNIGSKOBRA-POSE

1. HERZ

2. LUNGE

3. NIERE

4. AUFSTEIGENDER DICKDARM

5. TIBIALIS ANTERIOR

6. WINDUNGEN DES DÜNNDARMS

7. RECTUS FEMORIS

8. SARTORIUS

9. BECKEN

10. KREUZBEIN

156. UNGÜNSTIGE HALTUNG

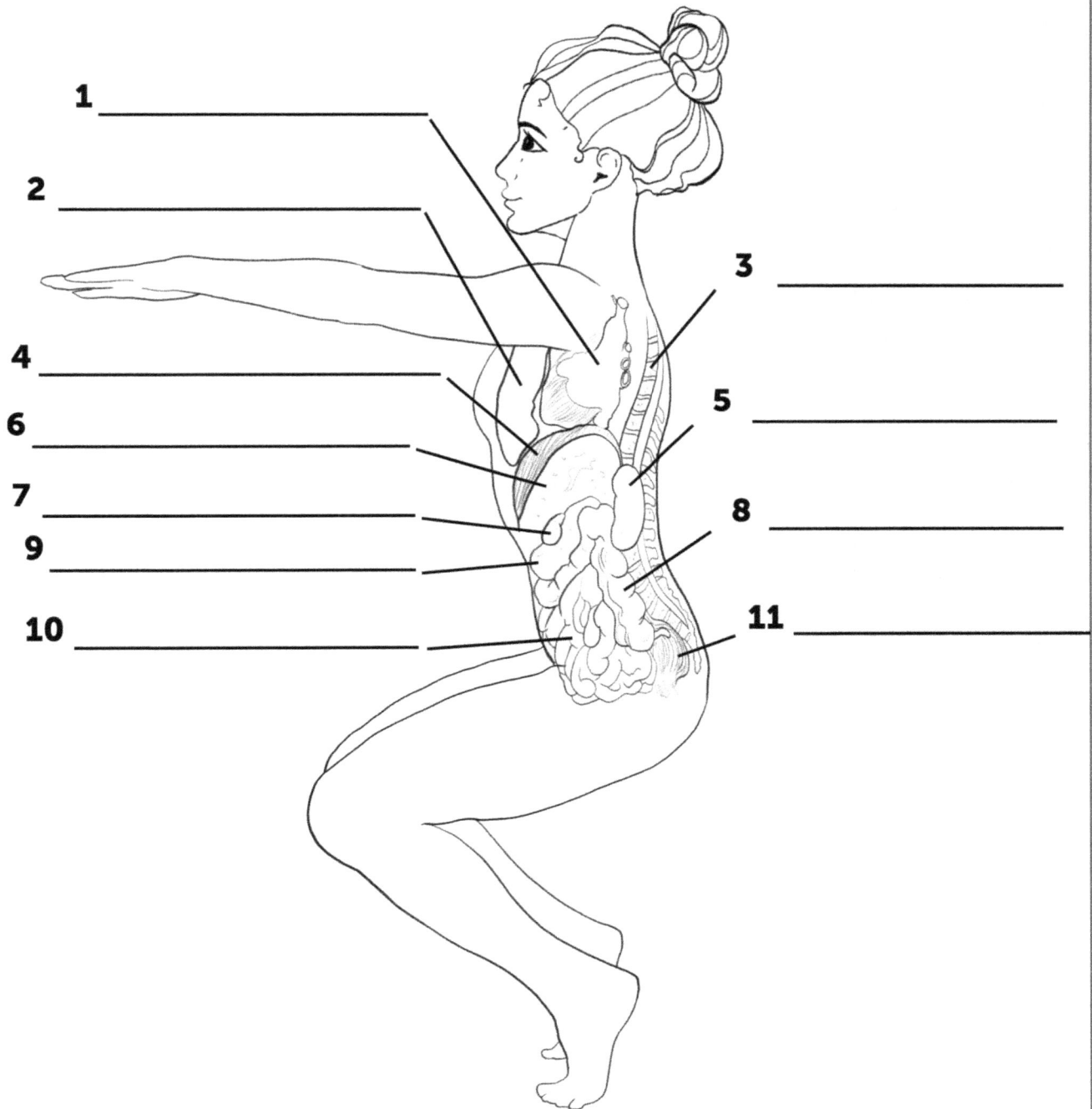

1 _____

2 _____

3 _____

4 _____

5 _____

6 _____

7 _____

8 _____

9 _____

10 _____

11 _____

156. UNGÜNSTIGE HALTUNG

1. HERZ

2. LUNGE

3. WIRBELSÄULE

4. ZWERCHFELL

5. NIERE

6. LEBER

7. GALLENBLASE

8. ABSTEIGENDER DICKDARM

9. MAGEN

10. WINDUNGEN DES DÜNNDARMS

11. ENDDARM

157. STEHEND KOPF BIS KNIE

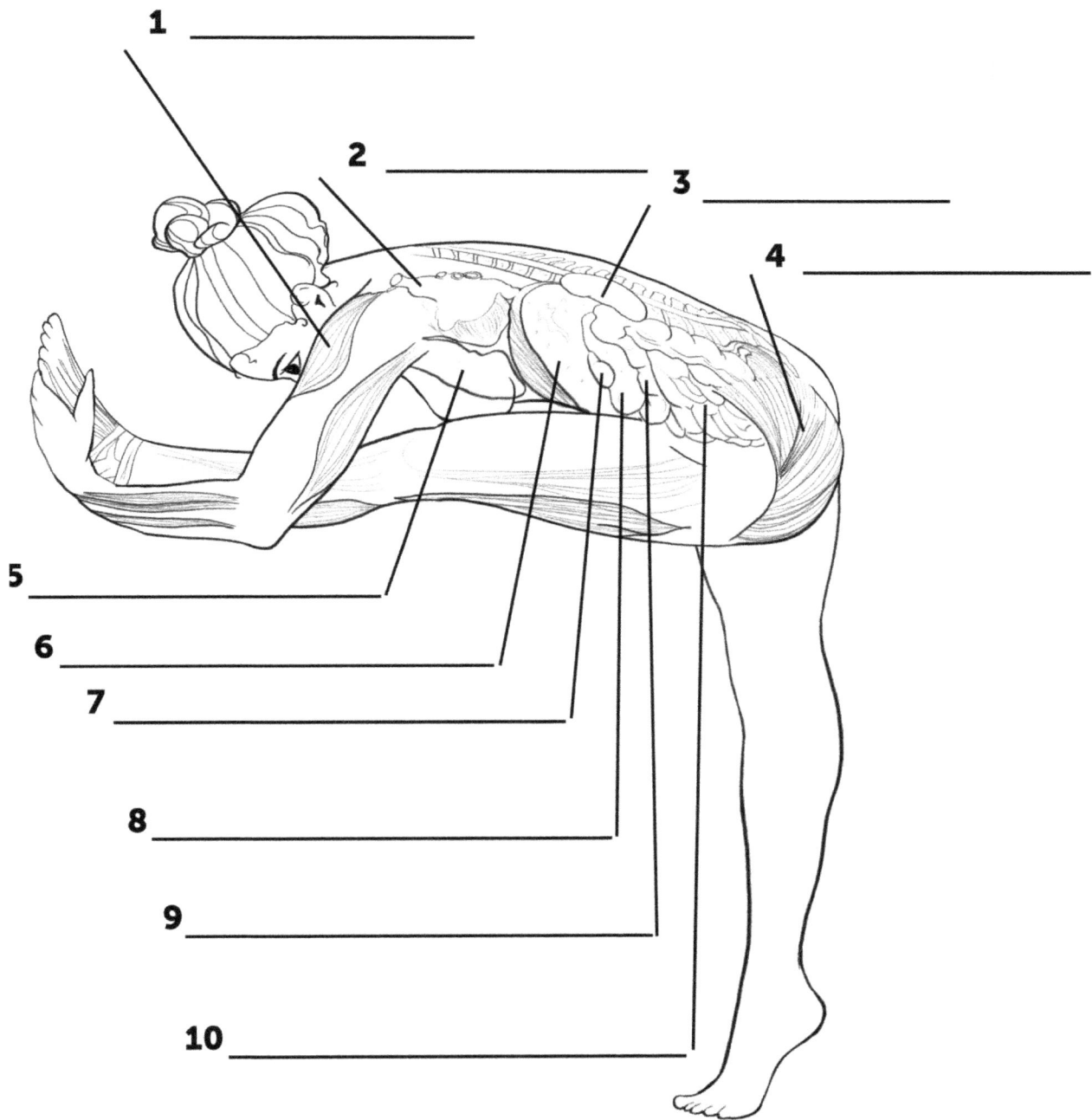

1 _____

2 _____

3 _____

4 _____

5 _____

6 _____

7 _____

8 _____

9 _____

10 _____

157. STEHEND KOPF BIS KNIE

1. DELTAMUSKEL
2. HERZ
3. NIERE
4. PIRIFORMIS
5. LUNGE
6. LEBER
7. GALLENBLASE
8. MAGEN
9. QUERKOLON
10. DÜNNDARMWINDUNGEN

158. FREITRAGENDER SCHULTERSTAND

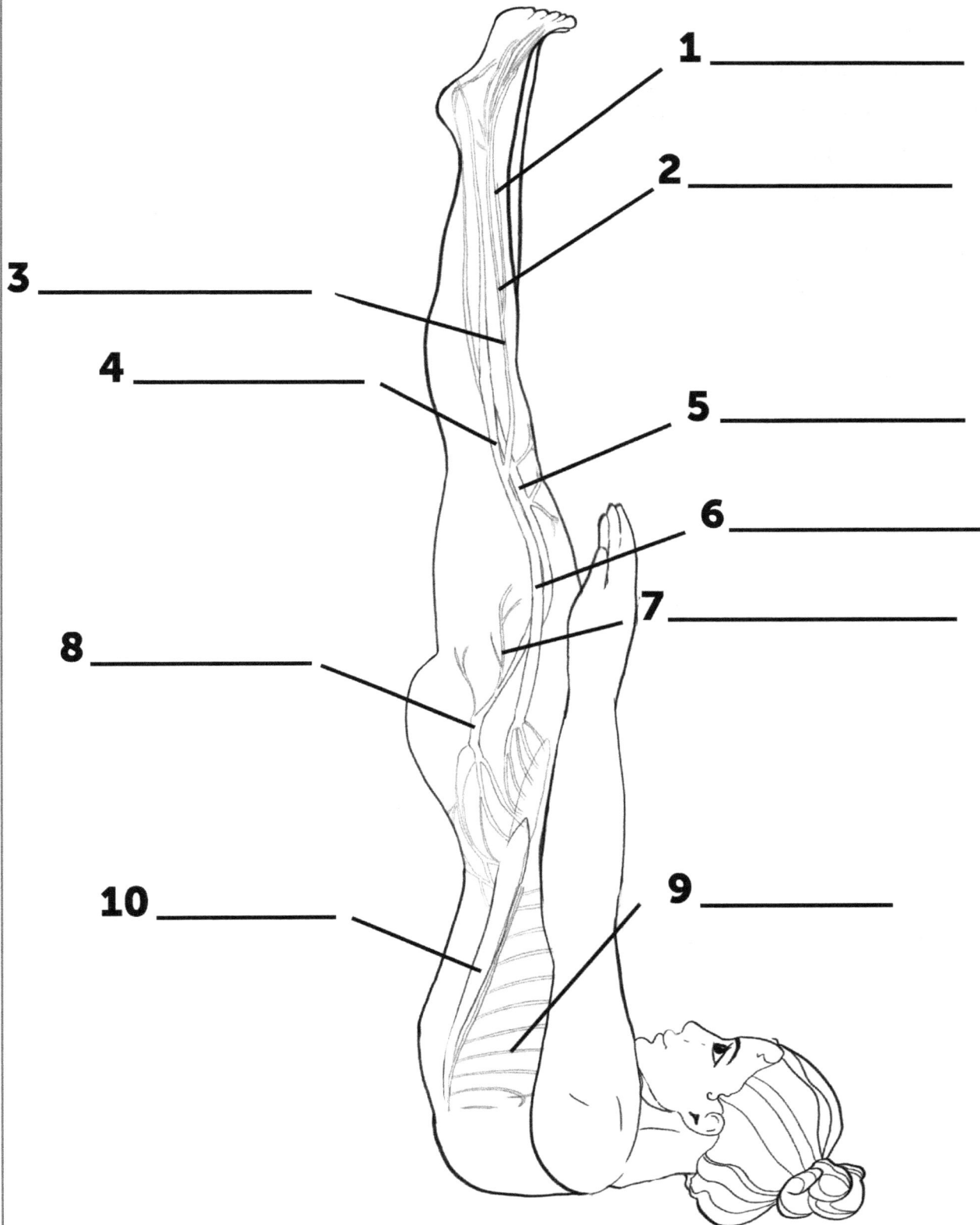

1 _____

2 _____

3 _____

4 _____

5 _____

6 _____

7 _____

8 _____

9 _____

10 _____

158. FREITRAGENDER SCHULTERSTAND

1. OBERFLÄCHLICHER PERONEUS
2. TIEFES PERONAEUS
3. GEMEINSAMES PERONAEUS
4. SCHIENBEIN
5. SAPHENA
6. ISCHIAS
7. MUSKELÄSTE DES OBERSCHENKELS
8. OBERSCHENKEL
9. ZWISCHENRIPPENMUSKEL
10. RÜCKENMARK

159. SKANDASANA

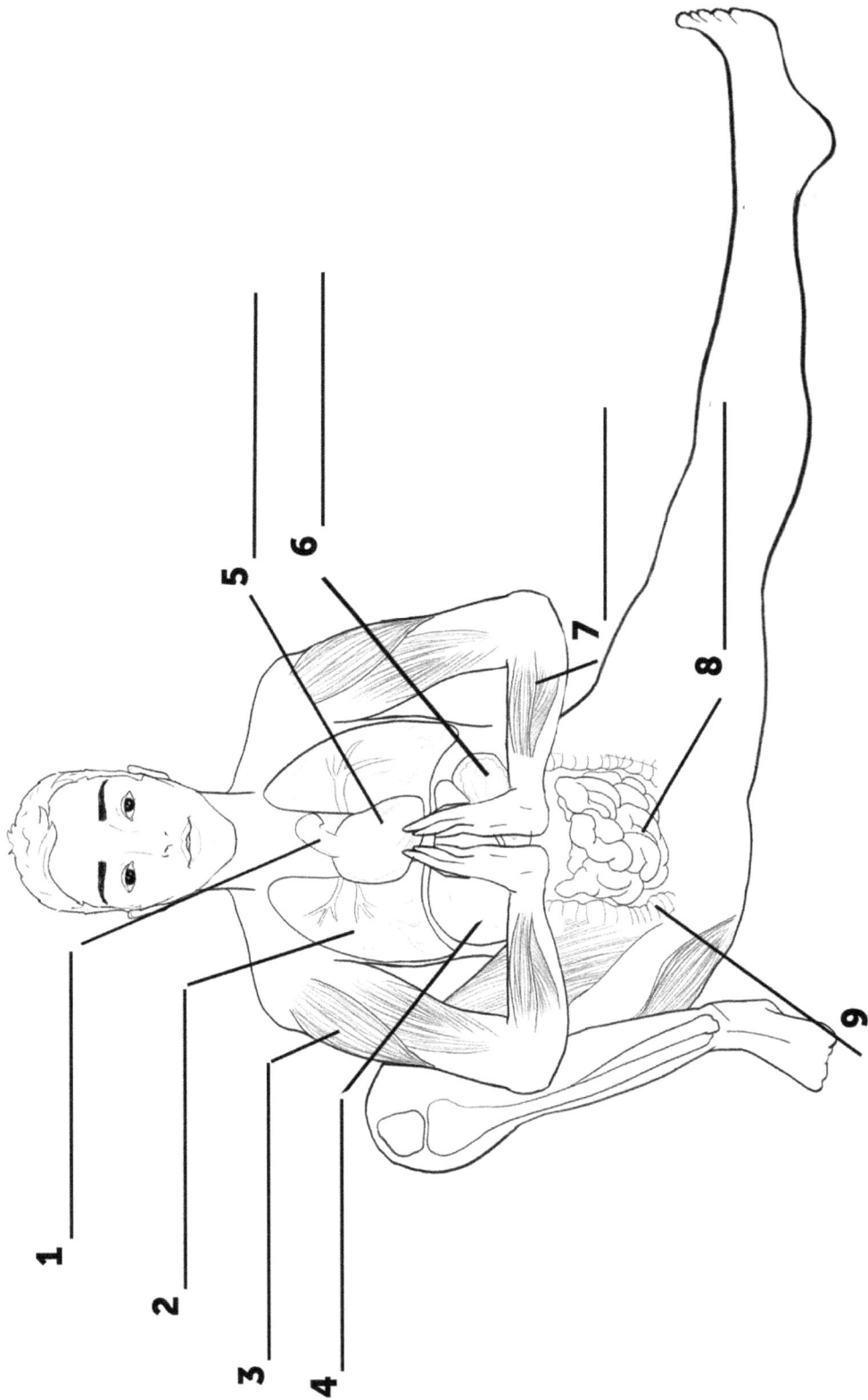

159. SKANDASANA

1.   AORTA

2.   LUNGE

3.   DELTAMUSKEL

4.   LEBER

5.   HERZ

6.   MAGEN

7.   PRONATOREN

8.   WINDUNGEN DES DÜNNDARMS

9.   AUFSTEIGENDER DICKDARM

160. SEITLICH LIEGENDER BEINHEBER

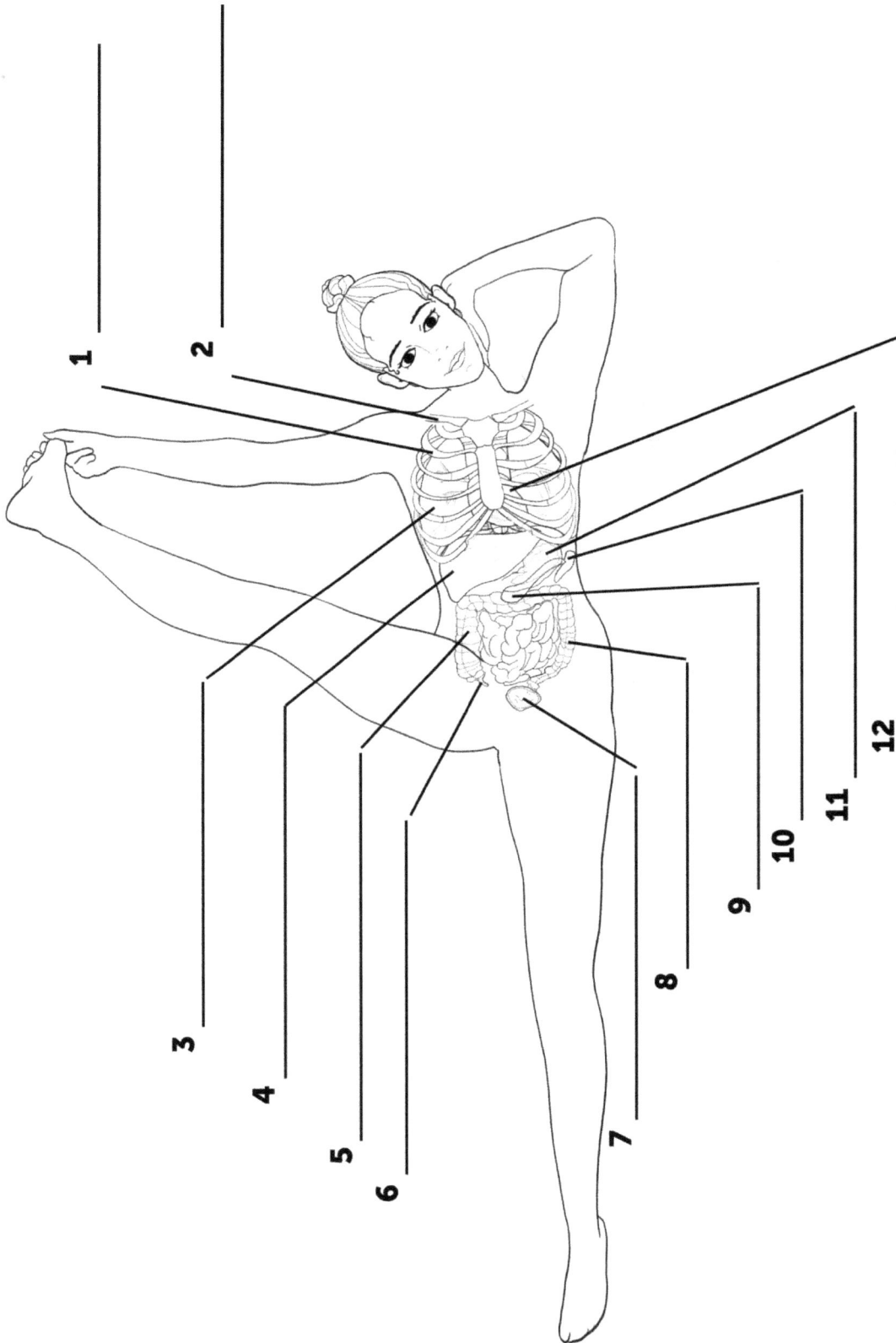

1

2

3

4

5

6

7

8

9

10

11

12

160. SEITLICH LIEGENDER BEINHEBER

1. RIPPEN
2. SCHLÜSSELBEIN
3. LUNGE
4. LEBER
5. AUFSTEIGENDER DICKDARM
6. BLINDDARM
7. HARNBLASE
8. ABSTEIGENDER DICKDARM
9. BAUCHSPEICHELDRÜSE
10. MILZ
11. MAGEN
12. HERZ

www.ingramcontent.com/pod-product-compliance
Lightning Source LLC
Chambersburg PA
CBHW051205200326
41519CB00025B/7007